中文版 **Premiere Pro**

从入门到实战视频教程

（全彩版）

创艺云图◎编著

U0259402

电子工业出版社
Publishing House of Electronics Industry
北京·**BEIJING**

内 容 简 介

本书总共 14 章，分别为：熟悉 Premiere Pro 界面，Premiere Pro 常用工具操作，高效率视频剪辑技巧，关键帧动画，让画面动起来，超乎想象的视频效果，调色，视频转场，添加文字，配音配乐，视频输出，实用视频美化处理，视频特效设计，广告设计，自媒体短视频设计。其中第 1 ~ 10 章为基础章节，全面讲解了 Premiere Pro 的基础技术和各模块的应用，理论讲解部分也多以步骤方式讲解，实操性更强。第 11 ~ 14 章为综合实战章节，以实用视频美化处理、视频特效设计、广告设计、自媒体短视频设计四种常用应用方向，助力读者从技术入门成为行业大咖！

图书在版编目（CIP）数据

中文版 Premiere Pro 从入门到实战视频教程：全彩版 / 创艺云图编著 . —北京：电子工业出版社，2023.4
ISBN 978-7-121-43729-8

Ⅰ . ①中… Ⅱ . ①创… Ⅲ . ①视频编辑软件 – 教材 Ⅳ . ① TN94

中国版本图书馆 CIP 数据核字（2022）第 101820 号

责任编辑：雷洪勤
印　　刷：北京捷迅佳彩印刷有限公司
装　　订：北京捷迅佳彩印刷有限公司
出版发行：电子工业出版社
　　　　　北京市海淀区万寿路 173 信箱　邮编 100036
开　　本：787×980　1/16　印张：22.75　字数：588 千字
版　　次：2023 年 4 月第 1 版
印　　次：2023 年 12 月第 3 次印刷
定　　价：99.00 元

前　言

为什么要写这本书？

Premiere Pro，不学不行！

Premiere Pro 是视频行业应用最多的软件之一，是绝大多数视频从业人员的必备工具。

Premiere Pro在手，职场加分！

Premiere Pro 也是职场的"加分项"，短视频需求激增。拥有多项技能，将有更多上升空间。

学Premiere Pro，避免"踩雷"是关键！

很多朋友苦于学习 Premiere Pro 难度大、上手慢，急需轻松、好学、快速掌握的 Premiere Pro 教材，让学习之路不再坎坷！

这本书适合谁读？

完全零基础用户

想要或即将从事视频剪辑、动画、广告、视频特效、Vlog、自媒体短视频设计等工作的朋友。

Premiere Pro视频特效爱好者

同样适合作为课程教材使用。

学了这本书，我能做什么？

视频剪辑、动画、广告、视频特效、自媒体短视频、Vlog、电子相册、视频美化、配音……

为什么选择这本书？

快速入门：基础功能讲解+简单案例练习+综合项目实战

9 大核心模块由浅入深，从理论到实践，帮助零基础读者更快学会核心功能。

轻松学会：精选核心技能+经典实用案例

轻量化学习，告别烦琐无用的知识。随时随地扫码观看教学视频，学习不再枯燥。

满满干货：设计思路+配色方案+版面构图+操作步骤

商业项目全流程设计实战操作，不仅有操作步骤，还有创作思路。

赠送资源大礼包（电子版）

　　案例配套素材、配套教学视频、常用快捷键计算机壁纸、常用设计素材合集。读者可登录华信教育资源网站免费下载资源大礼包。网址：http://www.hxedu.com.cn。

　　注意：本书及文件由 Premiere Pro 2022 版本编写和制作，需使用同样版本或更高版本打开。

目　录

目
录

VII

✐ 读书笔记

熟悉 Premiere Pro 界面

PART

1

第 **1** 章

Premiere Pro 是一款功能强大、模块繁多的后期编辑、视频剪辑软件。本章为全书第 1 章，也是全书的基础。在本章中，将主要讲解 Premiere Pro 的概念、Premiere Pro 的应用领域、Premiere Pro 的工作界面。

本章关键词

- Premiere Pro 的概念
- Premiere Pro 的应用领域
- Premiere Pro 的界面

1.1 什么是 Premiere Pro

Premiere Pro 即 Adobe Premiere Pro，简称 PR，是 Adobe 公司推出的一款视频处理软件，以强大的特效功能著称。Premiere Pro 适合电视台、动画公司、自媒体工作室、视频爱好者使用，常与 After Effects 软件配合使用，强强联手、双剑合璧。其中，Premiere Pro 主要用于视频剪辑和编辑；After Effects 则主要用于视频特效和合成。

1.2 Premiere Pro 的应用领域

熟练应用 Premiere Pro 软件可以完成很多设计类工作，如影视后期制作、自媒体短视频、广告设计、栏目包装等。

1.2.1 影视后期制作

电影、微电影、电视剧、短视频、自媒体等视频作品中几乎都有应用影视后期制作的部分。影视后期制作包括很多环节，如影视剪辑、影视特效、音频制作、影视合成等，如图 1-1 所示为影视后期制作的作品。

图 1-1

1.2.2 自媒体短视频

自媒体短视频是近年来发展最快的行业之一，Premiere Pro 可以为自媒体短视频作品进行特效制作、片头包装等，如图 1-2 所示为自媒体短视频的作品。

图 1-2

1.2.3 广告设计

广告设计中的后期部分常使用 Premiere Pro 和 After Effects 配合完成，Premiere Pro 主要负责视频剪辑和编辑设计，如图 1-3 所示为广告设计的作品。

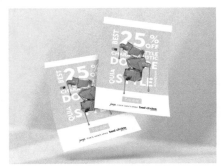

图 1-3

1.2.4 栏目包装

栏目包装早期指电视栏目包装，而近年来随着网络节目及自媒体创作的增多，栏目包装则变得范围更广泛，如电视栏目包装、短视频片头包装、网络节目包装等，如图 1-4 所示为栏目包装的作品。

图 1-4

1.3 熟悉 Premiere Pro 界面

Premiere Pro 界面主要由标题栏、菜单栏、"项目"面板、"时间轴"面板及多个控制面板组成，Premiere Pro 界面如图 1-5 所示。

图 1-5

1.3.1 菜单栏

功能概述：

菜单栏包含了软件大部分的功能命令。Premiere Pro 中的菜单栏有"文件""编辑""剪辑""序列""标记""图形""视图""对话框"和"帮助"，如图 1-6 所示。

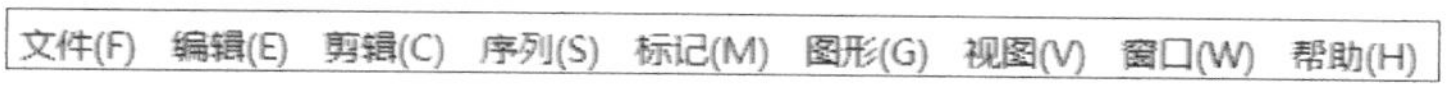

文件(F)　编辑(E)　剪辑(C)　序列(S)　标记(M)　图形(G)　视图(V)　窗口(W)　帮助(H)

图 1-6

1."文件"菜单

功能概述：

"文件"菜单主要用于新建、打开、保存以及导入项目和素材等，其下拉菜单如图 1-7 所示。

图 1-7

2. "编辑"菜单

功能概述：

　　"编辑"菜单主要用于对轨道的素材进行复制、粘贴、剪切和设置首选项等操作，其下拉菜单如图 1-8 所示。

图 1-8

使用方法：设置首选项的界面颜色

第1步 将任意一张图片素材导入"时间轴"面板中，如图 1-9 所示。

第2步 在菜单栏中执行"编辑"/"首选项"/"外观"命令，如图 1-10 所示。

第3步 将界面调整为最暗。在弹出的"首选项"对话框中，❶ 将"亮度"下方的滑块滑动到最左侧，❷ 单击"确定"按钮，如图 1-11 所示。

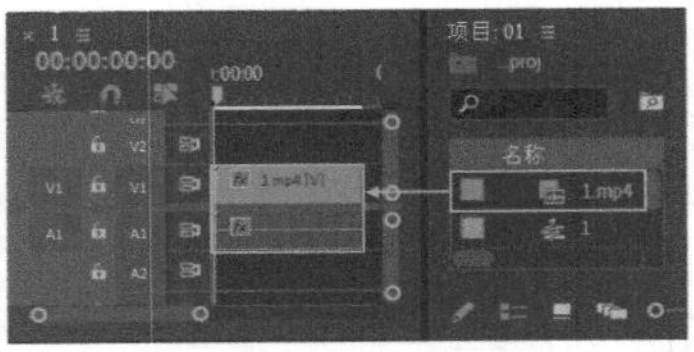

图 1-9

图 1-10

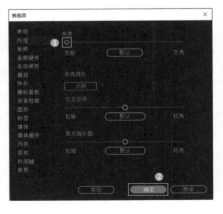

图 1-11

第4步 此时界面最暗效果如图 1-12 所示。

图 1-12

第5步 将界面调整为最亮。在弹出的"首选项"对话框中，❶ 将"亮度"下方的滑块滑动到最右侧；❷ 单击"确定"按钮，如图 1-13 所示。

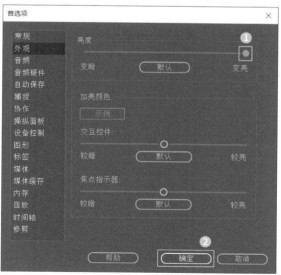

图 1-13

第6步 此时界面最亮效果如图 1-14 所示。

图 1-14

3. "剪辑" 菜单

功能概述：

"剪辑" 菜单主要用于对素材文件进行剪辑，其下拉菜单如图 1-15 所示。

图 1-15

4. "序列"菜单

功能概述：

"序列"菜单可以进行序列设置、渲染设置以及其他相关的属性设置，其下拉菜单如图 1-16 所示。

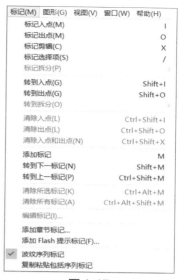

图 1-17

6. "图形"菜单

功能概述：

"图形"菜单主要用于在"时间轴"面板中进行创建图层、排列分布等设置，其下拉菜单如图 1-18 所示。

7. "视图"菜单

功能概述：

"视图"菜单可以在"节目监视器"面板中进行显示或隐藏网格、参考线和标尺及其他设置，其下拉菜单如图 1-19 所示。

图 1-16

5. "标记"菜单

功能概述：

"标记"菜单主要用于为"时间轴"面板的素材添加标记及标记设置，其下拉菜单如图 1-17 所示。

图 1-18

图 1-19

8. "对话框"菜单

功能概述：

"对话框"菜单主要用于开启和关闭各个面板，

其下拉菜单如图 1-20 所示。

图 1-20

使用方法 1：在界面中显示某个面板

第1步 在菜单栏中执行 "对话框" / "效果控件" 命令，如图 1-21 所示。

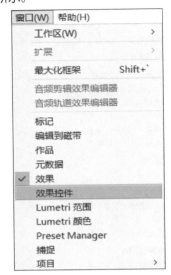

图 1-21

第2步 此时界面效果如图 1-22 所示。

图 1-22

使用方法 2：改变界面工作区布局方式

第1步 ① 在界面中选中"项目"面板，然后按住鼠标拖动；② 拖动到"时间轴"面板左侧，如图 1-23 所示。

图 1-23

第2步 此时界面效果如图 1-24 所示。

图 1-24

小技巧

重置工作区时，在菜单栏中执行"窗口"/"工作区"/"重置为已保存的布局"命令，如图 1-25 所示。

图 1-25

9. "帮助"菜单

功能概述：

"帮助"菜单主要提供一些 Premiere Pro 的帮助信息，其下拉菜单如图 1-26 所示。

图 1-26

1.3.2 "项目"面板

功能概述：

"项目"面板主要用于显示、存放和导入素材，并可以清楚地查看文件属性，"项目"面板如图 1-27 所示。

图 1-27

- 项目可写：单击该按钮，可在只读与读 / 写之间切换项目。
- 列表视图：单击该按钮，可从当前视图切换到列表视图。
- 图标视图：单击该按钮，可以将素材以图表的形式显示。
- 自由变换视图：单击该按钮，可以将"项目"面板的素材进行自由移动。
- 排序图标：单击该按钮，可以根据属性将素材进行排序。
- 自动匹配序列：单击该按钮，可以将"项目"面板中选中的素材按顺序排列到"时间轴"面板中，并添加默认的转场效果。
- 查找：单击该按钮，可在弹出的对话框中查找素材文件，如图 1-28 所示。

图 1-28

- 新建素材箱：单击该按钮，可创建文件夹，用于整理素材。
- 新建项目：单击该按钮，弹出快捷菜单，如图 1-29 所示。
- 清除：选中素材，单击此按钮，可以删除"项目"面板的素材文件。

图 1-29

使用方法 1：新建序列

第1步 在"项目"面板的空白位置右击，执行"新建项目"/"序列"命令，如图 1-30 所示。

图 1-30

第2步 在弹出的"序列设置"对话框中，❶ 设置"编辑模式"为 ARRI Cinema，"时基"为 24.00 帧/秒；❷ 设置"帧大小"为 1920、水平值为 1080；❸ 设置"像素长宽比"为"方形像素（1.0）"，"场"为"无场（逐行扫描）"；❹ 设置完成后，单击"确定"按钮，如图 1-31 所示。

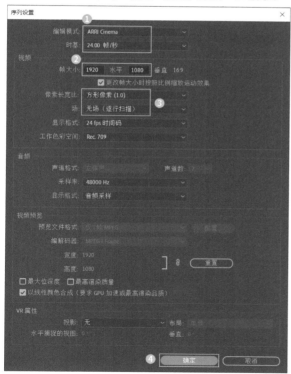

图 1-31

使用方法 2：新建素材箱

第1步 在"项目"面板中单击下方的"新建素材箱"按钮，如图 1-32 所示。

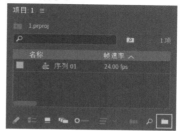

图 1-32

第2步 此时"项目"面板如图 1-33 所示。

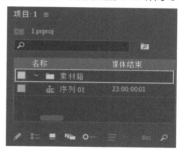

图 1-33

使用方法 3：导入素材

第1步 在"项目"面板的空白位置右击鼠标，在弹出的快捷菜单中执行"导入"命令（快捷键为 Ctrl+I），如图 1-34 所示。

图 1-34

第2步 在弹出的"导入"对话框中，选中素材，然后单击"打开"按钮，导入素材，如图 1-35 所示。

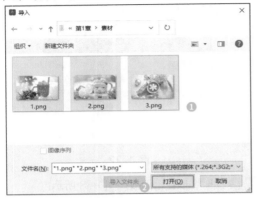

图 1-35

小技巧

导入素材还有如下 2 种方法。

方法 1：在"项目"面板空白位置双击鼠标，在弹出的"导入"对话框中，选中素材，然后单击"打开"按钮，导入素材。

方法 2：在菜单栏中执行"文件"/"导入"命令，也可以导入素材，如图 1-36 所示。

图 1-36

第3步 此时素材已被导入"项目"面板中，如图 1-37 所示。

图 1-37

1.3.3 "时间轴"面板

功能概述：

在 Premiere Pro 中，"时间轴"面板可以编辑和剪辑素材，还可以为素材添加文字及效果等，是 Premiere Pro 中重要的面板之一。"时间轴"面板是由时间码、时间轴显示设置按钮、轨道头、时间标尺、播放指示器、视频轨道和音频轨道组成的。"时间轴"面板如图 1-38 所示。

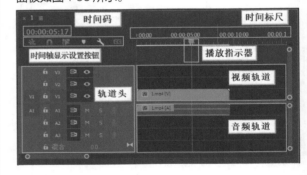

图 1-38

小技巧

复制素材时，在"时间轴"面板中选择某一轨道的素材，按住 Alt 键拖动到其他轨道即可完成复制。

1.3.4 工具箱

功能概述：

在 Premiere Pro 中，工具箱中包括 8 种经常使用的工具，有些工具不是单独的，长按其右下角的三角形即可展开扩展工具，工具栏如图1-39所示。

![工具栏图标]

图1-39

- ▶选择工具：可以在"节目监视器"面板和"时间轴"面板中选中和移动素材位置，在"时间轴"面板中按住Shift键可以加选多个剪辑对象。
- ➡轨道工具组：包括➡（向前选择轨道工具）和⬅（向后选择轨道工具）。轨道工具可将"时间轴"面板中光标两侧的所有轨道中的剪辑对象选中。按住Shift键时，可将轨道选择工具切换到单轨道选择工具，可选中该轨道的剪辑。
- ⬌波纹编辑工具组：包括⬌（波纹编辑工具）、⬌（滚动编辑工具）和➡（速率拉伸工具）。"波纹编辑工具"可以修剪剪辑的入点或出点。"滚动编辑工具"可以修剪一个剪辑的入点和另一个剪辑的出点，同时保留两个剪辑的组合持续时间不变。"速率拉伸工具"可改变速度和持续时间，但不会改变剪辑的入点和出点。
- ◆剃刀工具：可以将"时间轴"面板的素材进行一次或多次分割，在按住Shift键时，可同时分割当前位置所有轨道的素材。

小技巧

在英文输入法状态下，按键盘上的 Q/W 键可快速修剪素材头/尾，并自动删除空白。

- ⬌外滑工具组：包括⬌（外滑工具）和⬌（内滑工具）。"外滑工具"同时更改"时间轴"面板内某剪辑的入点和出点，并保留入点和出点之间的时间间隔不变。"内滑工具"可将"时间轴"面板内的某个剪辑向左或向右移动，同时修剪其周围的两个剪辑。三个剪辑的组合持续时间以及该组在"时间轴"面板内的位置将保持不变。
- ✎矩形工具组：包括✎（钢笔工具）、▢（矩形工具）和◯（椭圆工具）。"钢笔工具"不仅可以在"节目监视器"面板中绘制图形，还可以在"时间轴"面板中设置或选择关键帧，或调整"时间轴"面板内的连接线。"矩形工具"和"椭圆工具"可以在"节目监视器"面板中绘制矩形和椭圆图形。
- ✋手形工具组：包括✋（手形工具）和🔍（缩放工具）。"手形工具"可以向左或向右移动时间轴查看区域。"缩放工具"可以放大时间轴查看区域，按住Alt键时可以缩小时间轴查看区域。
- T文字工具组：包括T（文字工具）和T（垂直文字工具）。单击选择工具后，可以在"节目监视器"面板中创建横排和垂直文字。

1.3.5 "效果"面板

功能概述：

"效果"面板中包含大量的动画预设、视频效果、音频效果、过渡效果、抠像效果和调色效果等，可以轻松、快速地制作出各种酷炫的动画。在该面板中可以搜索、添加效果，如图1-40所示。

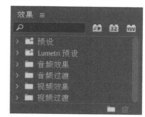

图1-40

使用方法1：找到效果，并添加效果

第1步 新建项目。将任意一张图片素材导入"时间轴"面板中，如图1-41所示。

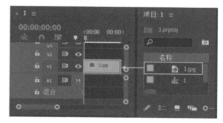

图1-41

第2步 此时画面效果如图1-42所示。

图1-42

第3步 在"效果"面板中，❶ 单击"视频效果" / "图像控制"前方的下拉按钮；❷ 在展开的下拉列表中选择"黑白"效果，将其拖动到 V1 轨道的素材 1.jpg 上，如图 1-43 所示。

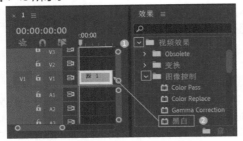

图 1-43

第4步 此时画面效果如图 1-44 所示。

图 1-44

使用方法 2：搜索效果

第1步 ❶ 在"效果"面板中搜索"查找边缘"效果；❷ 将其拖动到素材 1.jpg 上，如图 1-45 所示。

图 1-45

第2步 此时画面效果如图 1-46 所示。

图 1-46

小技巧

在素材选中状态下，双击需要添加的效果，也可以为素材添加效果。

1.3.6 "效果控件"面板

功能概述：

"效果控件"面板用于修改素材的属性和设置素材所添加效果的参数，如图 1-47 所示。

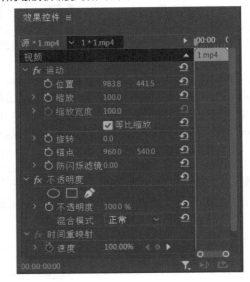

图 1-47

使用方法 1：在效果控件中修改参数

第1步 新建项目。将任意一张图片素材导入"时间轴"面板中，如图 1-48 所示。

图 1-48

第2步 此时画面效果如图 1-49 所示。

图 1-49

第3步 ① 在"效果"面板中搜索"镜像"效果；② 将其拖动到 1.jpg 素材上，如图 1-50 所示。

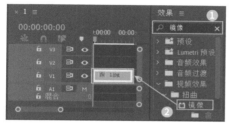

图 1-50

第4步 在"效果和控件"面板中展开"镜像"效果，① 设置"反射中心"为 2966.0, 2500.0；② 设置"反射角度"为 180.0°，如图 1-51 所示。

图 1-51

第5步 此时画面效果如图 1-52 所示。

图 1-52

使用方法 2：为参数设置关键帧动画

第1步 在"时间轴"面板中选中 VI 轨道上的 1.jpg 素材，在"效果控件"面板中展开"运动"和"不透明度"属性；将时间轴滑动到起始位置，单击"缩放"/"不透明度"前方的 ⏱（切换动画）按钮，设置"缩放"为 0.0，"不透明度"为 0.0%，如图 1-53 所示。将时间轴滑动到 20 帧位置，设置"缩放"为 100.0；"不透明度"为 100.0%。

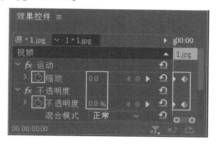

图 1-53

🔧 小技巧

按 Home 键，可以快速切换到起始时间，按 End 键，可以快速切换到结束时间。

第2步 此时滑动时间线，画面动画效果如图 1-54 所示。

图 1-54

1.3.7 "源监视器"面板

功能概述：

"源监视器"面板用来预览源素材。在"项目"面板中双击素材，进入"源监视器"面板，或者在"时间轴"面板中选中素材，双击也可以进入"源监视器"

面板，如图 1-55 所示。

图 1-55

- 仅视频拖动：单击该按钮，可仅将视频拖动到"时间轴"面板。
- 仅音频拖动：单击该按钮，可仅将音频拖动到"时间轴"面板。
- 设置：单击该按钮，可以在"源监视器"面板中显示其他设置。
- `00:00:20:00`：素材的总时长，如果有入点和出点，则表示入点和出点的持续时间。
- 添加标记：单击该按钮，可以在播放指示器当前位置添加标记。
- 标记入点：单击该按钮，可以将播放指示器当前位置设置为入点。
- 标记出点：单击该按钮，可以将播放指示器当前位置设置为出点。
- 转到入点：单击该按钮，可以将播放指示器快速跳转到入点位置。
- 后退一帧：单击该按钮，可以将播放指示器向前移动一帧。
- 播放—停止切换：单击该按钮，可以播放或停止播放素材。
- 前进一帧：单击该按钮，可以将播放指示器向后移动一帧。
- 转到出点：单击该按钮，可以将播放指示器快速跳转到出点位置。
- 插入：单击该按钮，可以将素材添加"时间轴"

面板到当前位置，总时长改变。
- 覆盖：单击该按钮，可以将素材添加到"时间轴"面板当前位置，覆盖当前素材，总时长不变。
- 导出帧：单击该按钮，可以在弹出的"导出帧"对话框中，导出播放指示器当前位置画面，勾选"导入到项目中"复选框，可以直接导入"项目"面板中。

1.3.8 "节目监视器"面板

功能概述：

"节目监视器"面板用于编辑素材和预览素材的效果。该面板的工具大部分与"源监视器"面板工具类似，"节目监视器"面板如图 1-56 所示。

图 1-56

- 提升：选择入点和出点后删除内容，删除区域空白。
- 提取：选择入点和出点后删除内容，删除区域自动缝合。

在"节目监视器"面板中，单击工具栏右侧的（按钮编辑器）按钮，在弹出的"按钮编辑器"对话框中，可以单击其他工具按钮并拖动到工具栏中，即可添加到工具栏中，"按钮编辑器"对话框如图 1-57 所示。

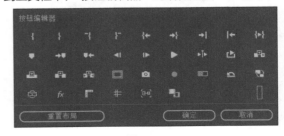

图 1-57

1.3.9 "字幕"面板

功能概述：

在"字幕"面板中，可以创建文字、图形或为文字、图形添加效果。"字幕"面板是由工具栏、字幕动作栏、字幕、旧版标题样式和旧版标题属性 5 部分组成的，"字幕"面板如图 1-58 所示。

图 1-58

使用方法 1：创建文本

第1步 新建项目。将任意一张图片素材导入"时间轴"面板中，如图 1-59 所示。

图 1-59

第2步 此时画面效果如图 1-60 所示。

图 1-60

第3步 在菜单栏中执行"文件"/"新建"/"旧版标题"命令，如图 1-61 所示。

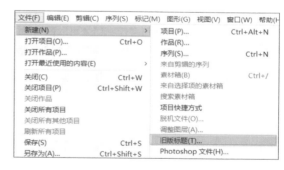

图 1-61

第4步 在弹出的"新建字幕"对话框中单击"确定"按钮，如图 1-62 所示。

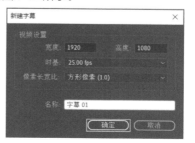

图 1-62

第5步 在弹出的"字幕：字幕01"面板中，❶单击 T（文字工具）按钮；❷在画面底部合适位置输入文本；❸在"旧版标题属性"面板中设置合适的"字体系列"和"字体样式"，设置"字体大小"为80.0，"倾斜"为15.0°；❹设置"填充类型"为"实底"，"颜色"为白色，如图1-63所示。

图 1-63

小技巧

在实际使用Premiere Pro进行创作时，如在"旧版标题"面板中创建文字时，文字较多或较小就可能看不清楚，不利于进行编辑操作，那么可以在当前面板中按键盘上的快捷键"~"，即可全屏显示当前面板。

第6步 设置完成后关闭"字幕：字幕01"面板，将"项目"面板的字幕01拖动到"时间轴"面板中的V2轨道上，如图1-64所示。

图 1-64

第7步 此时画面效果如图1-65所示。

图 1-65

1.3.10 "信息"面板

功能概述：

"信息"面板主要用于显示所选素材的剪辑和效果信息，如图1-66所示。

图 1-66

✐ 读书笔记

Premiere Pro 常用工具操作

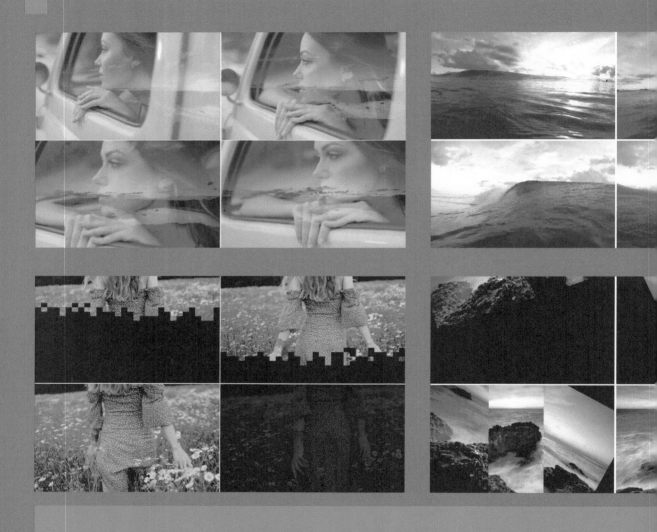

PART

2

第 **2** 章

在 Premiere Pro 中可以完成对视频的多种常用操作，这些操作是学习 Premiere Pro 的基础，需要熟练掌握，其中包括视频加速、标记、打开文件、关闭文件、保存文件、替换素材等。

本章关键词

- 文件编辑常用操作
- 视频编辑常用操作

2.1 案例："横屏"变"抖音竖版"视频

扫一扫，看视频

核心技术："自动重构序列"。

案例解析：本案例使用"自动重构序列"命令使视频从"横屏"变"抖音竖版"，效果如图 2-1 所示。

图 2-1

操作步骤：

第1步 新建项目、序列，制作背景。

执行"文件"/"新建"/"项目"命令，新建一个项目。执行"文件"/"新建"/"序列"命令，在"新建序列"对话框中单击"设置"按钮，设置"编辑模式"为 RED Cinema，"时基"为 25.00 帧/秒，"帧大小"为 3840、2160。执行"文件"/"导入"命令，导入全部素材。在"项目"面板中将 01.mp4 素材拖动到"时间轴"面板的 V1 轨道上，如图 2-2 所示。

图 2-2

此时画面效果如图 2-3 所示。

图 2-3

第2步 "横屏"变"竖版"。

在"项目"面板中右击序列 01 文件，在弹出的快捷菜单中执行"自动重构序列"命令，如图 2-4 所示。

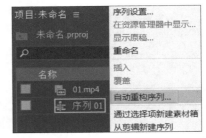

图 2-4

在弹出的"自动重构序列"对话框中，❶ 设置"目标长宽比"为"自定义"；❷ 设置"自定义比率"为 9:16；❸ 单击"创建"按钮，如图 2-5 所示。

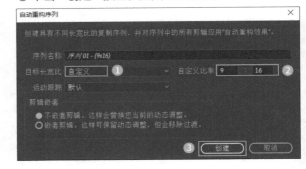

图 2-5

此时本案例制作完成，滑动时间线，效果如图 2-6 所示。

图 2-6

2.2　案例：视频加速

核心技术："速度/持续时间"。

案例解析：本案例使用"速度/持续时间"命令制作视频加速效果，效果如图 2-7 所示。

扫一扫，看视频

图 2-7

操作步骤：

第1步　导入文件。

执行"文件"/"新建"/"项目"命令，新建一个项目。执行"文件"/"导入"命令，导入全部素材。在"项目"面板中将 01.mp4 素材拖动到"时间轴"面板中，此时在"项目"面板中自动生成一个与 01.mp4 素材等大的序列，如图 2-8 所示。

图 2-8

此时画面效果如图 2-9 所示。

图 2-9

第2步　视频加速效果。

在"时间轴"面板中右击 V1 轨道上的 01.mp4 素材，在弹出的快捷菜单中执行"速度/持续时间"命令，如图 2-10 所示。

图 2-10

在弹出的"剪辑速度/持续时间"对话框中，设置"持续时间"为 1 秒 12 帧，单击"确定"按钮，如图 2-11 所示。

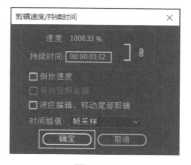

图 2-11

此时本案例制作完成，滑动时间线，效果如图 2-12 所示。

图 2-12

小技巧

通过对本案例的学习，我们了解了如何让视频变得更快。同样道理，只需要设置更大的"持续时间"数值，则会让视频变得更慢。但是更慢的视频会带来一个问题—"缺帧"，视频会变得异常卡顿。可以在设置"剪辑素材 / 持续时间"时，修改"时间插值"为"帧混合"或"光流法"，再次播放视频时就会变得更流畅，如图 2-13 所示。

图 2-13

2.3 案例：使用"混合模式"制作下雪效果

扫一扫，看视频

核心技术："混合模式"。

案例解析：本案例使用"混合模式"命令，制作下雪效果，效果如图 2-14 所示。

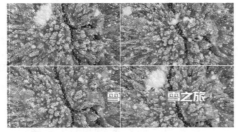

图 2-14

操作步骤：

第1步 新建项目、序列，制作背景。

执行"文件" / "新建" / "项目"命令，新建一个项目。执行"文件" / "新建" / "序列"命令，在"新建序列"对话框中单击"设置"按钮，设置"编辑模式"ARRI Cinema，"时基"为 23.976 帧 / 秒，"帧大小"为 1920、1080。执行"文件" / "导入"命令，导入全部素材。在"项目"面板中将 01.mp4 素材拖动到"时间轴"面板的 V1 轨道上，接着将 02.mp4 素材拖动到"时间轴"面板的 V2 轨道上，将配乐 .mp3 素材拖动到"时间轴"面板的 A1 轨道上，如图 2-15 所示。

图 2-15

此时画面效果如图 2-16 所示。

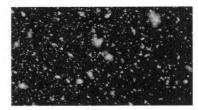

图 2-16

第2步 修剪视频。

在"时间轴"面板中右击 V1 轨道的 01.mp4 素材，在弹出的快捷菜单中执行"速度 / 持续时间"命令，如图 2-17 所示。

图 2-17

在弹出的“剪辑速度 / 持续时间”对话框中，设置“持续时间”为 15 秒，单击“确定”按钮，如图 2-18 所示。

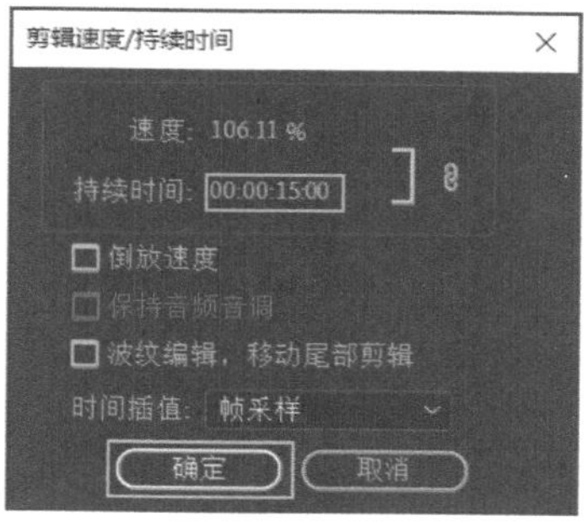

图 2-18

在“时间轴”面板中右击 V2 轨道的 02.mp4 素材，在弹出的快捷菜单中执行“速度 / 持续时间”命令，如图 2-19 所示。

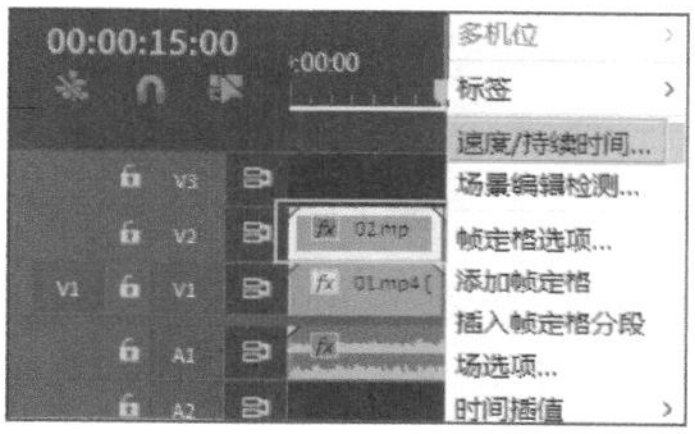

图 2-19

在弹出的“剪辑速度 / 持续时间”对话框中，设置“持续时间”为 15 秒，如图 2-20 所示。

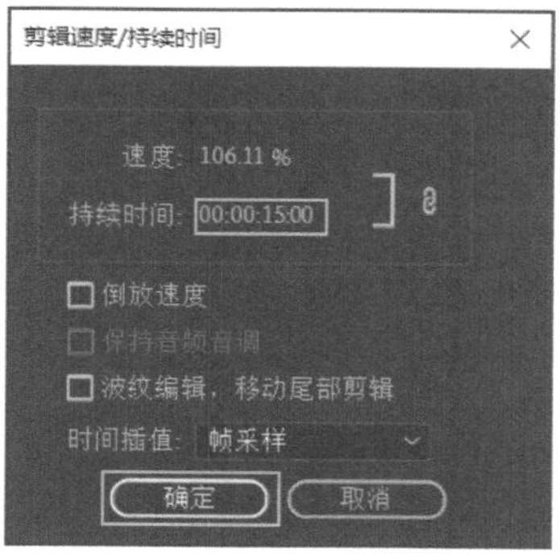

图 2-20

在“时间轴”面板中选中 AI 轨道音频素材，❶ 将时间码设置为 15 秒；❷ 选择工具箱中的 （剃刀工具）；❸ 在音频素材 15 秒位置单击进行剪辑；❹ 选择剪辑后的半部分音频，按 Delete 键进行删除，如图 2-21 所示。

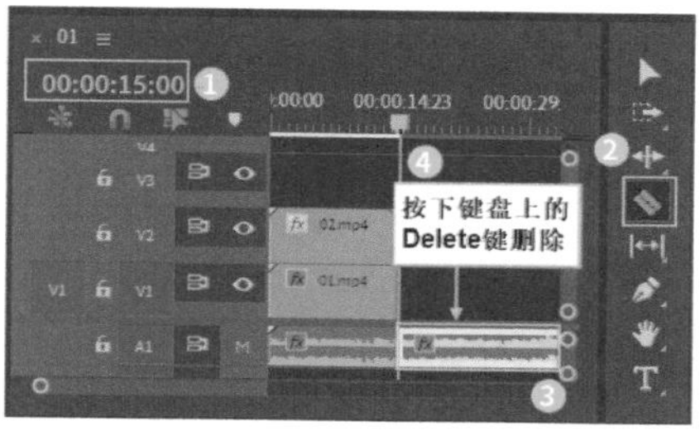

图 2-21

第3步 图层混合。

在“时间轴”面板中选择 V2 轨道上的 02.mp4 素材，在“效果控件”面板中展开“不透明度”，设置“混合模式”为“滤色”，如图 2-22 所示。

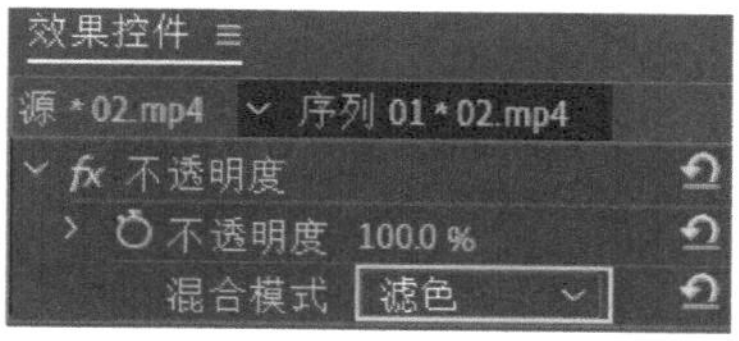

图 2-22

此时画面效果如图 2-23 所示。

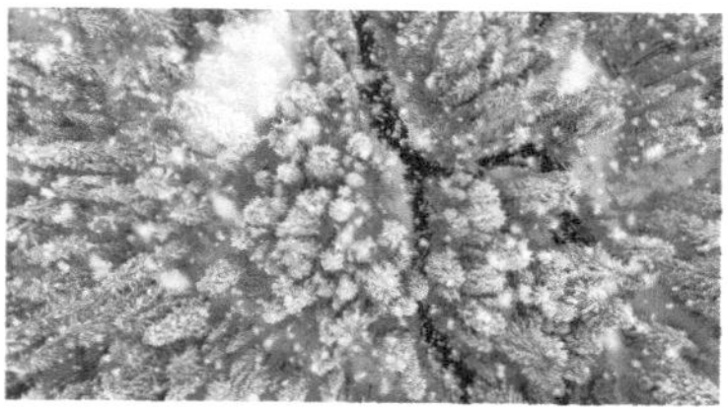

图 2-23

在“项目”面板中将驯鹿 .png 素材拖动到“时间轴”面板的 V3 轨道上，并设置起始时间为 10 秒 1 帧，结束时间为 15 秒，如图 2-24 所示。

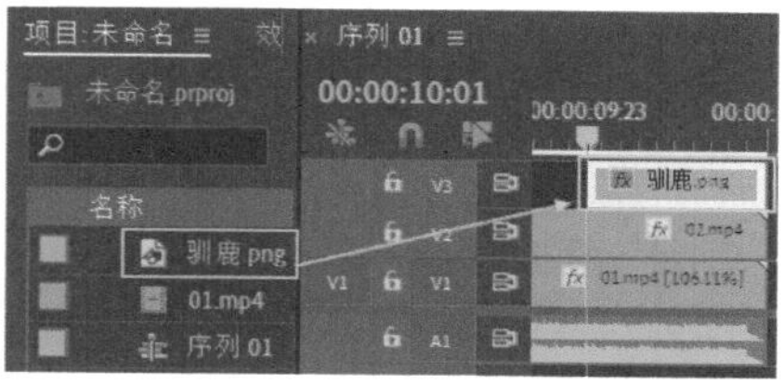

图 2-24

在"时间轴"面板中选择 V3 轨道上的驯鹿 .png 素材，在"效果控件"面板中展开"运动"，设置"位置"为（490.0，500.0），"缩放"为 90.0，如图 2-25 所示。

图 2-25

执行"文件"/"新建"/"旧版标题"命令，如图 2-26 所示。

文件(F)	编辑(E)	剪辑(C)	序列(S)	标记(M)	图形(G)	视图(V)	窗口(W)
新建(N)				>	项目(P)...		Ctrl+Alt+N
打开项目(O)...		Ctrl+O			作品(R)...		
打开作品(P)...					序列(S)...		Ctrl+N
打开最近使用的内容(E)				>	来自剪辑的序列		
关闭(C)		Ctrl+W			素材箱(B)		Ctrl+B
关闭项目(P)		Ctrl+Shift+W			来自选择项的素材箱		
关闭作品					搜索素材箱		
关闭所有项目					项目快捷方式		
关闭所有其他项目					脱机文件(O)...		
刷新所有项目					调整图层(A)...		
保存(S)		Ctrl+S			旧版标题(T)...		
另存为(A)...		Ctrl+Shift+S			Photoshop 文件(H)...		

图 2-26

此时会弹出一个"新建字幕"对话框，设置"名称"为"字幕 01"，单击"确定"按钮，即可打开"字幕 - 字幕 01"面板。❶ 选择 T（文字工具）；❷ 在工作区域中画面的合适位置输入文字内容；❸ 设置"对齐方式"为 ▤（左对齐）；❹ 设置合适的"字体系列"和"字体样式"，设置"字体大小"为 200.0，"填充类型"为"实底"，"颜色"为白色。勾选"外描边"复选框，设置"类型"为"深度"，"大小"为 30.0，"角度"为 200.0°，"填充类型"为"实底"，"颜色"为天蓝色，如图 2-27 所示。设置完成后，关闭"字幕 - 字幕 01"面板。

在"项目"面板中将字幕 01 拖动到"时间轴"面板的 V4 轨道上，并设置起始时间为 10 秒 1 帧，结束时间为 15 秒，如图 2-28 所示。

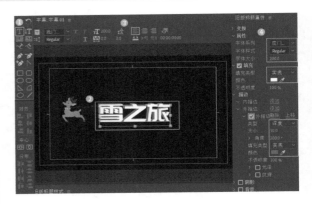

图 2-27

图 2-28

此时画面效果如图 2-29 所示。

图 2-29

在"时间轴"面板中单击 V4 轨道的字幕 01，并按住 Shift 键单击 V3 轨道的驯鹿 .png 素材，接着右击鼠标，在弹出的快捷菜单中执行"嵌套"命令，如图 2-30 所示。

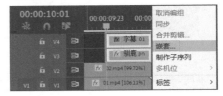

图 2-30

在弹出的"嵌套序列名称"对话框中,单击"确定"按钮,如图 2-31 所示。

图 2-31

在"时间轴"面板中选中 V3 轨道上的嵌套序列 01,接着在"效果控件"面板中展开"运动",将时间线滑动到第 10 秒 1 帧位置,单击"位置"前方的 ⏱ (时间变化秒表) 按钮,设置"位置"为 (2600.0, 540.0);将时间线滑动到第 13 秒位置,设置"位置"为 (1100.0, 540.0),如图 2-32 所示。

图 2-32

此时本案例制作完成,滑动时间线,效果如图 2-33 所示。

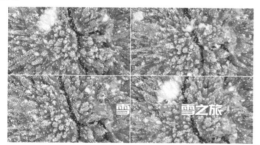

图 2-33

2.4 案例:双重曝光影视特效

核心技术:"镜头光晕"。

案例解析:本案例使用"镜头光晕"效果制作光晕变化,效果如图 2-34 所示。

扫一扫,看视频

图 2-34

操作步骤:

第1步 新建项目、序列,制作背景。

执行"文件"/"新建"/"项目"命令,新建一个项目。执行"文件"/"新建"/"序列"命令,在"新建序列"对话框中单击"设置"按钮,设置"编辑模式"为"AVCHD 1080P 方形像素","时基"为 59.94 帧 / 秒。执行"文件"/"导入"命令,导入全部素材。在"项目"面板中将 01.mp4 素材拖动到"时间轴"面板的 V1 轨道上,接着将 02.mp4 素材拖动到"时间轴"面板的 V2 轨道上,如图 2-35 所示。

图 2-35

此时画面效果如图 2-36 所示。

图 2-36

第2步 混合模式。

在"时间轴"面板中将 V2 轨道上的 02.mp4 素材的结束时间设置为 9 秒,如图 2-37 所示。

图 2-37

在"时间轴"面板中选择 V2 轨道的 02.mp4 素材，
❶ 右击 02.mp4 素材；❷ 在弹出的快捷菜单中执行"取消链接"命令，此时视频和音频解除一体状态，可单独进行操作，如图 2-38 所示。

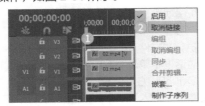

图 2-38

选择 A1 轨道的音频文件，按 Delete 键将音频文件删除，如图 2-39 所示。

图 2-39

在"时间轴"面板中选择 V2 轨道的 02.mp4 素材。在"效果控件"面板中展开"运动"，设置"缩放"为 150.0；展开"不透明度"，设置"不透明度"为 50.0%，"混合模式"为"变亮"，如图 2-40 所示。

图 2-40

此时本案例制作完成，滑动时间线，效果如图 2-41 所示。

图 2-41

2.5 案例：标记

扫一扫，看视频

核心技术："标记"。
案例解析：本案例学习"标记"命令的使用方法，效果如图 2-42 所示。

图 2-42

操作步骤：
第1步 导入文件。

执行"文件"/"新建"/"项目"命令，新建一个项目。执行"文件"/"导入"命令，导入全部素材。在"项目"面板中将 01.mp4 素材拖动到"时间轴"面板中，此时在"项目"面板中自动生成一个与 01.mp4 素材等大的序列，如图 2-43 所示。

图 2-43

此时画面效果如图 2-44 所示。

图 2-44

第2步 添加标记。

将时间线滑动到起始帧位置，按住▶（播放—停止切换）按钮或者空格键聆听配乐，在猫叫的位置按 M 键快速添加标记，直至音频结束，此时共添加了 3 个标记，如图 2-45 所示。

图 2-45

此时本案例制作完成，滑动时间线，效果如图 2-46 所示。

图 2-46

2.6 案例：打开、关闭、保存文件

核心技术：打开、关闭、保存文件。

案例解析：本案例学习打开、关闭、保存文件的方法，效果如图 2-47 所示。

扫一扫，看视频

图 2-47

操作步骤：

第1步 打开项目文件。

打开 Premiere Pro 软件时，会弹出一个"开始"对话框，单击"打开项目"按钮，如图 2-48 所示。

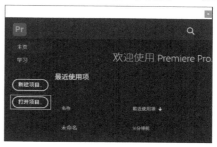

图 2-48

在弹出的"打开项目"对话框中选择文件所在的路径文件夹，在文件中选择已制作完成的"打开、关闭、保存文件"项目文件，选择完成后单击"打开"按钮，如图 2-49 所示。

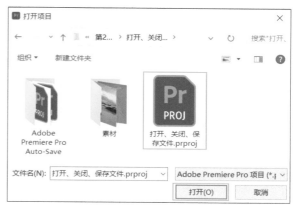

图 2-49

此时该文件在 Premiere Pro 中打开，如图 2-50 所示。

图 2-50

第2步 保存项目文件。

当文件制作完成后，要将项目文件及时进行保存。执行"文件"/"另存为"命令，如图 2-51 所示。

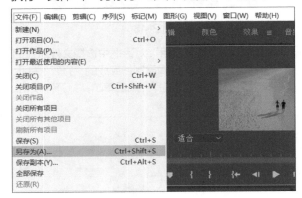

图 2-51

或使用快捷键 Ctrl+Shift+S 打开"保存项目"对话框，设置合适的"文件名"及"保存类型"，设置完成后单击"保存"按钮，如图 2-52 所示。

图 2-52

此时，在选择的文件夹中即可出现刚刚保存的 Premiere Pro 项目文件，如图 2-53 所示。

图 2-53

第3步 关闭项目文件。

项目文件保存完成后,在菜单栏中执行"文件"/"关闭项目"命令,或使用关闭项目快捷键 Ctrl+Shift+W 进行快速关闭,如图 2-54 所示。

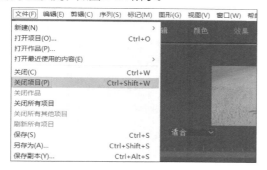

图 2-54

此时 Premiere Pro 界面中的项目文件被关闭,如图 2-55 所示。

图 2-55

若在 Premiere Pro 中同时打开了多个项目文件,关闭时可执行"文件"/"关闭所有项目"命令,如图 2-56 所示。

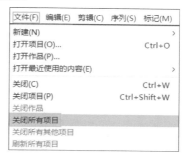

图 2-56

此时 Premiere Pro 中打开的所有项目文件被同时关闭,如图 2-57 所示。

图 2-57

此时本案例制作完成,滑动时间线,效果如图 2-58 所示。

图 2-58

扫一扫，看视频

2.7 案例：取消视频、音频链接

核心技术："取消链接""Brightness & Contrast"。

案例解析：本案例使用"取消链接"命令取消 1.mp4 素材的视频、音频链接，使用"Brightness & Contrast"效果调整画面亮度，如图 2-59 所示。

图 2-59

操作步骤：

第1步 导入文件。

执行"文件"/"新建"/"项目"命令，新建一个项目。执行"文件"/"导入"命令，导入全部素材。在"项目"面板中将 1.mp4 素材拖动到"时间轴"面板的 V1 轨道上，此时在"项目"面板中自动生成一个与 1.mp4 素材等大的序列，如图 2-60 所示。

图 2-60

此时画面效果如图 2-61 所示。

图 2-61

第2步 取消视频、音频链接。

在"时间轴"面板中选择 V1 轨道的 1.mp4 素材，❶ 右击 1.mp4 素材；❷ 在弹出的快捷菜单中执行"取消链接"命令，此时视频和音频解除一体状态，可单独进行操作，如图 2-62 所示。

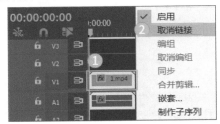

图 2-62

选择 A1 轨道的音频文件，按 Delete 键将音频文件删除，如图 2-63 所示。

图 2-63

在"项目"面板中将海浪音效 .mp3 素材拖动到"时间轴"面板的 A1 轨道上，如图 2-64 所示。

图 2-64

在"时间轴"面板中选择 A1 轨道的海浪音效 .mp3 素材，❶ 单击工具箱中的 ◆（剃刀工具）按钮，然后将时间线滑动到第 10 秒 12 帧的位置；❷ 单击剪辑海浪音效 .mp3 素材，如图 2-65 所示。

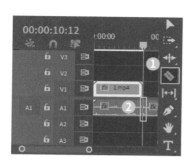

图 2-65

单击工具箱中的 按钮,在"时间轴"面板中选中剪辑后的海浪音效 .mp3 素材的后半部分,接着按 Delete 键删除,如图 2-66 所示。

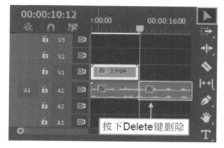

图 2-66

❶在"效 果"面板中搜索"Brightness & Contrast"效果;❷将该效果拖动到 V1 轨道的 1.mp4 素材上,如图 2-67 所示。

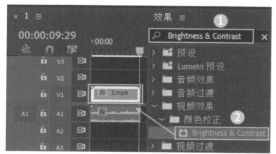

图 2-67

在"时间轴"面板中选中 V1 轨道的 1.mp4 素材,在"效果控件"面板中展开"Brightness & Contrast",设置"亮度"为 50.0,如图 2-68 所示。

图 2-68

此时本案例制作完成,滑动时间线,效果如图 2-69 所示。

图 2-69

🚩 小技巧

除了将视频拖动到"时间轴"面板中,然后右击鼠标,执行"取消链接"命令,还可以在拖动素材之前先单击取消 A1 轨道,然后拖动视频到 V1 轨道中,则看不到 A1 轨道有音频,如图 2-70 所示。

图 2-70

2.8 案例:替换素材

核心技术:"Random Wipe(随机擦除)""黑场过渡""替换素材"。

案例解析:本案例使用"Random Wipe(随机擦除)""黑场过渡"命令制作

扫一扫,看视频

1.mp4 视频过渡效果，使用"替换素材"命令将 1.mp4 素材替换为 2.mp4 素材，素材改变但效果不变，效果如图 2-71 所示。

图 2-71

操作步骤：

（第1步）导入文件。

执行"文件"/"新建"/"项目"命令，新建一个项目。执行"文件"/"导入"命令，导入全部素材。在"项目"面板中将 1.mp4 素材拖动到"时间轴"面板中，此时在"项目"面板中自动生成一个与 1.mp4 素材等大的序列，如图 2-72 所示。

图 2-72

此时画面效果如图 2-73 所示。

图 2-73

（第2步）制作效果。

在"时间轴"面板中选择 V1 轨道的 1.mp4 素材，❶ 单击工具箱中的 ◥（剃刀工具）按钮，然后将时间线滑动到第 10 秒的位置；❷ 单击剪辑 1.mp4 素材，如图 2-74 所示。

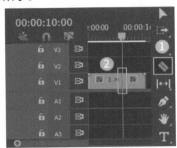

图 2-74

单击工具箱中的 ▶（选择工具）按钮，在"时间轴"面板中选中剪辑后的 1.mp4 素材的后半部分，接着按 Delete 键删除，如图 2-75 所示。

图 2-75

❶ 在"效果"面板中搜索"Random Wipe"（随机擦除）效果；❷ 将该效果拖动到 V1 轨道上 1.mp4 素材的起始位置，如图 2-76 所示。

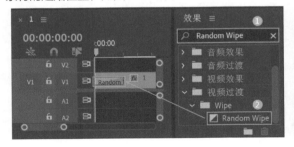

图 2-76

❶ 在"效果"面板中搜索"黑场过渡"效果；❷ 将该效果拖动到 V1 轨道上 1.mp4 素材的结束位置，如图 2-77 所示。

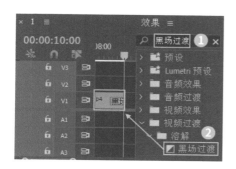

图 2-77

此时滑动时间线，画面效果如图 2-78 所示。

图 2-78

第3步 替换素材。

为素材添加效果后，如果想在不改变效果的情况下更快捷地更换素材，可在"项目"面板中选中 1.mp4 素材，然后右击执行快捷菜单中的"替换素材"命令，如图 2-79 所示。

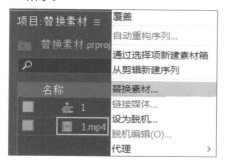

图 2-79

弹出"替换 1.mp4 素材"对话框，选择 2.mp4 素材，然后单击"选择"按钮，如图 2-80 所示。

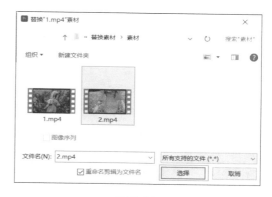

图 2-80

此时"项目"面板中的 1.mp4 素材被替换为 2.mp4 素材，如图 2-81 所示。

图 2-81

此时本案例制作完成，滑动时间线，效果不发生改变，如图 2-82 所示。

图 2-82

2.9 案例：使用"缩放为帧大小"快速调整素材尺寸

核心技术："缩放为帧大小""Barn Door（双侧平推门）"。

案例解析：本案例使用"缩放为帧大小"命令快速调整素材尺寸，接着使用

扫一扫，看视频

"Barn Door（双侧平推门）"效果制作过渡效果，效果如图 2-83 所示。

图 2-83

操作步骤：

第1步 新建项目、序列。

执行"文件"/"新建"/"项目"命令，新建一个项目。执行"文件"/"新建"/"序列"命令，在"新建序列"对话框中单击"设置"按钮，设置"编辑模式"为 AVC-Intra 50 720P，"时基"为 29.97 帧/秒，"像素长宽比"为"HD 变形 1080P（1.333）"。执行"文件"/"导入"命令，导入全部素材。在"项目"面板中将 1.jpg 素材拖动到"时间轴"面板的 V1 轨道上，设置结束时间为 2 秒，接着将 2.jpg 素材拖动到"时间轴"面板的 V1 轨道上的 1.jpg 素材后，将 2.jpg 素材的结束时间设置为 4 秒，如图 2-84 所示。

图 2-84

在拖动过程中，弹出"剪辑不匹配警告"提示框，单击"保持现有设置"按钮，如图 2-85 所示。

图 2-85

此时滑动时间线，画面效果如图 2-86 所示。

图 2-86

第2步 快速调整素材尺寸。

框选"时间轴"面板 V1 轨道中的 1.jpg 与 2.jpg 素材，接着右击，在弹出的快捷菜单中执行"缩放为帧大小"命令，如图 2-87 所示。

图 2-87

单击"时间轴"面板中 V1 轨道上的 1.jpg，接着在"效果控件"面板中展开"运动"，① 将时间线滑动到起始位置，单击"位置"和"旋转"前方的 ⏱（时间变化秒表）按钮；② 设置"位置"为（451.0，-262.0），设置"旋转"为 341.0°，如图 2-88 所示，接着将时间线滑动到第 2 秒位置，设置"位置"为（480.0，360.0），"旋转"为 0.0°，"缩放"为 120.0。

图 2-88

单击"时间轴"面板中 V1 轨道上的 2.jpg，在"效果控件"面板中展开"运动"，设置"缩放"为 160.0，如图 2-89 所示。

图 2-89

此时滑动时间线，画面效果如图 2-90 所示。

图 2-90

❶ 在"效果"面板中搜索"Barn Door"（双侧平推门）效果；❷ 将该效果拖动到 V1 轨道的 1.jpg 素材的结束位置，如图 2-91 所示。

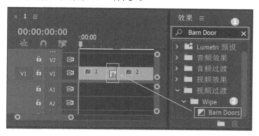

图 2-91

✏️ 读书笔记

此时本案例制作完成，滑动时间线，效果如图 2-92 所示。

图 2-92

高效率视频剪辑技巧

第**3**章

　　视频剪辑是 Premiere 中最基本的功能。在实际工作中，除了要正确剪辑视频外，还要掌握如何高效率地进行视频剪辑，既能准确地完成剪辑工作，又能缩短工作时间，是本章学习的重点。尤其对于常用剪辑类快捷键的使用，应该熟练掌握。

本章关键词

- 剪辑工具
- 高效剪辑技巧
- 剪辑流程

3.1 视频剪辑

视频剪辑是指对视频、图片、音频等素材进行拆分、拼接、重组的过程，使其产生新的故事。

3.1.1 认识剪辑

Premiere Pro 最强大的功能之一就是剪辑，将素材导入"时间轴"面板后，通常最先进行的步骤就是将素材进行粗剪，然后进行精剪，使其按照预先设定好的故事发展，让镜头变化按照剧情发展，如图 3-1 所示。

图 3-1

3.1.2 常用剪辑工具

在 Premiere Pro 中有很多用于剪辑的工具。这些工具主要存在于工具箱中，如图 3-2 所示。

长按 ◀▶（波纹编辑工具）按钮，会弹出三个选项供用户选择，如图 3-3 所示。

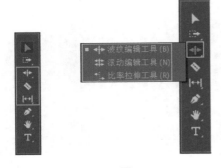

图 3-2　　　　　图 3-3

功能概述：

◀▶（波纹编辑工具）可以调整两个素材之间的长短。

使用方法：

第1步 将一个视频素材拖动到"时间轴"面板中，自动新建序列，并导入另外一个素材，两个素材首尾相接，如图 3-4 所示。

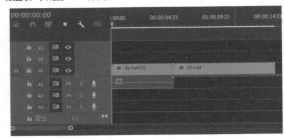

图 3-4

第2步 单击 ◀▶（波纹编辑工具）按钮，将鼠标指针移动至两个素材之间，单击即可拖动。如果向右侧拖动，可以看到右侧的素材的起始位置至鼠标拖动的位置被剪辑掉了，如图 3-5 所示。

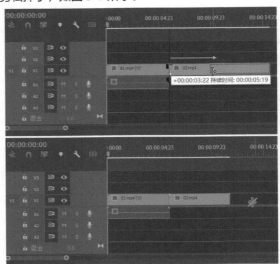

图 3-5

第3步 单击 ◀▶（波纹编辑工具），将鼠标指针移动至两个素材之间，如果向左侧拖动，可以看到左侧的素材的末尾位置至鼠标拖动的位置被剪辑掉了，如图 3-6 所示。

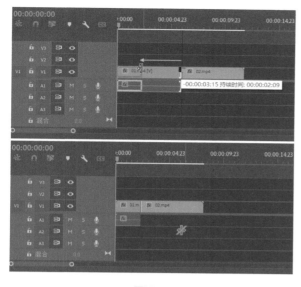

图 3-6

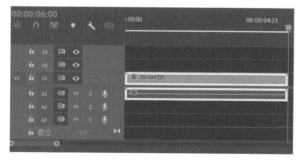

功能概述：

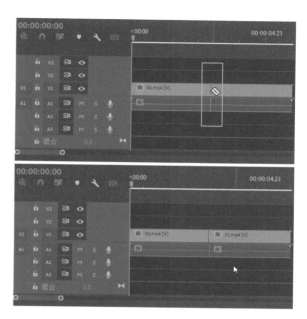（滚动编辑工具）可以让剪辑之后的两个视频片段的切割位置产生移动变化，视频时长不会发生变化。

使用方法：

第1步 将一个视频素材拖动到"时间轴"面板中，自动新建序列，如图 3-7 所示。

图 3-8

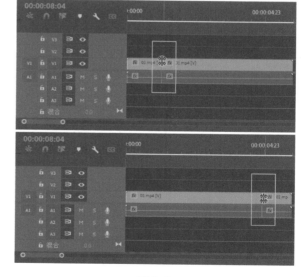

图 3-9

功能概述：

（比率拉伸工具）可以调整素材的速度。

使用方法：

第1步 将一个视频素材拖动到"时间轴"面板中，自动新建序列，如图 3-10 所示。

图 3-7

第2步 单击 （剃刀工具），将鼠标指针移动至适合位置，单击即可将素材一分为二，如图 3-8 所示。

第3步 单击 （滚动编辑工具），将鼠标指针移动至两个素材片段之间，按住鼠标左键即可左右移动切割点的位置，而且视频时长不会发生变化，如图 3-9 所示。

图 3-10

第2步 单击 ⚹ （比率拉伸工具），将鼠标指针移动至素材左侧的起始位置，单击即可向右拖动。此时可以看到素材变短了，而且前面部分出现了空缺，如图 3-11 所示。

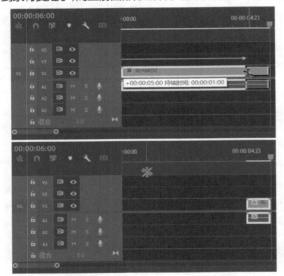

图 3-11

第3步 在空缺位置右击，在快捷菜单中执行"波纹删除"命令，如图 3-12 所示。

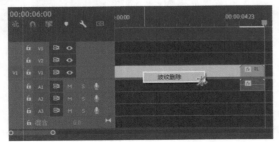

图 3-12

第4步 在播放画面时，会看到素材不仅时间变短了，而且速度变快了。因此，我们可以理解为 ⚹ （比率拉伸工具）不是在剪辑素材，而是在改变素材速度，如图 3-13 所示。

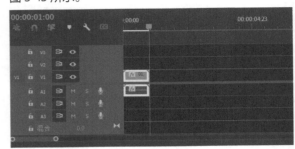

图 3-13

3.1.3 高效剪辑方法

使用"选择工具"拖动素材首尾，剪辑素材。

使用方法：

第1步 将一个视频素材拖动到"时间轴"面板中，自动新建序列。单击 ▶ （选择工具），将鼠标指针移动至素材左侧的起始位置，单击即可向右拖动。此时可以看到素材变短了，前面部分出现了空缺，而且素材前面一部分被剪辑掉了，如图 3-14 所示。

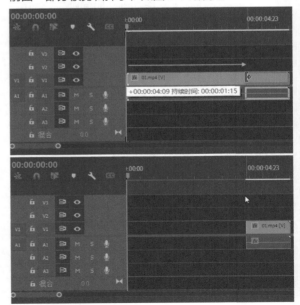

图 3-14

第2步 若单击▶（选择工具），将鼠标指针移动至素材右侧的末尾位置，单击即可向左拖动。此时可以看到素材变短了，后面部分出现了空缺，而且素材后面一部分被剪辑掉了，如图 3-15 所示。

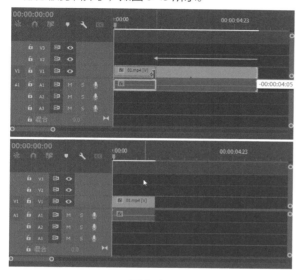

图 3-15

功能概述：

◆（剃刀工具）可以对素材进行切割（快捷键为 C）。

使用方法：

第1步 将一个视频素材拖动到"时间轴"面板中，自动新建序列，如图 3-16 所示。

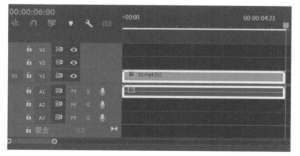

图 3-16

第2步 单击◆（剃刀工具），将鼠标指针移动至适合位置，单击即可将素材一分为二，如图 3-17 所示。

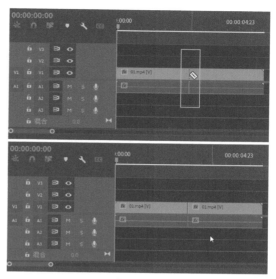

图 3-17

🔧 **小技巧**

当同一时间线上在多个视频轨道中有素材，用"剃刀工具"一个一个地剪辑效率太低。如果想对所有视频轨道中当前时间位置的素材进行剪辑，只需要按快捷键 C 进入剪辑模式，并按住 Shift 键进行单击即可。

功能概述：

▶（选择工具）在剪辑视频时比较常见，通过在剪辑切割后可以使用该工具对某个素材片段进行选择（快捷键为 V）。

使用方法：

第1步 接着上面的操作步骤进行，按快捷键 V，切换至"选择工具"，然后单击其中一部分素材片段，如图 3-18 所示。

图 3-18

选择素材，按 Delete 键，即可完成素材的删除。

使用方法：

将刚才的素材片段选中后，按 Delete 键可以删除该素材片段，如图 3-19 所示。

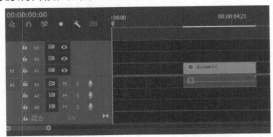

图 3-19

"波纹删除"命令可以将"时间轴"面板中该位置的空白区域删除，并且素材自动向前移动。

使用方法：

第1步 使用✂（剃刀工具）或按快捷键 C 对素材进行切割分开，可以切割多次，如图 3-20 所示。

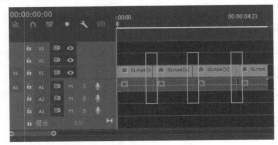

图 3-20

第2步 按快捷键 V，然后按 Shift 键，并单击选择第 1 段、第 3 段素材，如图 3-21 所示。

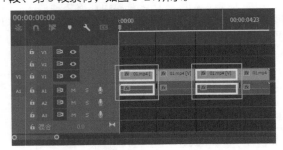

图 3-21

第3步 按 Delete 键即可删除第 1 段、第 3 段素材。在此时的两处空白位置依次右击，执行"波纹删除"命令，如图 3-22 所示。

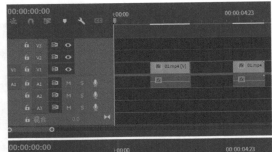

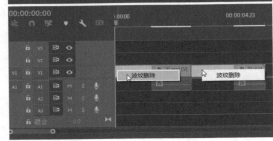

图 3-22

第4步 此时剪辑完成，如图 3-23 所示。

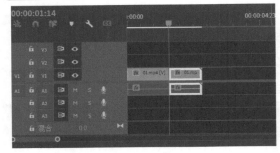

图 3-23

刚才学到的步骤比较烦琐，在素材剪辑完成后，若需要删除素材片段，可右击并执行"波纹删除"命令。而使用快捷键 Shift+Delete 可以更高效地完成剪辑。

使用方法：

第1步 使用✂（剃刀工具）或按快捷键 C 对素材进行切割分开，可以切割多次，如图 3-24 所示。

第2步 按快捷键 V，然后按 Shift 键，并单击选择第 1 段、第 3 段素材，如图 3-25 所示。

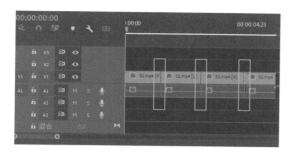

图 3-24

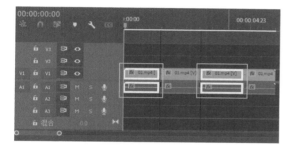

图 3-25

第3步 按快捷键 Shift+Delete，即可完成素材片段删除和波纹删除，如图 3-26 所示。

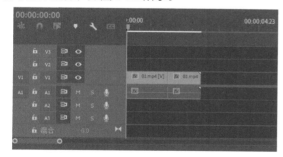

图 3-26

将时间轴拖动到合适位置，按快捷键 Q，即可将当前时间轴前面的素材自动进行波纹删除。

使用方法：

第1步 将一个视频素材拖动到"时间轴"面板中，自动新建序列，如图 3-27 所示。

第2步 此时时间轴起始位置的画面如图 3-28 所示。

第3步 此时移动时间轴的位置，如图 3-29 所示。

图 3-27

图 3-28

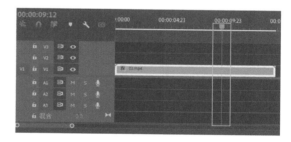

图 3-29

第4步 按快捷键 Q，素材前面部分已经被剪辑且删掉，如图 3-30 所示。

图 3-30

第5步 此时时间轴起始位置的画面如图 3-31 所示。

图 3-31

将时间轴拖动到合适位置，按快捷键 W，即可将当前时间轴后面的素材自动进行波纹删除。

使用方法：

第1步 将一个视频素材拖动到"时间轴"面板中，自动新建序列，如图 3-32 所示。

图 3-32

第2步 此时时间轴起始位置的画面如图 3-33 所示。

图 3-33

第3步 此时移动时间轴的位置如图 3-34 所示。

图 3-34

第4步 按快捷键 W，素材后面部分已经被剪辑且删掉，如图 3-35 所示。

图 3-35

第5步 此时时间轴起始位置的画面并没有变化，说明剪辑掉的是后半部分，如图 3-36 所示。

图 3-36

3.2 视频剪辑案例应用

3.2.1 案例：利用"标记"剪辑卡点节奏感风景视频

扫一扫，看视频

核心技术："标记"、"黑白"、"时间重映射"。

案例解析：本案例使用"剃刀"工具和"标记"为素材进行剪辑及标记，然后为素材添加"黑白"效果调整画面颜色，接着使用"时间重映射"更改素材播放速度来制作卡点节奏感风景视频。制作出发光效果的文字，效果如图 3-37 所示。

图 3-37

操作步骤：

第1步 新建项目、序列。

执行"文件"/"新建"/"项目"命令，新建一个项目。执行"文件"/"新建"/"序列"命令，在"新建序列"对话框中单击"设置"按钮，设置"编辑模式"为 ARRI Cinema，"时基"为 29.97 帧 / 秒，"帧大小"为 1920、1080，"像素长宽比"为"方形像素（1.0）"，"场"为"无场（逐行扫描）"。执行"文件"/"导入"命令，导入全部素材。在"项目"面板中将配乐 .mp3 素材拖动到"时间轴"面板的 A1 轨道上，如图 3-38 所示。

图 3-38

第2步 新建标记。

在"时间轴"面板中选择 A1 轨道上的配乐 .mp3 素材，❶ 单击工具箱中的 ◈ （剃刀工具）按钮，然后将时间线滑动到第 17 秒 11 帧位置，❷ 单击剪辑配乐 .mp3 素材，如图 3-39 所示。

图 3-39

单击工具箱中的 ▶ （选择工具）按钮，在"时间轴"面板中选中剪辑后的配乐 .mp3 素材的后半部分，接着按 Delete 键删除，如图 3-40 所示。

图 3-40

将时间线滑动到起始帧位置，按住 ▶ （播放—停

止切换）按钮或者空格键聆听配乐，在节奏强烈的位置按 M 键快速添加标记，直至音频结束，此时共添加了 7 个标记，如图 3-41 所示。

图 3-41

由于稍后需要继续添加标记，为了观看方便、易识别，更改刚刚制作的标记的颜色。双击添加的标记，打开"标记"对话框，将标记颜色设置为红色，如图 3-42 所示。

图 3-42

使用同样的方式更改其他标记颜色，此时"时间轴"面板中的标记如图 3-43 所示。

图 3-43

使用同样的方式在合适的时间位置添加绿色标记，如图 3-44 所示。

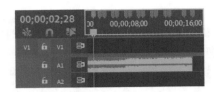

图 3-44

在"项目"面板中将 1.mp4 素材拖动到"时间轴"面板的 V1 轨道上，如图 3-45 所示。

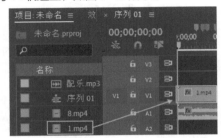

图 3-45

此时画面效果如图 3-46 所示。

图 3-46

将时间线移动到第 1 个绿色标记位置，在英文输入法状态下，按快捷键 R，此时光标切换为 （比率拉伸工具），选择 V1 轨道上的 1.mp4 素材，在其结束位置按下鼠标左键并向时间线位置拖动，将结束时间落在时间线上，改变素材的速度，如图 3-47 所示。

图 3-47

继续在"项目"面板中将 2.mp4 素材拖动到"时间轴"面板中的 1.mp4 素材的后面，将时间线滑动到第二个绿色标记位置，按快捷键 R，将光标切换为 （比率拉伸工具），选择 V1 轨道上的 2.mp4 素材，使用 （比特率拉伸工具），将它拖动到红色标记位置，如图 3-48 所示。

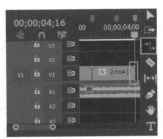

图 3-48

使用同样的方式制作其他视频素材，如图 3-49 所示。

图 3-49

第3步 制作卡点效果。

在"效果"面板中搜索"Barn Door"（双侧平推门）效果，将该效果拖动到 V1 轨道的 1.mp4 素材的起始时间上，如图 3-50 所示。

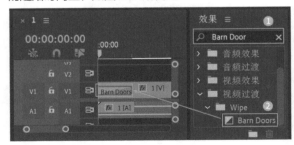

图 3-50

此时滑动时间线，1.mp4 素材画面效果如图 3-51 所示。

图 3-51

单击第一个红色标记,此时时间线自动跳转到红色标志位置,选择 V1 轨道上的第 2 个视频素材并右击,执行"添加帧定格"命令,如图 3-52 所示。

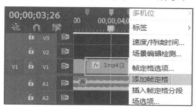

图 3-52

此时在时间线位置自动剪辑素材,前半部分为动态画面,后半部分为静止的帧定格画面,如图 3-53 所示。

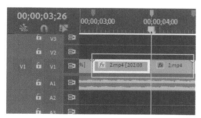

图 3-53

使用同样的方式为 3.mp4~7.mp4 素材执行此命令,如图 3-54 所示。

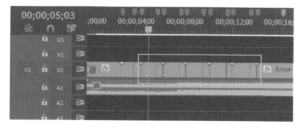

图 3-54

在"效果"面板中搜索"黑白",将其拖动到 2.mp4~7.mp4 中红色标记与绿色标记中间素材上(可

以理解为从第 2 个素材向右侧数,每隔一个素材添加黑白效果),如图 3-55 所示。

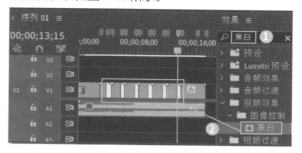

图 3-55

此时滑动时间线,画面效果如图 3-56 所示。

图 3-56

在"时间轴"面板中的 V1 轨道前方空白位置双击,展开 V1 轨道。选择 V1 轨道上的 1.mp4 素材文件并右击,执行"显示剪辑关键帧"/"时间重映射"/"速度"命令,如图 3-57 所示。

图 3-57

将鼠标指针移动到 V1 轨道上的 1.mp4 素材文件,按住中间线向上移动,设置"时间重映射:速度"为

“1000.00%”，并使用比率拉伸工具将它的结束时间拖动到最后一个绿色标记位置，如图 3-58 所示。

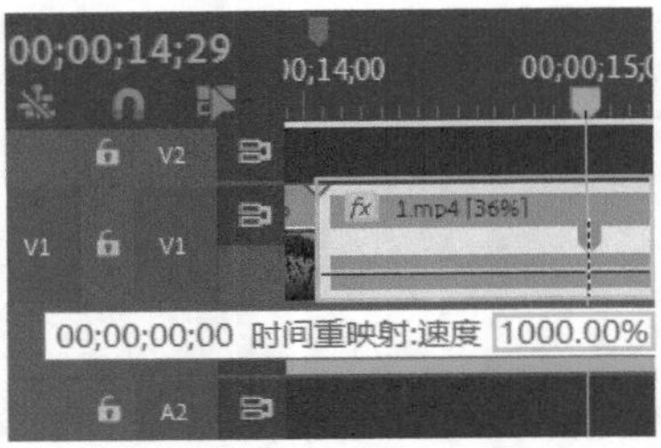

图 3-58

将时间线滑动到第 15 秒位置，按住 Ctrl 键，接着将鼠标指针移动到“时间轴”面板中 V1 轨道上的 1.mp4 素材的中间线位置，然后单击鼠标，如图 3-59 所示。

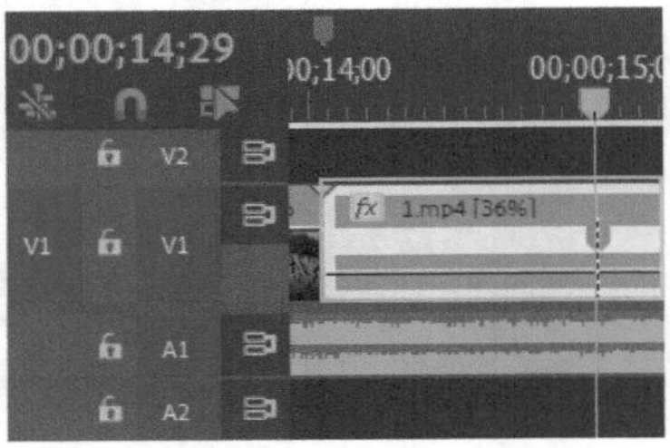

图 3-59

将鼠标指针移动到 V1 轨道上的 1.mp4 素材文件，按住中间线向下移动，设置“时间重映射：速度”为“54.00%”，如图 3-60 所示。

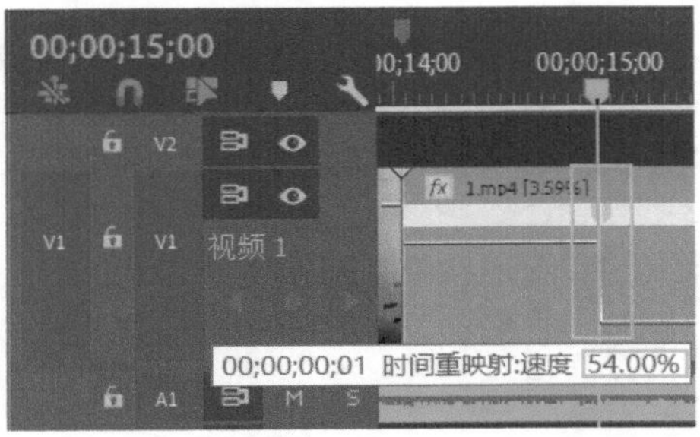

图 3-60

在“时间轴”面板选择 V1 轨道上的 1.mp4 素材，❶ 单击工具箱中的（剃刀工具）按钮，然后将时间线滑动到第 17 秒 11 帧位置，❷ 单击剪辑 1.mp4 素材文件，如图 3-61 所示。

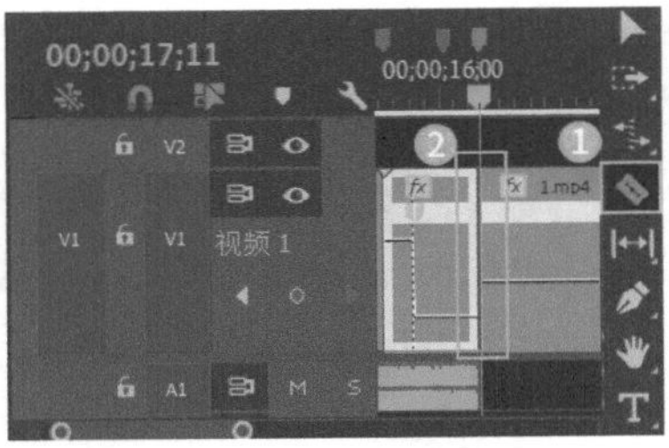

图 3-61

单击工具箱中的（选择工具）按钮，在“时间轴”面板中选中剪辑后的 1.mp4 素材的后半部分，接着按 Delete 键删除，如图 3-62 所示。

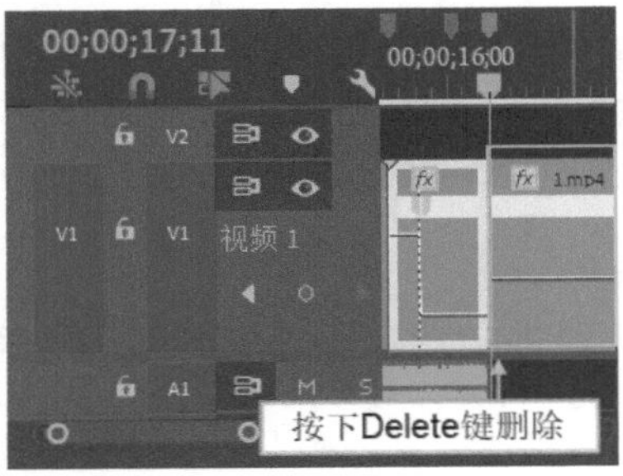

图 3-62

此时本案例制作完成，滑动时间线，效果如图 3-63 所示。

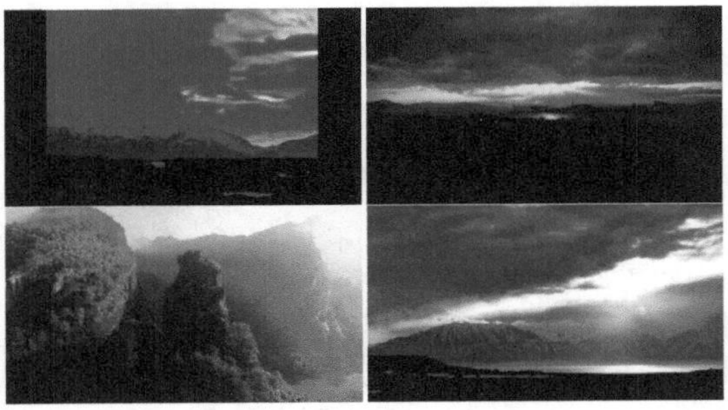

图 3-63

3.2.2 案例：剪辑 Vlog 短片

扫一扫，看视频

核心技术：“CheckerBoard（棋盘）”“混合模式”。

案例解析：本案例调整视频速率，剪辑视频，并在合适的时间使用“CheckerBoard（棋盘）”“混合模式”效果制作 Vlog

短片，效果如图 3-64 所示。

图 3-64

操作步骤：

第1步 新建项目，导入素材。

执行"文件"/"新建"/"项目"命令，新建一个项目。执行"文件"/"导入"命令，导入全部素材。在"项目"面板中将 1.mp4 素材拖动到"时间轴"面板中，此时在"项目"面板中自动生成一个与 1.mp4 素材等大的序列，如图 3-65 所示。

图 3-65

此时画面效果如图 3-66 所示。

图 3-66

第2步 修剪视频段落。

在"时间轴"面板中右击 V1 轨道的 1.mp4，执行"显示剪辑关键帧"/"时间重映射"/"速度"命令，接着在"时间轴"面板中双击 V1 轨道空白处，将时间线滑动到第 1 秒 29 帧位置，按住 Ctrl 键并单击中间线，将前方中间线向下拖动，如图 3-67 所示。

图 3-67

在"时间轴"面板中的 V1 轨道上中间线位置单击，将时间线拖动到 3 秒 18 帧处，如图 3-68 所示。

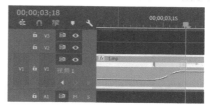

图 3-68

在"时间轴"面板中选择 V1 轨道的 1.mp4 素材，单击工具箱中的 ◈（剃刀工具）按钮，将时间线滑动到第 3 秒 28 帧的位置，单击剪辑 1.mp4 素材，并单击工具箱中的 ▶（选择工具）按钮，在"时间轴"面板中选中剪辑后的 1.mp4 素材的后半部分，接着按 Delete 键删除，如图 3-69 所示。

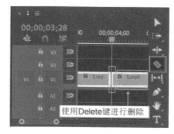

图 3-69

此时画面效果如图 3-70 所示。

图 3-70

在"项目"面板中，将 2.mp4 素材拖动到"时间轴"面板 V1 轨道上的 1.mp4 素材后方。在"时间轴"面板中选择 V1 轨道的 2.mp4 素材，单击工具箱中的 ◈（剃刀工具）按钮，然后将时间线滑动到第 5 秒 29 帧位置，单击剪辑 2.mp4 素材，并单击工具箱中的 ▶（选择工具）按钮，在"时间轴"面板中选中剪辑后的 2.mp4 素材的后半部分，接着按 Delete 键删除，如图 3-71 所示。

图 3-71

在"项目"面板中将 6.mp4 素材拖动到"时间轴"面板中 V1 轨道上 2.mp4 素材的后方，如图 3-72 所示。

图 3-72

在"时间轴"面板中右击 V1 轨道的 6.mp4 素材，在弹出的快捷菜单中执行"取消链接"命令，如图 3-73 所示。

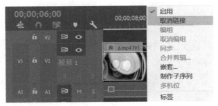

图 3-73

单击工具箱中的 ▶（选择工具）按钮，在"时间轴"面板中选中 6.mp4 素材音频部分，接着按 Delete 键删除，如图 3-74 所示。

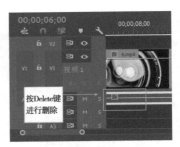

图 3-74

在"时间轴"面板中右击 V1 轨道的 6.mp4，执行"显示剪辑关键帧"/"时间重映射"/"速度"命令。接着在"时间轴"面板将时间线滑动到第 6 秒 14 帧位置，使用 Ctrl 键并单击中间线，将前方中间线向下拖动，如图 3-75 所示。

图 3-75

在"时间轴"面板中设置 6.mp4 素材的结束时间为 7 秒，如图 3-76 所示。

图 3-76

此时滑动时间线，画面效果如图 3-77 所示。

图 3-77

接着使用同样的方法剪辑视频片段，并设置合适的时间和视频速率。此时滑动时间线，画面效果如图 3-78 所示。

图 3-78

第3步 制作画面过渡与故障效果。

在"效果"面板中搜索"CheckerBoard（棋盘）"效果，将该效果拖动到 V1 轨道上的 3.mp4 素材起始位置，如图 3-79 所示。

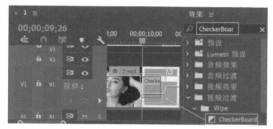

图 3-79

此时滑动时间线，画面效果如图 3-80 所示。

图 3-80

在"项目"面板中将故障效果 .mp4 素材拖动到"时间轴"面板中 V2 轨道上的 3 秒 28 帧位置，如图 3-81 所示。

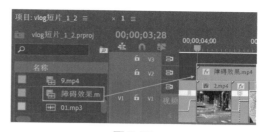

图 3-81

接着在"时间轴"面板中设置 V2 轨道的故障效果 .mp4 素材的结束时间为 11 秒 17 帧，如图 3-82 所示。

图 3-82

在"时间轴"面板中选择 V2 轨道的故障效果 .mp4 素材，在"效果控件"面板中展开"不透明度"，设置"混合模式"为"滤色"，如图 3-83 所示。

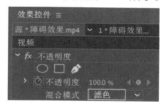

图 3-83

在"项目"面板中将 7.mp4 素材拖动到"时间轴"面板中 V2 轨道上的故障效果 .mp4 素材后方，如图 3-84 所示。

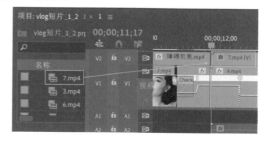

图 3-84

在"时间轴"面板中右击 V2 轨道上的 7.mp4 素材，在弹出的快捷菜单中执行"取消链接"命令，如图 3-85 所示。

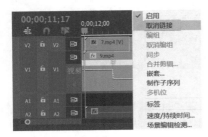

图 3-85

单击工具箱中的 ▶（选择工具）按钮，在"时间轴"面板中选中 7.mp4 素材的音频部分，接着按 Delete 键删除，如图 3-86 所示。

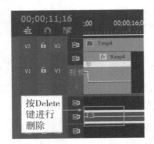

图 3-86

在"时间轴"面板中，使用快捷键 Ctrl+K 截取 7.mp4 素材的 25 秒 27 帧到 27 秒 28 素材片断，并将其拖动到故障效果 .mp4 素材后方，如图 3-87 所示。

图 3-87

在"时间轴"面板中，选择 V2 轨道的 7.mp4 素材。❶ 在"效果控件"面板中展开"不透明度"属性，将时间线滑动到第 13 秒位置，单击"不透明度"前方的 ◎（切换动画）按钮，开启关键帧，设置"不透明

度"为 100.0%；接着将时间线滑动到 13 秒 16 帧，设置"不透明度"为 0.0%；❷ 设置"混合模式"为"柔光"，如图 3-88 所示。

图 3-88

第4步 为 Vlog 短片添加音频。

在"项目"面板中将 01.mp3 素材拖动到"时间轴"面板的 A1 轨道上，如图 3-89 所示。

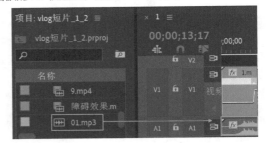

图 3-89

将时间线滑动到 16 秒 03 帧位置，在"时间轴"面板中使用快捷键 Ctrl+K，设置 A1 轨道上的 01.mp3 素材的结束时间为 16 秒 03 帧，如图 3-90 所示。

图 3-90

❶ 在"时间轴"面板中的 A1 轨道前方空白位置双击，展开 A1 轨道。❷ 接着分别将时间线滑动到第 13 秒 10 帧位置和第 16 秒 03 帧位置，按住 Ctrl 键的同时单击添加控制点，接着将第 16 秒 03 帧位置上的控制点向下拖动，制作音频淡出效果，如

图 3-91 所示。

图 3-91

此时本案例制作完成，滑动时间线，效果如图 3-92 所示。

图 3-92

3.3 视频剪辑项目实战：制作三胞胎视频

核心技术："RGB 曲线""添加定格帧""白场过渡"。

3.3.1 设计思路

本案例使用"RGB 曲线""添加定格帧""白场过渡"效果制作出由一人变为三胞胎的视频效果，效果如图 3-93 所示。

图 3-93

3.3.2 配色方案

本案例拍摄时的场景与人物服饰均采用纯度较低的色彩，整体感觉舒适柔和，并且人物服饰与墙壁呈现出黑、白、灰的色彩明度对比，使画面看起来既有深色，又有浅色，还有灰色，明度丰富，如图 3-94 所示。

图 3-94

3.3.3 版面构图

本作品采用对称式构图方式，三胞胎人物站立于左侧、中间、右侧，人物动作幅度小，几乎呈现完全对称，使画面产生对称之美，如图 3-95 所示。

图 3-95

3.3.4 操作步骤

第1步 新建项目、序列。

执行"文件"／"新建"／"项目"命令，新建一个项目。执行"文件"／"导入"命令，导入全部素材。在"项目"面板中将 1.mp4 素材拖动到"时间轴"面板中，此时在"项目"面板中自动生成一个与 1.mp4 素材等大的序列，如图 3-96 所示。

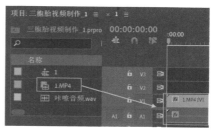

图 3-96

扫一扫，看视频

此时画面效果如图 3-97 所示。

图 3-97

第2步 制作三胞胎效果。

在"时间轴"面板中右击 V1 轨道的 1.mp4 素材，在弹出的快捷菜单中执行"取消链接"命令，如图 3-98 所示。

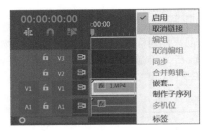

图 3-98

单击工具箱中的 ▶（选择工具）按钮，在"时间轴"面板中选中 1.mp4 素材的音频部分，接着按 Delete 键删除，如图 3-99 所示。

在"时间轴"面板中选中 1.mp4 素材，使用快捷键 Ctrl+K 在 2 秒 07 帧将素材进行切割，使素材的结束时间为 2 秒 07 帧，如图 3-100 所示。

图 3-99

图 3-100

在"效果"面板中搜索"裁剪"效果，将该效果拖动到 V1 轨道的 1.mp4 素材的起始时间上，如图 3-101 所示。

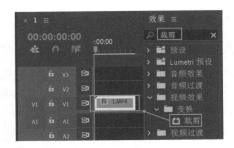

图 3-101

在"时间轴"面板中选择 V1 轨道的 1.mp4，在"效果控件"面板中展开"裁剪"，设置"右侧"为 60.0%，"羽化边缘"为 90，如图 3-102 所示。

图 3-102

此时画面效果如图 3-103 所示。

图 3-103

再次在"项目"面板中将 1.mp4 素材拖动到"时间轴"面板的 V2 轨道上，并右击 V2 轨道的 1.mp4 素材文件，在弹出的快捷菜单中执行"取消链接"命令，如图 3-104 所示。

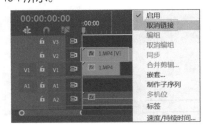

图 3-104

单击工具箱中的 （选择工具）按钮，在"时间轴"面板中，选中 V2 轨道上 1.mp4 素材的音频部分，接着按 Delete 键进行删除，如图 3-105 所示。

图 3-105

在"时间轴"面板中设置 V2 轨道上的 1.mp4 素材的起始时间为 9 秒，结束时间为 11 秒。设置完成后，将时间线滑动到起始时间，并设置素材的结束时间为 2 秒 07 帧，如图 3-106 所示。

图 3-106

此时画面效果如图 3-107 所示。

图 3-107

在"效果"面板中搜索"裁剪"效果，将该效果拖动到 V2 轨道上的 1.mp4 素材的起始时间上，如图 3-108 所示。

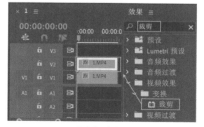

图 3-108

在"时间轴"面板中选择 V2 轨道的 1.mp4 素材，在"效果控件"面板中展开"裁剪"，设置"左侧"为 41.0%，"右侧"为 33.0%，"羽化边缘"为 90，如图 3-109 所示。

图 3-109

此时画面效果如图 3-110 所示。

图 3-110

在"项目"面板中将 1.mp4 素材拖动到"时间轴"面板的 V3 轨道上，并右击 V3 轨道的 1.mp4 素材，在弹出的快捷菜单中执行"取消链接"命令，如图 3-111 所示。

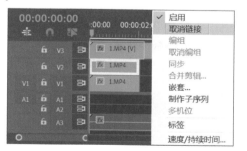

图 3-111

单击工具箱中的 （选择工具）按钮，在"时间轴"面板中，选中 V3 轨道上 1.mp4 素材的音频部分，接着按 Delete 键进行删除，如图 3-112 所示。

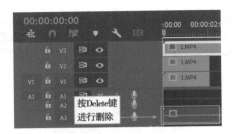

图 3-112

在"时间轴"面板中设置 V3 轨道上的 1.mp4 素材的起始时间为 34 秒，结束时间为 36 秒。设置完成后，将时间线滑动到起始时间，并设置素材的结束时间为 2 秒 07 帧，如图 3-113 所示。

图 3-113

此时画面效果如图 3-114 所示。

图 3-114

在"效果"面板中搜索"裁剪"效果，将该效果拖动到 V3 轨道的 1.mp4 素材起始时间上，如图 3-115 所示。

图 3-115

在"时间轴"面板中选择 V3 轨道的 1.mp4，在"效果控件"面板中展开"裁剪"，设置"左侧"为 65.0%，"羽化边缘"为 90，如图 3-116 所示。

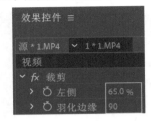

图 3-116

此时画面效果如图 3-117 所示。

图 3-117

在"时间轴"面板中框选 V1 到 V3 轨道上的所有素材并右击，执行"嵌套"命令，在弹出的"嵌套序列"对话框中单击"确定"按钮，如图 3-118 所示。

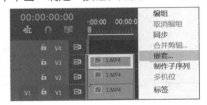

图 3-118

此时"时间轴"面板如图 3-119 所示。

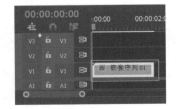

图 3-119

在"效果"面板中搜索"RGB 曲线"效果，将该效果拖动到 V1 轨道上的嵌套序列 01 上，如图 3-120 所示。

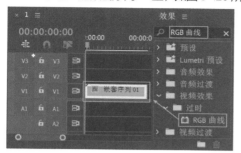

图 3-120

在"时间轴"面板中选择 V1 轨道上的嵌套序列 01，在"效果控件"面板中展开"RGB 曲线"，将"主要"曲线向左上角拖动，如图 3-121 所示。

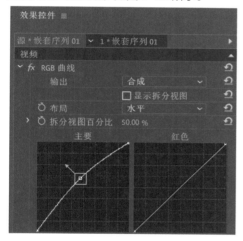

图 3-121

此时将画面效果与之前的画面进行对比，如图 3-122 所示。

图 3-122

第3步 制作定格效果。

在"时间轴"面板中将时间线滑动到第 2 秒 05 帧位置，右击 V1 轨道上的嵌套序列 01，在弹出的快捷菜单中执行"添加帧定格"命令，如图 3-123 所示。

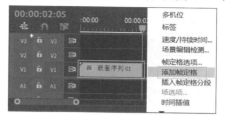

图 3-123

放大"时间轴"面板时间宽度，此时"时间轴"面板如图 3-124 所示。

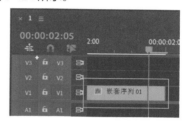

图 3-124

设置"时间轴"面板中 V1 轨道上的嵌套序列 01 后方的嵌套序列 01 的结束时间为 12 秒 16 帧，如图 3-125 所示。

图 3-125

此时滑动时间线，画面效果如图 3-126 所示。

图 3-126

在"效果"面板中搜索"白场过渡"效果，将该效果拖动到 V1 轨道上的嵌套序列 01 上，如图 3-127 所示。

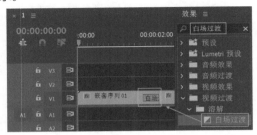

图 3-127

在"项目"面板中将咔嚓音频 .wav 拖动到 A1 轨道上的第 1 秒 40 帧位置，如图 3-128 所示。

图 3-128

此时本案例制作完成，滑动时间线，效果如图 3-129 所示。

图 3-129

第3章

高效率视频剪辑技巧

关键帧动画，让画面动起来

第**4**章

通过设置关键帧动画，可以让静止的画面"动"起来。关键帧动画通过对时间轴中的关键位置点进行属性记录，使两个或多个关键位置点的属性不同，从而产生动画。

本章关键词

- 创建、移动、复制、删除关键帧
- 关键帧插值

4.1 关键帧操作

关键帧是动画的基础，关键帧操作包括创建、移动、复制、删除关键帧等，如图 4-1 所示为利用关键帧制作的动画效果。

图 4-1

4.1.1 认识关键帧

功能概述：

"帧"是动画中最小的单位，1 帧代表一张静止的图片，动画就是由这一张张静止的画面连续播放构成的。而关键帧则指动画中关键的时刻，通过在某些时刻设置不同的关键帧参数，从而制作动画效果。

使用方法：

第1步 新建项目，将任意两张图片素材导入"时间轴"面板中，如图 4-2 所示。

图 4-2

第2步 此时画面效果如图 4-3 所示。

图 4-3

第3步 在"时间轴"面板中选中 V2 轨道的 2 素材，① 在"效果控件"面板中展开"运动"和"不透明度"属性，将时间线滑动到起始位置，单击"缩放""旋转""不透明度"前方的 ◎（切换动画）按钮，创建关键帧；② 设置"缩放"为 0.0，"旋转"为 2×0.0°，"不透明度"为 0.0%，如图 4-4 所示；接着将时间线滑动到第 3 秒位置，设置"缩放"为 135.0，"旋转"为 0.0°，"不透明度"为 100.0%；将时间线滑动到第 3 秒位置，设置"缩放"为 135.0，"旋转"为 0.0°，"不透明度"为 100.0%。

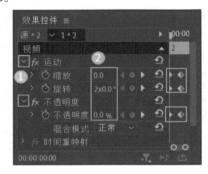

图 4-4

第4步 此时滑动时间线，画面效果如图 4-5 所示。

图 4-5

4.1.2 创建关键帧

在 Premiere Pro 中，可以在"效果控件"面板的固定属性和添加的效果属性中创建关键帧，以设置关键帧动画。创建的方法也很简单，只需要单击该属性前方的 ◎（切换动画）按钮，即可在当前时间轴位置创建一个关键帧。

1. "效果控件"面板创建关键帧

使用方法：

第1步 新建项目，将任意两张图片素材导入"时间轴"面板中，如图 4-6 所示。

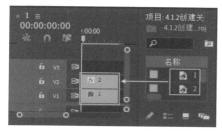

图 4-6

第2步 在"时间轴"面板中，选中 V2 轨道上的 2 素材，❶ 在"效果控件"面板中展开"运动"属性；❷ 将时间线滑动到起始位置，单击"位置"前方的 ◎（切换动画）按钮，创建关键帧；❸ 设置"位置"为（-2100.0,-1500.0），如图 4-7 所示。

图 4-7

第3步 将"效果控件"面板中左下角的时间码设置为3 秒，然后设置"位置"为（2016.0 , 1512.0），"缩放"为 117.0，如图 4-8 所示。

图 4-8

小技巧

在"效果控件"面板中单击相应属性右侧的 ◀（转到上一关键帧）按钮、▶（转到下一关键帧）按钮，即可自动跳转至关键帧位置。

2. "时间轴"面板创建关键帧

使用方法：

第1步 在"时间轴"面板中，选中 V2 轨道上的 2 素材的"效果徽章"，右击，在弹出的快捷菜单中执行"不透明度"/"不透明度"命令，如图 4-9 所示。

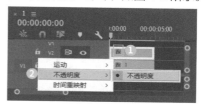

图 4-9

第2步 ❶ 在 V2 轨道空白位置双击；❷ 显示视频关键帧，如图 4-10 所示。

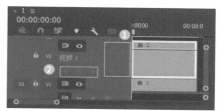

图 4-10

小技巧

Ctrl+ 加、减号：扩展视频轨道宽度。
Shift+ 加、减号：扩展视频所有轨道的宽度。
Alt+ 加、减号：扩展音频轨道宽度。

第3步 将时间线滑动到起始位置，单击 V2 轨道的 ◎（添加关键帧）按钮，添加关键帧；接着将时间线滑动到第 3 秒位置，再次添加关键帧，然后选中起始位置关键帧并向下拖动，如图 4-11 所示。

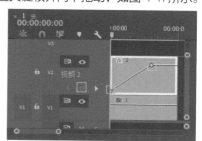

图 4-11

3. "节目监视器"面板创建关键帧

使用方法：

第1步 在"时间轴"面板中，选中 V1 轨道上的 1 素材，将时间线滑动到起始帧位置，单击"缩放"前方的 ⏱（切换动画）按钮，添加关键帧，如图 4-12 所示。

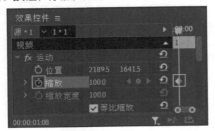

图 4-12

第2步 将时间线滑动到合适位置，在"节目监视器"面板中双击素材，此时素材周围出现控制点，将光标移动到控制点上，按住鼠标左键拖动缩放素材，如图 4-13 所示。

图 4-13

第3步 此时在"效果控件"面板的时间线上自动添加关键帧，如图 4-14 所示。

图 4-14

4.1.3 移动关键帧

1. 移动单个关键帧

功能概述：

按住鼠标左键拖动关键帧，即可将关键帧拖动到合适的时间。

使用方法：

在"时间轴"面板中选中需要移动的关键帧，然后按住鼠标左键拖动，移动到合适位置，释放鼠标，如图 4-15 所示。

图 4-15

2. 移动多个关键帧

方法 1：

在"效果控件"面板中，按住鼠标左键拖动，框选需要移动的关键帧，如图 4-16 所示。

图 4-16

方法 2：

在"效果控件"面板中，按住 Ctrl 键或 Shift 键的同时加选多个关键帧，按住鼠标左键拖动，可以移动不相邻的关键帧，如图 4-17 所示。

按住 Ctrl 键或 Shift 键进行加选

图 4-17

4.1.4 复制关键帧

1. 使用快捷键复制关键帧

选中关键帧，按快捷键 Ctrl+C 进行复制，按快捷键 Ctrl+V 进行粘贴。

使用方法：

选中 V1 轨道的素材，① 在"效果控件"面板中选中"缩放"属性的第二个关键帧；② 使用快捷键 Ctrl+C 进行复制，然后将时间线滑动到合适位置；③ 使用快捷键 Ctrl+V 进行粘贴，如图 4-18 所示。

图 4-18

2. 使用Alt键复制关键帧

使用方法：

在"效果控件"面板中，① 选中需要复制的关键帧；② 按住 Alt 键的同时按下鼠标左键拖动；③ 移动到合适位置释放鼠标即可复制关键帧，如图 4-19 所示。

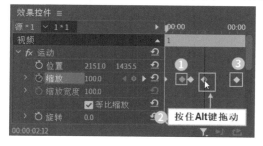

图 4-19

3. 使用快捷菜单复制关键帧

使用方法：

第1步 ① 在"效果控件"面板中选中需要复制的关键帧；② 右击鼠标，在弹出的快捷菜单中执行"复制"命令，如图 4-20 所示。

图 4-20

第2步 ① 将时间线滑动到合适位置；② 右击鼠标，在弹出的快捷菜单中执行"粘贴"命令，即可得到复制的关键帧，如图 4-21 所示。

图 4-21

4.1.5 复制关键帧到另一个素材上

功能概述：

有时，为某个素材的属性设置完成关键帧动画后，为了操作方便，可以直接复制该素材中该属性的关键帧动画，粘贴到另外一个素材中，这会大大提高创作效率。

使用方法：

第1步 选中 V1 轨道上的素材，① 在"效果控件"面板中为素材的"位置"属性创建 4 个关键帧，并选择 4 个关键帧；② 使用快捷键 Ctrl+C 进行复制，如图 4-22 所示。

图 4-22

第2步 选中 V2 轨道上的素材，❶ 将时间线滑动到第 0 帧位置；❷ 选中"位置"属性；❸ 使用快捷键 Ctrl+V 进行粘贴，如图 4-23 所示。

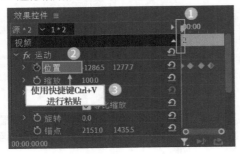

图 4-23

4.1.6 删除关键帧

功能概述：

删除关键帧的方法有很多种，可以使用快捷键删除，或使用"添加/移除关键帧"按钮删除，也可以在快捷菜单中删除关键帧，另外，单击 ![切换动画按钮]（切换动画）按钮，可移除该属性的所有关键帧。

1.使用快捷键删除关键帧

使用方法：

❶ 在"效果控件"面板中选中"缩放"属性后方需要删除的关键帧；❷ 按 Delete 键进行删除，如图 4-24 所示。

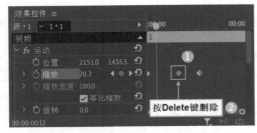

图 4-24

2.使用"添加/移除关键帧"按钮删除关键帧

使用方法：

第1步 ❶ 在"效果控件"面板中，将时间线滑动到要删除的关键帧位置；❷ 单击"添加/移动关键帧"按钮，如图 4-25 所示。

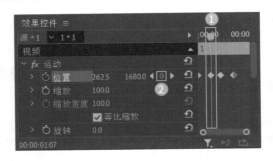

图 4-25

第2步 此时时间线所在位置的关键帧被删除，如图 4-26 所示。

图 4-26

3.在快捷菜单中删除关键帧

使用方法：

第1步 ❶ 在"效果控件"面板中选中需要删除的关键帧；❷ 右击鼠标，在弹出的快捷菜单中执行"清除"命令，如图 4-27 所示。

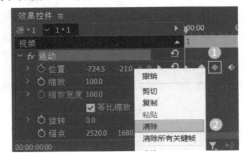

图 4-27

第2步 此时选中的关键帧被删除，如图 4-28 所示。

图 4-28

4. "切换动画"删除所有关键帧

使用方法：

(第1步) 在"效果控件"面板中，单击要删除的关键帧属性前方的 ◎（切换动画）按钮，如图 4-29 所示。

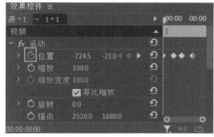

图 4-29

(第2步) 在弹出的"警告"对话框中单击"确定"按钮，如图 4-30 所示。

图 4-30

(第3步) 此时选中属性的所有关键帧被删除，如图 4-31 所示。

图 4-31

4.1.7 关键帧插值

功能概述：

　　关键帧插值是指在两个关键帧中间的时间范围内对属性更改进行的动画处理。选择合适的关键帧插值可以使动画效果更有趣、更合理。

　　在 Premiere Pro 中，关键帧插值包括"临时插值""空间插值"两种类型。

　　● "临时插值"：又称时间插值，主要是指关键帧运动速度的变化，如加速运动或减速运动，包括线性、贝塞尔曲线、自动贝塞尔曲线、连续贝塞尔曲线、定格、缓入和缓出，如图 4-32 所示。

　　● "空间插值"：主要用于关键帧运动路径的变化，如直线运动和曲线运动，包括线性、贝塞尔曲线、自动贝塞尔曲线、连续贝塞尔曲线，如图 4-33 所示。

图 4-32　　　　　　　　图 4-33

1. 线性

功能概述：

　　"线性"插值是默认的插值方式，该插值方式的关键帧速度是均匀变化的。"线性"插值在曲线图中关键帧之间的连线为直线效果。

使用方法：

(第1步) ① 在"效果控件"面板中，选中关键帧；② 右击鼠标，在弹出的快捷菜单中执行"临时插值"/"线性"命令，如图 4-34 所示。

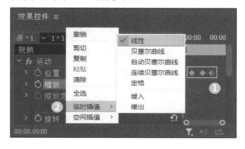

图 4-34

第2步 ❶ 在"效果控件"面板中展开"位置"属性；❷ 此时"线性"插值曲线如图 4-35 所示。

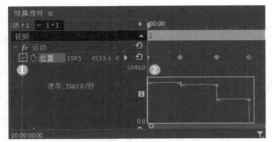

图 4-35

2. 贝塞尔曲线

功能概述：

　　"贝塞尔曲线"插值可以手动调整图标的形状和变化速率。

使用方法：

第1步 ❶ 在"效果控件"面板中，选中关键帧；❷ 右击鼠标，在弹出的快捷菜单中执行"临时插值"/"贝塞尔曲线"命令，如图 4-36 所示。

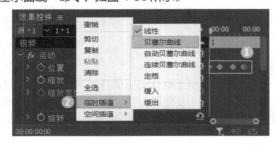

图 4-36

第2步 ❶ 在"效果控件"面板中展开"位置"属性；❷ 此时"贝塞尔曲线"插值曲线如图 4-37 所示。

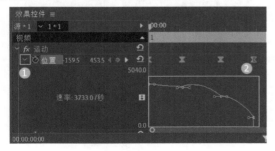

图 4-37

3. 自动贝塞尔曲线

功能概述：

　　"自动贝塞尔曲线"插值可以通过关键帧创建平滑的变化速率，以实现关键帧之间的平滑过渡。

使用方法：

第1步 ❶ 在"效果控件"面板中，选中关键帧；❷ 右击鼠标，在弹出的快捷菜单中执行"临时插值"/"自动贝塞尔曲线"命令，如图 4-38 所示。

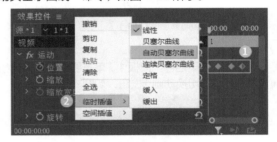

图 4-38

第2步 ❶ 在"效果控件"面板中展开"位置"属性；❷ 此时"自动贝塞尔曲线"插值曲线如图 4-39 所示。

图 4-39

4. 连续贝塞尔曲线

功能概述：

　　"连续贝塞尔曲线"插值与"自动贝塞尔曲线"插值一样，通过关键帧创建平滑的变化速率。但是，它可以在预览对话框中手动设置连续贝塞尔曲线方向手柄的位置。

使用方法：

第1步 ❶ 在"效果控件"面板中，选中关键帧；❷ 右击鼠标，在弹出的快捷菜单中执行"临时插值"/"连续贝塞尔曲线"命令，如图 4-40 所示。

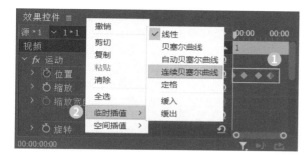

图 4-40

第2步 ① 在"效果控件"面板中展开"位置"属性；② 此时"连续贝塞尔曲线"插值曲线如图 4-41所示。

图 4-41

5. 定格

功能概述：

将关键帧设置为定格之后，从当前关键帧到下个关键帧中间不会产生逐渐过渡效果，而是突然出现。

使用方法：

第1步 ① 在"效果控件"面板中，选中关键帧；② 右击鼠标，在弹出的快捷菜单中执行"临时插值"/"定格"命令，如图 4-42 所示。

图 4-42

第2步 ① 在"效果控件"面板中展开"位置"属性；② 此时"定格"插值曲线如图 4-43 所示。

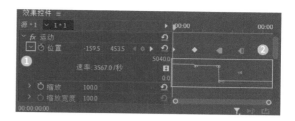

图 4-43

6. 缓入

功能概述：

以慢速开始并逐渐积累速度，这一过程被称为缓入。

使用方法：

第1步 ① 在"效果控件"面板中，选中关键帧；② 右击鼠标，在弹出的快捷菜单中执行"临时插值"/"缓入"命令，如图 4-44 所示。

图 4-44

第2步 ① 在"效果控件"面板中展开"位置"属性；② 此时"缓入"插值曲线如图 4-45 所示。

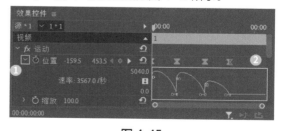

图 4-45

7. 缓出

功能概述：

以快速开始并逐渐降低速度，这一过程被称为缓出。

使用方法：

第1步 ① 在"效果控件"面板中，选中关键帧；

❷ 右击鼠标,在弹出的快捷菜单中执行"临时插值"/"缓出"命令,如图 4-46 所示。

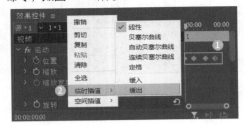

图 4-46

第2步 ❶ 在"效果控件"面板中展开"位置"属性；❷ 此时"缓出"插值曲线如图 4-47 所示。

图 4-47

4.2 关键帧动画案例应用

4.2.1 案例：关键帧制作连续推拉画面动画

扫一扫，看视频

核心技术："关键帧"。

案例解析：本案例是在"缩放"和"不透明度"属性中添加关键帧制作推拉画面动画,案例效果如图 4-48 所示。

图 4-48

操作步骤：

第1步 导入文件。

执行"文件"/"新建"/"项目"命令,新建一

个项目。执行"文件"/"导入"命令,导入全部素材。

❶ 在"项目"面板中将全部的图片素材拖动到"时间轴"面板中,此时在"项目"面板中自动生成一个与 01.mp4 素材等大的序列；❷ 将配乐 .mp3 素材拖动到"时间轴"面板的 A1 轨道上,如图 4-49 所示。

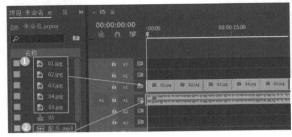

图 4-49

第2步 修剪视频。

❶ 在"时间轴"面板中框选 V1 轨道上所有的图片素材；❷ 右击鼠标,在弹出的快捷菜单中选择"速度 / 持续时间"命令,如图 4-50 所示。

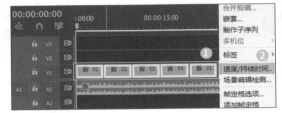

图 4-50

在弹出的"剪辑速度 / 持续时间"对话框中,❶ 设置"持续时间"为 20 帧；❷ 勾选"波纹编辑,移动尾部剪辑"复选框；❸ 单击"确定"按钮,如图 4-51 所示。

图 4-51

在"时间轴"面板中选择 A1 轨道上的配乐 .mp3 素材，❶ 单击工具箱中的 ◈（剃刀工具）按钮，然后将时间线滑动到第 4 秒位置；❷ 单击剪辑配乐 .mp3 素材文件，如图 4-52 所示。

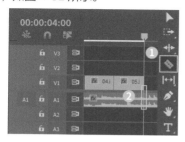

图 4-52

分割素材时，可以选中素材，然后将时间线滑动到合适位置，使用快捷键 Ctrl+K 进行分割。

单击工具箱中的 ▶（选择工具）按钮，在"时间轴"面板中选中剪辑后的配乐 .mp3 素材文件的后半部分，接着按 Delete 键进行删除，如图 4-53 所示。

图 4-53

此时滑动时间线，画面效果如图 4-54 所示。

图 4-54

第2步 制作推拉画面动画。

在"时间轴"面板中选择 V1 轨道上的 01.jpg 素材，接着在"效果控件"面板中展开"运动"，将时间线滑动到起始位置，单击"缩放"前方的 ⏱（切换动画）按钮，设置"缩放"为 100.0，如图 4-55 所示；将时间线滑动到第 20 帧位置，设置"缩放"为 300.0。

图 4-55

继续展开"不透明度"属性，将时间线滑动到起始位置，单击"不透明度"前方的 ⏱（切换动画）按钮，设置"不透明度"为 0.0%；将时间线滑动到第 10 帧位置，设置"不透明度"为 100.0%；将时间线滑动到第 20 帧位置，设置"不透明度"为 0.0%，如图 4-56 所示。

图 4-56

此时滑动时间线，画面效果如图 4-57 所示。

图 4-57

选择"时间轴"面板中 V1 轨道上的 01.jpg，在"效果控件"面板中，❶ 选中"运动"和"不透明度"属性；❷ 使用快捷键 Ctrl+C 进行复制，如图 4-58 所示。

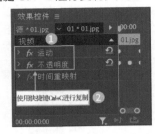

图 4-58

选择"时间轴"面板中 V1 轨道上的其他素材文件，在"效果控件"面板中，分别使用快捷键 Ctrl+V 进行粘贴，如图 4-59 所示。

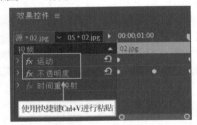

图 4-59

此时本案例制作完成，滑动时间线，效果如图 4-60 所示。

图 4-60

4.2.2 案例：关键帧制作视频变速效果

扫一扫，看视频

核心技术："时间重映射"。

案例解析：本案例使用"显示剪辑关键帧"/"时间重映射"/"速度"命令制作视频变速效果，效果如图 4-61 所示。

图 4-61

操作步骤：

第1步 新建项目、序列，导入素材。

执行"文件"/"新建"/"项目"命令，新建一个项目。执行"文件"/"新建"/"序列"命令，在"新建序列"对话框中单击"设置"按钮，设置"编辑模式"为 ARRI Cinema，"时基"为 30.00 帧/秒，"帧大小"水平为 1920、1080，"像素长宽比"为"方形像素（1.0）"，"场"为"无场（逐行扫描）"，设置完成后单击"确定"按钮完成新建序列。执行"文件"/"导入"命令，导入全部素材。❶ 在"项目"面板中将 1.mp4 素材拖动到"时间轴"面板的 V1 轨道上，❷ 将配乐 .mp3 素材拖动到 A1 轨道上，如图 4-62 所示。

图 4-62

此时画面效果如图 4-63 所示。

图 4-63

第2步 制作变速效果。

在"时间轴"面板中向上拖动 V1 轨道，如图 4-64 所示。

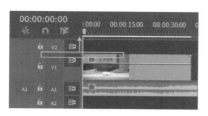

图 4-64

在"时间轴"面板中选择 V1 轨道上的 1.mp4 素材，右击，执行"显示剪辑关键帧"/"时间重映射"/"速度"命令，如图 4-65 所示。

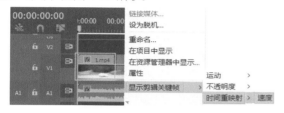

图 4-65

此时"时间轴"面板中 V1 轨道上的 1.mp4 素材时间滑块，如图 4-66 所示。

图 4-66

将时间线滑动到第 4 秒位置，按住 Ctrl 键，接着将鼠标移动到"时间轴"面板中 V1 轨道上的 1.mp4 素材的中间线位置上并单击，如图 4-67 所示。

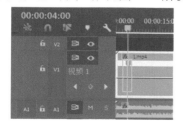

图 4-67

将时间线滑动到第 5 秒位置，再次按住 Ctrl 键，接着将鼠标指针移动到"时间轴"面板中 V1 轨道上的 1.mp4 素材的中间线位置上并单击，如图 4-68 所示。

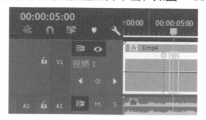

图 4-68

将鼠标移动到 V1 轨道上的 1.mp4 素材的中间线位置按住中间线向下移动，设置"时间重映射：速度 30.00%"，如图 4-69 所示。

图 4-69

此时本案例制作完成，滑动时间线，效果如图 4-70 所示。

图 4-70

4.2.3 案例：关键帧制作照片落下来的效果

核心技术："基本 3D""径向阴影"。

案例解析：本案例使用"基本 3D""径向阴影"效果制作照片落下来的效果，如图 4-71 所示。

扫一扫，看视频

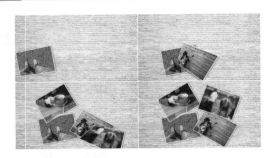

图 4-71

操作步骤：

第1步 新建项目、序列。

执行"文件"/"新建"/"项目"命令，新建一个项目。执行"文件"/"新建"/"序列"命令，在"新建序列"对话框中单击"设置"按钮，设置"编辑模式"为 HDV 1080p，"时基"为 23.976 帧 / 秒，"像素长宽比"为"HD 变形 1080（1.333）"。执行"文件"/"导入"命令，导入全部素材。在"项目"面板中将全部素材拖动到"时间轴"面板中相应的轨道上，如图 4-72 所示。

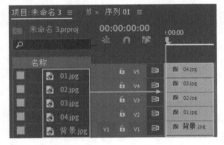

图 4-72

第2步 修剪视频。

在"时间轴"面板中选择 V1 轨道的背景 .jpg 素材，接着在"效果控件"面板中展开"运动"，设置"缩放"为 230.0，如图 4-73 所示。

图 4-73

此时画面效果如图 4-74 所示。

图 4-74

第3步 制作照片下落效果。

在"时间轴"面板中选择 V2 轨道上的 01.jpg 素材，接着在"效果控件"面板中展开"运动"，将时间线滑动到起始位置，❶ 单击"位置"前方的 ◎（切换动画）按钮，设置"位置"为（-300.0 ,751.0）；将时间线滑动到第 1 秒位置，设置"位置"为（500.0, 751.0）；❷ 设置"旋转"为 -10.0°，如图 4-75 所示。

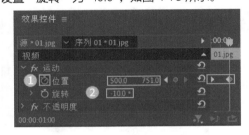

图 4-75

❶ 在"效果"面板中搜索"基本 3D"效果；❷ 将该效果拖动到 V2 轨道上的 01.jpg 素材上，如图 4-76 所示。

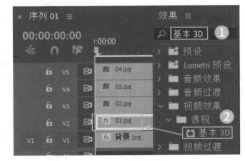

图 4-76

在"效果控件"面板中展开"基本 3D"，将时间线滑动到起始位置，❶ 单击"旋转"前方的 ◎（切换动画）按钮，设置"旋转"为 17.0°；将时间线滑动到第 1 秒位置，设置"旋转"为 0.0°；❷ 设置"与图像的距离"为 15.0,如图 4-77 所示。

图 4-77

在"效果"面板中搜索"径向阴影"效果,将该效果拖动到 V2 轨道上的 01.jpg 素材上。在"效果控件"面板中展开"径向阴影",设置"不透明度"为 30.0%,"光源"为(100.0,120.0),"投影距离"为 2.0,"柔和度"为 40.0,如图 4-78 所示。

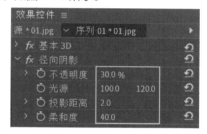

图 4-78

此时滑动时间线,V2 轨道画面效果如图 4-79 所示。

图 4-79

在"时间轴"面板中选择 V3 轨道上的 02.jpg 素材,设置起始时间为第 1 秒位置,如图 4-80 所示。

图 4-80

在"时间轴"面板中选择 V3 轨道上的 02.jpg 素材,接着在"效果控件"面板中展开"运动",将时间线滑动到第 1 秒位置,❶ 单击"位置"前方的 （切换动画）按钮,设置"位置"为(1000.0, -331.0);将时间线滑动到第 2 秒位置,设置"位置"为(900.0, 750.0);❷ 设置"旋转"为 30.0°,如图 4-81 所示。

图 4-81

在"效果"面板中搜索"基本 3D"效果,将该效果拖动到 V3 轨道的 02.jpg 素材上。在"效果控件"面板中展开"基本 3D",将时间线滑动到第 1 秒位置,❶ 单击"旋转"和"倾斜"前方的 （切换动画）按钮,设置"旋转"为 30.0°,"倾斜"为 20.0°;将时间线滑动到第 2 秒位置,设置"旋转"为 0.0°,"倾斜"为 0.0°;❷ 设置"与图像的距离"为 15.0,如图 4-82 所示。

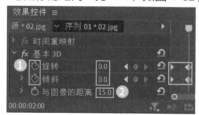

图 4-82

选择"时间轴"面板中 V2 轨道上的 01.jpg 素材,在"效果控件"面板中,选中"径向阴影"效果,使用快捷键 Ctrl+C 进行复制,如图 4-83 所示。

选择"时间轴"面板中 V3 轨道的 02.jpg 素材,在"效果控件"面板中使用快捷键 Ctrl+V 进行粘贴,如图 4-84 所示。

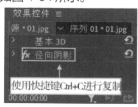

图 4-83

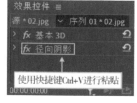

图 4-84

此时滑动时间线，V2、V3 轨道画面效果如图 4-85 所示。

图 4-85

在"时间轴"面板中选择 V4 轨道上的 03.jpg 素材，设置起始时间为第 2 秒位置，如图 4-86 所示。

图 4-86

在"时间轴"面板中选择 V4 轨道上的 03.jpg 素材，接着在"效果控件"面板中展开"运动"，将时间线滑动到第 2 秒位置，❶ 单击"位置"前方的 ◎（切换动画）按钮，设置"位置"为（504.0，-220.0）；将时间线滑动到第 3 秒位置，设置"位置"为（470.0，340.0）；❷ 设 置 "旋 转" 为 -30.0 °， 如 图 4-87 所示。

图 4-87

在"效果"面板中搜索"基本 3D"效果，将该效果拖动到 V4 轨道的 03.jpg 素材上。在"效果控件"面板中展开"基本 3D"，将时间线滑动到第 2 秒位置，

❶ 单击"旋转"和"倾斜"前方的 ◎（切换动画）按钮，设置"旋转"为 21.0°，"倾斜"为 72.0°；将时间线滑动到第 3 秒位置，设置"旋转"为 0.0°，"倾斜"为 0.0°；❷ 设置"与图像的距离"为 15.0，如图 4-88 所示。

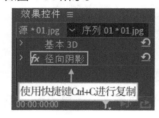

图 4-88

选择"时间轴"面板中 V2 轨道上的 01.jpg 素材，在"效果控件"面板中，选中"径向阴影"效果，使用快捷键 Ctrl+C 复制，如图 4-89 所示。

选择"时间轴"面板中 V4 轨道上的 03.jpg 素材，在"效果控件"面板中使用快捷键 Ctrl+V 进行粘贴，如图 4-90 所示。

| 图 4-89 | 图 4-90 |

此时滑动时间线，V2、V3 和 V4 轨道画面效果如图 4-91 所示。

图 4-91

在"时间轴"面板中选择 V5 轨道上的 04.jpg 素材，设置起始时间为第 3 秒位置，如图 4-92 所示。

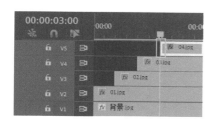

图 4-92

在"时间轴"面板中选择 V5 轨道上的 04.jpg 素材，接着在"效果控件"面板中展开"运动"，将时间线滑动到第 3 秒位置，❶ 单击"位置"前方的 ⏱（切换动画）按钮，设置"位置"为（1000.0 ,1227.0）；将时间线滑动到第 4 秒位置，设置"位置"为（950.0,348.0）；❷ 设置"旋转"为 20.0°，如图 4-93 所示。

图 4-93

在"效果"面板中搜索"基本 3D"效果，将该效果拖动到 V5 轨道的 04.jpg 素材上。在"效果控件"面板中展开"基本 3D"，将时间线滑动到第 3 秒位置，❶ 单击"旋转"和"倾斜"前方的 ⏱（切换动画）按钮，设置"旋转"为 32.0°，"倾斜"为 -64.0°，如图 4-94 所示；将时间线滑动到第 4 秒位置，设置"旋转"为 0.0°，"倾斜"为 0.0°；❷ 设置"与图像的距离"为 15.0。

图 4-94

选择"时间轴"面板中 V2 轨道上的 01.jpg 素材，在"效果控件"面板中，选中"径向阴影"效果，使用快捷键 Ctrl+C 进行复制，如图 4-95 所示。

选择"时间轴"面板中 V5 轨道上的 04.jpg 素材，在"效果控件"面板中使用快捷键 Ctrl+V 进行粘贴，如图 4-96 所示。

图 4-95　　　　　　　图 4-96

此时本案例制作完成，滑动时间线，效果如图 4-97 所示。

图 4-97

4.2.4　案例：风景电子相册

核心技术："颜色遮罩""Center Split（中心拆分）""CheckerBoard（棋盘）""交叉溶解""百叶窗"。

案例解析：本案例使用"颜色遮罩"与"旧版标题"制作画面背景；使用"Center Split（中心拆分）""CheckerBoard（棋盘）""交叉溶解"命令制作画面过渡效果；使用"百叶窗"命令制作画面过渡效果，从而制作风景电子相册动画，效果如图 4-98 所示。

图 4-98

操作步骤：

第1步 新建项目、序列。

执行"文件"/"新建"/"项目"命令，新建一个项目。执行"文件"/"新建"/"序列"命令，在"新建序列"对话框中单击"设置"按钮，设置"编辑模式"为"自定义"，"时基"为 25.00 帧/秒，"帧大小"为2501、1660，"像素长宽比"为"方形像素（1.0）"，"场"为"无场（逐行扫描）"。

第2步 制作背景并修剪视频。

在"项目"面板的空白位置右击鼠标，在弹出的快捷菜单中执行"新建项目"/"颜色遮罩"命令，在弹出的"新建颜色遮罩"对话框中单击"确定"按钮，如图 4-99 所示。

图 4-99

❶ 在弹出的"拾色器"对话框中设置颜色为灰色；❷ 单击"确定"按钮，如图 4-100 所示。

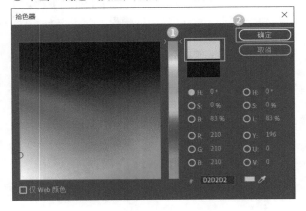

图 4-100

在"项目"面板中将"颜色遮罩"拖动到"时间轴"面板的 V1 轨道上，并设置"颜色遮罩"的结束时间为10 秒，如图 4-101 所示。

图 4-101

执行"文件"/"新建"/"旧版标题"命令，在弹出的"新建字幕"对话框中单击"确定"按钮，如图 4-102 所示。

图 4-102

❶ 在"字幕 - 字幕 01"面板中选择▇（矩形工具）；❷ 在工作区域的中心位置绘制一个矩形；❸ 在属性中展开"填充"，设置"填充类型"为"实底"，"颜色"为"白色"；❹ 勾选并展开"阴影"复选框，设置"颜色"为黑色，"不透明度"为 54%，"扩展"为 78.0。设置完成后，关闭"字幕 - 字幕 01"面板，如图 4-103 所示。

图 4-103

在"项目"面板中将字幕 01 拖动到 V2 轨道上，并设置字幕 01 的结束时间为 10 秒，如图 4-104 所示。

图 4-104

此时画面效果如图 4-105 所示。

图 4-105

执行"文件"/"导入"命令,导入全部素材。在"项目"面板中将全部素材拖动到"时间轴"面板的 V3 轨道上,如图 4-106 所示。

图 4-106

在"时间轴"面板中选择 V3 轨道上的 02.png 素材, ❶ 单击工具箱中的 ◇(剃刀工具)按钮,然后将时间线滑动到第 1 秒 05 帧位置;❷ 单击剪辑 02.png 素材,如图 4-107 所示。

图 4-107

单击工具箱中的 ▶(选择工具)按钮,在"时间轴"面板中选中剪辑后的 02.png 素材的后半部分,接着按 Delete 键进行删除,如图 4-108 所示。

图 4-108

以同样的方式修剪 V3 轨道的 03.png 素材的起始时间为 1 秒 05 帧,结束时间为 2 秒 10 帧;修剪 04.png 素材的起始时间为 2 秒 10 帧,结束时间为 3 秒 15 帧,如图 4-109 所示。

图 4-109

此时画面效果如图 4-110 所示。

图 4-110

（第3步）制作风景电子相册。

在"时间轴"面板中选择 V3 轨道上的 02.png 素材,接着在"效果控件"面板中展开"运动",设置"位置"

为（1243.5, 830.0），"缩放高度"为515.0，"缩放宽度"为762.0，取消勾选"等比缩放"复选框，如图4-111所示。

图 4-111

❶ 在"效果"面板中搜索"Center Split（中心拆分）"效果；❷ 将该效果拖动到 V3 轨道上的02.png 素材结束时间与03.png 素材起始时间的连接处，如图4-112所示。

图 4-112

在"时间轴"面板中选择V3轨道上的03.png素材，接着在"效果控件"面板中展开"运动"，设置"位置"为（1256.5, 823.0），"缩放高度"为519.0，"缩放宽度"为758.0，取消勾选"等比缩放"复选框，如图4-113所示。

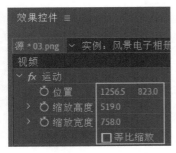

图 4-113

此时滑动时间线，画面效果如图4-114所示。

图 4-114

在"时间轴"面板中选择V3轨道上的04.png素材，接着在"效果控件"面板中展开"运动"，设置"位置"为（1262.5, 827.0），"缩放高度"为505.0，"缩放宽度"为766.0，取消勾选"等比缩放"复选框，如图4-115所示。

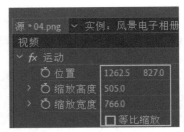

图 4-115

❶ 在"效果"面板中搜索"CheckerBoard（棋盘）"效果；❷ 将该效果拖动到 V3 轨道上的 03.png 素材结束时间与04.png 素材起始时间的连接处，如图4-116所示。

图 4-116

此时滑动时间线，画面效果如图4-117所示。

图 4-117

❶ 在"效果"面板中搜索"交叉溶解"效果；
❷ 将该效果拖动到 V3 轨道上的 04.png 素材结束时间
与 01.png 素材起始时间的连接处，如图 4-118 所示。

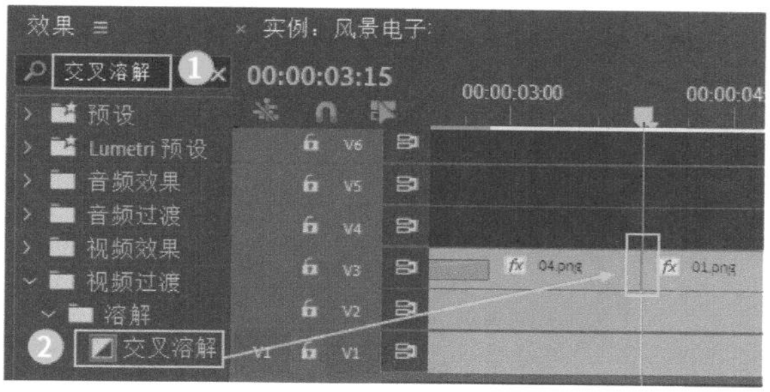

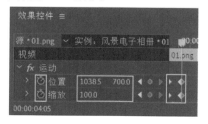

图 4-118

在"时间轴"面板中选择 V3 轨道上的 01.png 素
材，接着在"效果控件"面板中展开"运动"，将时间
线滑动到第 3 秒 15 帧位置，单击"位置""缩放"前
方的 ◎（切换动画）按钮，设置"位置"为（1248.5,
835.0），"缩放"为 136.0；将时间线滑动到第 4 秒 05
帧位置，设置"位置"为（1038.5, 700.0），"缩放"
为 100.0，如图 4-119 所示。

图 4-119

在"时间轴"面板中选择 V3 轨道上的 01.png 素材，
设置结束时间为 10 秒，如图 4-120 所示。

图 4-120

此时滑动时间线，画面效果如图 4-121 所示。

图 4-121

❶ 在"时间轴"面板中将时间线滑动到第 4 秒
15 帧位置；❷ 在"项目"面板中分别将 02.png、
03.png、04.png 素材拖动到"时间轴"面板的 V4、
V5、V6 轨道上；❸ 将 02.png、03.png、04.png 素材
结束时间设置为 10 秒，如图 4-122 所示。

图 4-122

在"时间轴"面板中选择 V4 轨道上的 02.png 素
材，接着在"效果控件"面板中展开"运动"，设置"位
置"为（2135.5, 443.0），如图 4-123 所示。

❶ 在"效果"面板中搜索"百叶窗"效果；❷ 将
该效果拖动到 V4 轨道的 02.png 素材上，如图 4-124
所示。

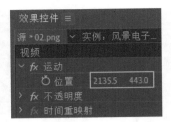

图 4-123

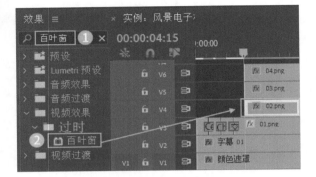

图 4-124

在"时间轴"面板中选择 V4 轨道上的 02.png 素材，在"效果控件"面板中展开"百叶窗"，将时间线滑动到第 4 秒 17 帧位置，❶ 单击"过渡完成"前方的 ⏱（切换动画）按钮，设置"过渡完成"为 100%；将时间线滑动到第 5 秒 22 帧位置，设置"过渡完成"为 0%；❷ 设置"宽度"为 40，"羽化"为 5.0，如图 4-125 所示。

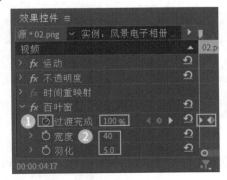

图 4-125

此时滑动时间线，画面效果如图 4-16 所示。

图 4-126

在"时间轴"面板中选择 V5 轨道上的 03.png 素材，接着在"效果控件"面板中展开"运动"，设置"位置"为（2139.5, 795.0），如图 4-127 所示。

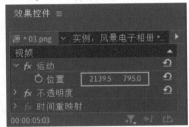

图 4-127

在"效果"面板中搜索"百叶窗"效果，将该效果拖动到 V5 轨道的 03.png 素材上。在"时间轴"面板中选择 V5 轨道上的 03.png 素材，在"效果控件"面板中展开"百叶窗"，将时间线滑动到第 5 秒 05 帧位置，❶ 单击"过渡完成"前方的 ⏱（切换动画）按钮，设置"过渡完成"为 100%；将时间线滑动到第 5 秒 23 帧位置，设置"过渡完成"为 0%；❷ 设置"宽度"为 40，"羽化"为 5.0，如图 4-128 所示。

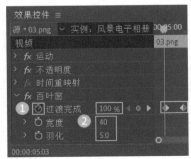

图 4-128

此时滑动时间线，画面效果如图 4-129 所示。

图 4-129

在"时间轴"面板中选择 V6 轨道上的 04.png 素材，接着在"效果控件"面板中展开"运动"，设置"位置"为（2137.5 ,1147.0），如图 4-130 所示。

图 4-130

在"效果"面板中搜索"百叶窗"效果，将该效果拖动到 V6 轨道的 04.png 素材上。在"时间轴"面板中选择 V6 轨道上的 04.png 素材，在"效果控件"面板中展开"百叶窗"，将时间线滑动到第 5 秒 05 帧位置，❶ 单击"过渡完成"前方的 ⏱（切换动画）按钮，设置"过渡完成"为 100%；将时间线滑动到第 6 秒 10 帧位置，设置"过渡完成"为 0%；❷ 设置"宽度"为 40，"羽化"为 5.0，如图 4-131 所示。

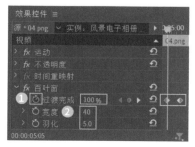

图 4-131

此时滑动时间线，画面效果如图 4-132 所示。

图 4-132

第4步 创建文字并制作元素。

在工具箱中选择（文字工具），在"节目监视器"面板的合适位置输入文字，如图 4-133 所示。

图 4-133

在"时间轴"面板中选择 V7 轨道中的文字图层，在"效果控件"面板中展开"文本"，❶ 设置合适的"字体系列"和"字体样式"，设置"字体大小"为 47；❷ 设置"对齐方式"为 ▤（左对齐）；❸ 设置大小写格式为"全部大写"；❹ 设置"填充"为黑色；❺ 展开"变换"选项组，设置"位置"为（1980.4 , 258.8），如图 4-134 所示。

图 4-134

将时间线滑动到 4 秒 17 帧位置，将文字图层拖动到时间线位置，如图 4-135 所示。

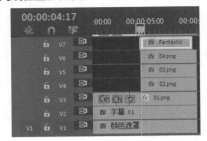

图 4-135

在工具箱中选择文字工具，在"节目监视器"面板的合适位置输入文字，如图 4-136 所示。

图 4-136

在"时间轴"面板中选择 V8 轨道中的文字图层，在"效果控件"面板中展开"源文本"，❶ 设置合适的"字体系列"和"字体样式"，设置"字体大小"为 30；❷ 设置"对齐方式"为 ▤（左对齐）；❸ 设置大小写格式为"全部大写"；❹ 设置"填充"为黑色；❺ 展开"变换"选项组，设置"位置"为（659.5 ,1365.3），如图 4-137 所示。

图 4-137

将时间线滑动到 4 秒 17 帧位置，将文字图层拖动到时间线位置，如图 4-138 所示。

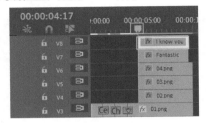

图 4-138

此时滑动时间线，画面效果如图 4-139 所示。

图 4-139

执行"文件"/"新建"/"旧版标题"命令，在弹出的"新建字幕"对话框中单击"确定"按钮，如图 4-140 所示。

图 4-140

❶ 在工具箱中选择 ✒（钢笔工具）；❷ 展开"描边"/"内描边"/"内描边"，设置"类型"为"凹进"，"角度"为 90.0°，"强度"为 0.0，"填充类型"为"实底"，"颜色"为灰色。❸ 在工作区域底部的文字下方绘制一条线段，如图 4-141 所示。

图 4-141

① 在"字幕：字幕 02"面板中选择▢（矩形工具）；② 展开"属性"，设置"图形类型"为"矩形"；展开"填充"，设置"填充类型"为"实底"，"颜色"为灰色，"不透明度"为 100%；③ 在工作区域底部的下方绘制一个矩形，如图 4-142 所示。

图 4-142

① 在"字幕：字幕 02"面板中选择▢（矩形工具）；② 展开"属性"，设置"图形类型"为"矩形"；展开"填充"，设置"填充类型"为"实底"，"颜色"为灰色，"不透明度"为 100%；③ 在工作区域底部的矩形框下方再次绘制一个矩形。绘制完成后单击"确定"按钮，如图 4-143 所示。

图 4-143

将时间线滑动到第 4 秒 11 帧位置，在"项目"面板中将字幕 02 拖动到 V9 轨道的时间线位置，如图 4-144 所示。

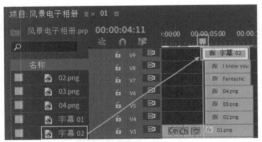

图 4-144

在"时间轴"面板中，将所有图层的结束时间设置为 10 秒，如图 4-145 所示。

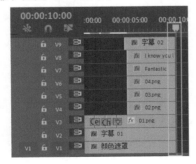

图 4-145

此时本案例制作完成，滑动时间线，效果如图 4-146 所示。

图 4-146

4.2.5　案例：产品展示页面

扫一扫，看视频

核心技术："高斯模糊"。

案例解析：本案例使用"颜色遮罩""旧版标题"与"蒙版"制作产品展示页面；接着使用"高斯模糊"与"关键帧"制作动画效果，效果如图 4-147 所示。

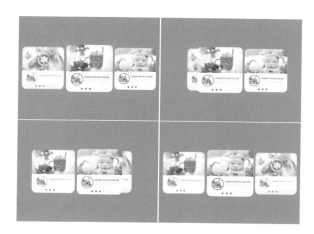

图 4-147

操作步骤：

第1步 新建项目、序列。

执行"文件"/"新建"/"项目"命令，新建一个项目。执行"文件"/"新建"/"序列"命令，在"新建序列"对话框中单击"设置"按钮，设置"编辑模式"为"自定义"，"时基"为 24.00 帧/秒；"帧大小"为"2733、2049"；"像素长宽比"为"方形像素（1.0）"，"场"为"无场（逐行扫描）"。

第2步 制作展示页面。

在"项目"面板的空白位置右击鼠标，在弹出的快捷菜单中执行"新建项目"/"颜色遮罩"命令，在弹出的"新建颜色遮罩"对话框中单击"确定"按钮，如图 4-148 所示。

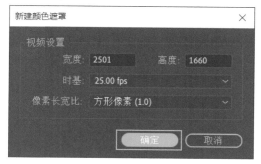

图 4-148

❶ 在弹出的"拾色器"对话框中选择"青色"；❷ 单击"确定"按钮，如图 4-149 所示。

图 4-149

在"项目"面板中，将颜色遮罩拖动到"时间轴"面板的 V1 轨道上，如图 4-150 所示。

图 4-150

此时画面效果如图 4-151 所示。

图 4-151

执行"文件"/"新建"/"旧版标题"命令，在弹出的"新建字幕"对话框中单击"确定"按钮，如图 4-152 所示。

图 4-152

❶ 在"字幕：字幕 01"面板中选择▢（圆角矩形工具）；❷ 在工作区域的中心位置绘制一个圆角矩形；❸ 展开"属性"，设置"图形类型"为"圆角矩形"，"圆角大小"为 10.0%；❹ 展开"填充"，设置"填充类型"为"实底"，"颜色"为白色。设置完成后，关闭"字幕 - 字幕 01"面板，如图 4-153 所示。

图 4-153

在"项目"面板中将字幕 01 拖动到"时间轴"面板的 V2 轨道上，此时画面效果如图 4-154 所示。

图 4-154

执行"文件"/"导入"命令，导入全部素材。在"项目"面板中将 3.png 素材拖动到"时间轴"面板的 V3 轨道上，如图 4-155 所示。

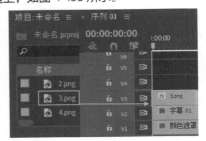

图 4-155

在"时间轴"面板中选择 V3 轨道上的 3.png 素材，接着在"效果控件"面板中展开"运动"，设置"位置"为（1379.5, 798.5），"缩放"为 50.0，如图 4-156 所示。

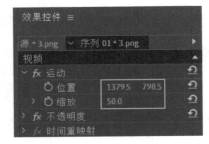

图 4-156

此时画面效果如图 4-157 所示。

图 4-157

再次执行"文件"/"新建"/"旧版标题"命令，将文件命名为"字幕 02"，如图 4-158 所示。

❶ 在"字幕 02"面板中选择▢（圆角矩形工具）；❷ 展开"属性"，设置"图形类型"为"圆角矩形"，"圆

角大小"为 10.0%；❸ 展开"填充"，设置"填充类型"为"实底"，"颜色"为"淡蓝色"；❹ 在工作区域的中心位置绘制一个圆角矩形。设置完成后，关闭"字幕 - 字幕 02"面板，如图 4-159 所示。

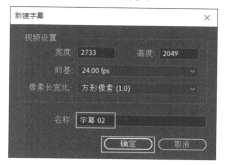

图 4-158

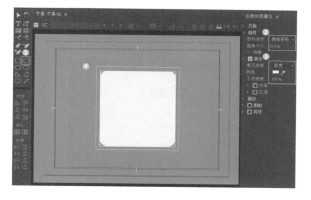

图 4-159

在"项目"面板中将字幕 02 拖动到"时间轴"面板的 V4 轨道上。在"时间轴"面板中选择 V4 轨道的字幕 02，接着在"效果控件"面板中展开"不透明度"，单击 （自由绘制贝塞尔曲线）按钮，如图 4-160 所示。

图 4-160

在"节目监视器"面板中矩形的底部绘制一个蒙版，如图 4-161 所示。

此时画面效果如图 4-162 所示。

图 4-161

图 4-162

在"项目"面板中将 2.png 拖动到"时间轴"面板的 V5 轨道上。在"时间轴"面板中选择 V5 轨道上的 2.png，接着在"效果控件"面板中展开"运动"，设置"位置"为（1107.5,1261.5），"缩放"为 25.0，如图 4-163 所示。

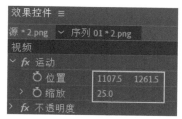

图 4-163

此时画面效果如图 4-164 所示。

图 4-164

再次执行"文件"/"新建"/"旧版标题"命令，将文件命名为"字幕 03"，如图 4-165 所示。

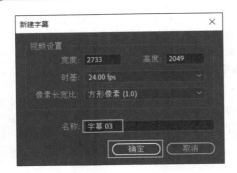

图 4-165

❶ 在"字幕:字幕 03"面板中选择 ⬭（椭圆工具）；
❷ 在 2.png 素材合适位置绘制一个椭圆；❸ 取消勾选
"填充"复选框；❹ 展开"描边"/"内描边"，设置"类型"
为"边缘"，"大小"为 10.0，"填充类型"为"实底"，"颜色"
为橄榄绿。设置完成后，关闭"字幕 - 字幕 03"面板，
如图 4-166 所示。

图 4-166

在"项目"面板中将字幕 03 拖动到"时间轴"
面板的 V6 轨道上，此时画面效果如图 4-167 所示。

图 4-167

在"项目"面板中将 6.png 拖动到"时间轴"面
板的 V7 轨道上。在"时间轴"面板中选择 V7 轨道上
的 6.png，接着在"效果控件"面板中展开"运动"，
设置"位置"为（1396.5 ,1472.5），如图 4-168 所示。

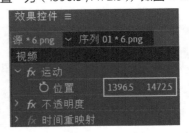

图 4-168

在"项目"面板中将 5.png 拖动到"时间轴"面
板的 V8 轨道上。在"时间轴"面板中选择 V8 轨道
上的 5.png，接着在"效果控件"面板中展开"运
动"，设置"位置"为（1536.5 ,1257.5），如图 4-169
所示。

图 4-169

此时画面效果如图 4-170 所示。

图 4-170

❶ 在"时间轴"面板中选中 V2 到 V8 轨道；
❷ 右击鼠标，在弹出的快捷菜单中执行"嵌套"命令，
如图 4-171 所示。

图 4-171

在弹出的"嵌套序列名称"对话框中,设置"名称"为"嵌套序列 01",接着单击"确定"按钮,如图 4-172 所示。

图 4-172

继续使用同样的方法制作以 1.png 与 2.png 素材为主的展示页,并制作嵌套序列,摆放到合适的位置,如图 4-173 所示。

图 4-173

第3步 制作产品展示页面动画。

在"时间轴"面板中选择 V2 轨道上的"嵌套序列 01",接着在"效果控件"面板中展开"运动",将

时间线滑动到起始位置,❶ 单击"位置"前方的 ![icon]（切换动画）按钮,设置"位置"为（467.5 ,1024.5）;将时间线滑动到第 16 帧位置,设置"位置"为（2254.5, 1024.5）;❷ 设置"缩放"为 80.0,如图 4-174 所示。

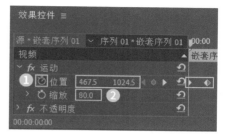

图 4-174

❶ 在"效果"面板中搜索"高斯模糊"效果; ❷ 将该效果拖动到 V2 轨道的嵌套序列素材上,如图 4-175 所示。

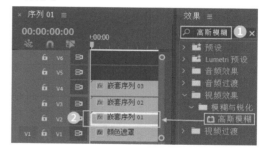

图 4-175

在"效果控件"面板中展开"高斯模糊",设置"模糊度"为 30.0,勾选"重复边缘像素"复选框,如图 4-176 所示。

图 4-176

此时滑动时间线,画面效果如图 4-177 所示。

图 4-177

在"时间轴"面板中选择 V3 轨道上的"嵌套序列 02"，接着在"效果控件"面板中展开"运动"，将时间线滑动到起始位置，单击"位置""缩放"前方的 ⏱（切换动画）按钮，设置"位置"为（1366.5,1024.5），"缩放"为 90.0，如图 4-178 所示。将时间线滑动到第 16 帧位置，设置"位置"为（467.5,1024.5），"缩放"为 80.0。

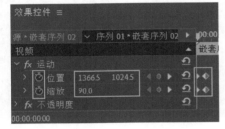

图 4-178

在"效果"面板中搜索"高斯模糊"效果，将该效果拖动到 V3 轨道的嵌套序列素材上。在"效果控件"面板中展开"高斯模糊"，将时间线滑动到起始位置，单击"模糊度"前方的 ⏱（切换动画）按钮，设置"模糊度"为 0.0；将时间线滑动到第 16 帧位置，设置"模糊度"为 30.0，勾选"重复边缘像素"复选框，如图 4-179 所示。

图 4-179

此时滑动时间线，画面效果如图 4-180 所示。

图 4-180

在"时间轴"面板中选择 V4 轨道上的"嵌套序列 03"，接着在"效果控件"面板中展开"运动"，将时间线滑动到起始位置，单击"位置""缩放"前方的 ⏱（切换动画）按钮，设置"位置"为（2254.5, 1024.5），"缩放"为 80.0；将时间线滑动到第 16 帧位置，设置"位置"为（1366.5, 1024.5），"缩放"为 90.0，如图 4-181 所示。

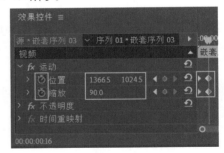

图 4-181

在"效果"面板中搜索"高斯模糊"效果，将该效果拖动到 V4 轨道的嵌套序列素材上。在"效果控件"面板中展开"高斯模糊"，将时间线滑动到起始位置，单击"模糊度"前方的 ⏱（切换动画）按钮，设置"模糊度"为 30.0；将时间线滑动到第 16 帧位置，设置"模糊度"为 0.0，勾选"重复边缘像素"复选框，如图 4-182 所示。

图 4-182

此时本案例制作完成，滑动时间线，效果如图 4-183 所示。

图 4-183

4.3 动画项目实战：动态电影海报

核心技术："投影""线性擦除"。

4.3.1 设计思路

本案例使用"投影""线性擦除"命令制作海报撕裂效果，完成动态电影海报，效果如图 4-184 所示。

扫一扫，看视频

图 4-184

4.3.2 配色方案

本案例采用了多种"暖"色调色彩，使整体画面给人温暖、热情、浪漫的感觉。配合画面中夕阳及红霞满天的场景，万分迷人。作品以米色作为主色，酒红色、肉色、咖啡色为辅助色，橘红色为点缀色。色彩统一，却不单调，如图 4-185 所示。

图 4-185

4.3.3 版面构图

作品采用手撕动画的效果，逐一条状撕开画面，最终呈现出不同凡响的创意构图方式。同时为了吸引观者注视主体人物，所以将人物摆放于"三分法"构图方式的交汇点上，如图 4-186 所示。

图 4-186

4.3.4　操作步骤

第1步　新建项目，导入素材。

　　执行"文件"/"新建"/"项目"命令，新建一个项目。执行"文件"/"导入"命令，导入全部素材。在"项目"面板中将背景.jpg素材拖动到"时间轴"面板中，如图4-187所示。此时在"项目"面板中自动生成一个与背景.jpg素材等大的序列。

图4-187

此时画面效果如图4-188所示。

图4-188

第2步　制作动态电影海报。

　　在"项目"面板中将01.png素材拖动到"时间轴"面板的V2轨道上。在"时间轴"面板中选择V2轨道上的01.png，接着在"效果控件"面板中展开"运动"，设置"位置"为（1243.0, 1141.0），如图4-189所示。

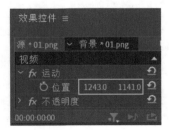

图4-189

❶在"效果"面板中搜索"投影"效果；❷将该效果拖动到V2轨道的01.png素材上，如图4-190所示。

图4-190

在"效果控件"面板中展开"投影"，设置"距离"为20.0，"柔和度"为50.0，如图4-191所示。

　　此时画面效果如图4-192所示。

图4-191　　　　　　　图4-192

在"效果"面板中搜索"线性擦除"效果，将该效果拖动到V2轨道的01.png素材上。在"效果控件"面板中展开"线性擦除"，将时间线滑动到第20帧位置，❶单击"过渡完成"前方的◯（切换动画）按钮，设置"过渡完成"为100%；将时间线滑动到第1秒10帧位置，设置"过渡完成"为0%；❷设置"擦除角度"为-90.0°，"羽化"为100.0，如图4-193所示。

　　此时滑动时间线，画面效果如图4-194所示。

　　在"项目"面板中将02.png拖动到"时间轴"面板的V3轨道上。在"时间轴"面板中选择V3轨道上的02.png，接着在"效果控件"面板中展开"运动"，设置"位置"为（794.0 ,816.0），如图4-195所示。

此时画面效果如图 4-196 所示。

图 4-193

图 4-194

图 4-195　　　图 4-196

在"效果"面板中搜索"投影"效果，将该效果拖动到 V3 轨道上的 02.png 素材上。在"效果控件"面板中展开"投影"，设置"距离"为 20.0，"柔和度"为 50.0，如图 4-197 所示。

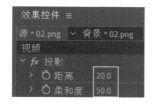

图 4-197

在"效果"面板中搜索"线性擦除"效果，将该效果拖动到 V3 轨道的 02.png 素材上。在"效果控件"面板中展开"线性擦除"，将时间线滑动到起始位置，❶ 单击"过渡完成"前方的 ◎（切换动画）按钮，设置"过渡完成"为 100%；将时间线滑动到第 20 帧位置，设置"过渡完成"为 0%；❷ 设置"羽化"为 100.0，如图 4-198 所示。

图 4-198

此时滑动时间线，画面效果如图 4-199 所示。

图 4-199

在"项目"面板中，将 03.png 拖动到"时间轴"面板的 V4 轨道上。在"时间轴"面板中选择 V4 轨道上的 03.png，接着在"效果控件"面板中展开"运动"，设置"位置"为（1238.0, 2358.0），如图 4-200 所示。

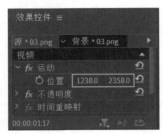

图 4-200

在"效果"面板中搜索"投影"效果，将该效果拖动到 V4 轨道的 03.png 素材上。在"效果控件"面板中展开"投影"，设置"距离"为 20.0，"柔和度"为 50.0，如图 4-201 所示。

图 4-201

在"效果"面板中搜索"线性擦除"效果，将该效果拖动到 V4 轨道的 03.png 素材上。在"效果控件"面板中展开"线性擦除"，将时间线滑动到第 1 秒 10 帧位置，❶ 单击"过渡完成"前方的 ⏲（切换动画）按钮，设置"过渡完成"为 100%；将时间线滑动到第 2 秒位置，设置"过渡完成"为 0%；❷ 设置"羽化"为 100.0，如图 4-202 所示。

图 4-202

此时滑动时间线，画面效果如图 4-203 所示。

图 4-203

在"项目"面板中将 04.png 拖动到"时间轴"面板的 V5 轨道上。在"时间轴"面板中选择 V5 轨道上的 04.png，接着在"效果控件"面板中展开"运动"，设置"位置"为（1833.0 ,2980.0），如图 4-204 所示。

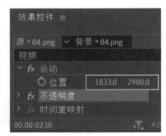

图 4-204

在"效果"面板中搜索"投影"效果，将该效果拖动到 V5 轨道的 04.png 素材上。在"效果控件"面板中展开"投影"，设置"距离"为 20.0，"柔和度"为 50.0，如图 4-205 所示。

图 4-205

在"效果"面板中搜索"线性擦除"效果，将该效果拖动到 V5 轨道的 04.png 素材上。在"效果控件"面板中展开"线性擦除"，将时间线滑动到 2 秒位置，❶ 单击"过渡完成"前方的 🕐（切换动画）按钮，设置"过渡完成"为 100%；将时间线滑动到第 2 秒 20 帧位置，设置"过渡完成"为 0%；❷ 设置"羽化"为 100.0，如图 4-206 所示。

图 4-206

此时滑动时间线，画面效果如图 4-207 所示。

图 4-207

在"项目"面板中，将文字 .png 拖动到"时间轴"面板的 V6 轨道上。在"时间轴"面板中选择 V6 轨道

上的文字 .png，接着在"效果控件"面板中展开"不透明度"，将时间线滑动到第 2 秒 10 帧位置，单击"不透明度"前方的 🕐（切换动画）按钮，设置"不透明度"为 0.0%，如图 4-208 所示；将时间线滑动到第 3 秒 10 帧位置，设置"不透明度"为 100.0%。

图 4-208

此时本案例制作完成，滑动时间线，效果如图 4-209 所示。

图 4-209

超乎想象的视频效果

第5章

视频效果是 Premiere Pro 中强大的功能之一，通过为视频素材添加合适的效果，可以使视频素材改变形态、增加质感、改变色调、生成效果等。

本章关键词

- 视频效果
- 过渡效果
- 音频效果

5.1 视频效果基础操作

在 Premiere Pro 中，可以为素材添加合适的视频效果，使其产生需要的效果，如发光、变形、模糊等，如图 5-1 和图 5-2 所示。

图 5-1

图 5-2

5.1.1 认识视频效果

Premiere Pro 的"效果"面板中包含十余种视频效果组，分别为变换、图像控制、实用程序、扭曲、时间、杂色与颗粒、模糊与锐化、沉浸式视频、生成、视频、调整、过时、过渡、透视、通道、键控、颜色校正、风格化，如图 5-3 所示。

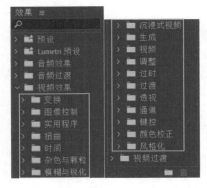

图 5-3

5.1.2 变换

功能概述：

变换类视频效果可以对素材进行位置上的变换，该效果组如图 5-4 所示。

图 5-4

常用效果：

● 垂直翻转

"垂直翻转"效果是将素材从上至下或从下而上进行 180°旋转，添加效果前后对比如图 5-5 所示。

图 5-5

● 水平翻转

"水平翻转"效果是将素材从左至右或从右至左进行 180°旋转，添加效果前后对比如图 5-6 所示。

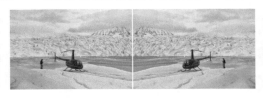

图 5-6

● 羽化边缘

"羽化边缘"效果是模糊素材的边缘，添加效果前后对比如图 5-7 所示。

图 5-7

- 自动重构

　　"自动重构"效果可以重构素材的位置及缩放等，添加效果前后对比如图 5-8 所示。

图 5-8

- 裁剪

　　"裁剪"效果可以通过调整参数将素材进行裁剪，勾选"缩放"复选框，可放大裁剪后的画面，添加效果前后对比如图 5-9 所示。

图 5-9

5.1.3　实用程序

功能概述：

　　实用程序效果组中只包含一个"Cineon 转换器"效果，如图 5-10 所示。

图 5-10

　　"Cineon 转换器"效果可以对素材进行色彩转换，添加效果前后对比如图 5-11 所示。

图 5-11

5.1.4　扭曲

功能概述：

　　扭曲类效果组可以将素材进行几何变形，该效果组如图 5-12 所示。

图 5-12

常用效果：

- 偏移

　　"偏移"效果可以将素材进行平移，并且会自动补充缺失的部分，添加效果前后对比如图 5-13 所示。

图 5-13

- 变换

　　"变换"效果可以将素材进行运动属性的变化，添加效果前后对比如图 5-14 所示。

图 5-14

- 放大

　　"放大"效果可以将素材的某一位置进行放大，并且可以调整放大区域的不透明度、边缘羽化和混合模式，添加效果前后对比如图 5-15 所示。

图 5-15

- 旋转扭曲

　　"旋转扭曲"效果可以将素材沿着中心点进行旋转扭曲，添加效果前后对比如图 5-16 所示。

图 5-16

- 波形变形

　　"波形变形"效果会使素材产生波纹状的变形，添加效果前后对比如图 5-17 所示。

图 5-17

- 湍流置换

　　"湍流置换"效果可以使画面产生波纹絮乱状的随机的扭曲变形效果，添加效果前后对比如图 5-18 所示。

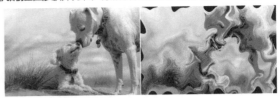

图 5-18

- 球面化

　　"球面化"效果可以将图像呈球面变形，添加效果前后对比如图 5-19 所示。

图 5-19

- 边角定位

　　"边角定位"效果可以通过设置素材 4 个点的位置，使素材产生变形效果，添加效果前后对比如图 5-20 所示。

图 5-20

- 镜像

　　"镜像"效果可以通过设定镜像位置，产生对称效果，添加效果前后对比如图 5-21 所示。

图 5-21

- Lens Distortion（镜头扭曲）

　　"Lens Distortion（镜头扭曲）"效果会使素材产生类似镜头拍摄时出现的镜头畸变效果，添加效果前后对比如图 5-22 所示。

图 5-22

5.1.5　时间

功能概述：

　　时间类效果是控制关于时间的特效，该效果组如图 5-23 所示。

图 5-23

常用效果：

- 残影

　　"残影"效果可以使视频素材产生重影效果，添加效果前后对比如图 5-24 所示。

图 5-24

- 色调分离时间

　　"色调分离时间"效果通过调整帧速率，使画面产生抽帧慢放的效果。

5.1.6　杂色与颗粒

功能概述：

　　杂色与颗粒类效果可以为素材添加杂色，该类效果包括"杂色与颗粒"效果组、"过时"和"Obsolete"效果组中的一些效果，如图 5-25 所示。

图 5-25

常用效果：

- 杂色

　　"杂色"效果可以在画面中随机地添加杂点，添加效果前后对比如图 5-26 所示。

图 5-26

- 中间值（旧版）

　　"中间值（旧版）"效果的原理是将每个像素替换为邻近像素的中间颜色的像素，从而减少部分杂色，添加效果前后对比如图 5-27 所示。

图 5-27

● 蒙尘与划痕

"蒙尘与划痕"效果可以将指定半径内的不同像素变为更类似邻近的像素，常用于减少杂色。

● Noise Alpha（杂色 Alpha）

"Noise Alpha（杂色 Alpha）"效果可以将杂色添加到 Alpha 通道中，添加效果前后对比如图 5-28 所示。

图 5-28

● Noise HLS（杂色 HLS）

"Noise HLS（杂色 HLS）"效果可以调整杂色的亮度、色相及饱和度，添加效果前后对比如图 5-29 所示。

图 5-29

● Noise HLS Auto（杂色 HLS）

"Noise HLS Auto（杂色 HLS）"效果可以自动创建动画化的杂色，添加效果前后对比如图 5-30 所示。

图 5-30

5.1.7　模糊与锐化

功能概述：

模糊与锐化类效果可以对素材进行模糊或锐化处理，该类效果包括"模糊与锐化"效果组和"过时"效果组中的一些效果，如图 5-31 所示。

图 5-31

常用效果：

● Camera Blur（相机模糊）

"Camera Blur（相机模糊）"效果可以模仿相机焦距不准时产生的模糊效果，添加效果前后对比如图 5-32 所示。

图 5-32

● 方向模糊

"方向模糊"效果可以通过指定的方向和模糊度对素材进行模糊，添加效果前后对比如图 5-33 所示。

图 5-33

● 钝化蒙版

"钝化蒙版"效果可以通过调整对比度对素材进行锐化处理，添加效果前后对比如图 5-34 所示。

图 5-34

- 锐化

　　"锐化"效果可以将画面变得锐利、清晰，添加效果前后对比如图 5-35 所示。

图 5-35

- 高斯模糊

　　"高斯模糊"效果用于模糊和柔化图像，该效果能产生更细腻的模糊感觉，添加效果前后对比如图 5-36 所示。

图 5-36

- 复合模糊

　　"复合模糊"效果可以根据某一图层画面的亮度对另外一个图层进行模糊处理。层的亮度越高，模糊越大；亮度越低，模糊越小，添加效果前后对比如图 5-37 所示。

- 通道模糊

　　"通道模糊"效果可以对图像中的红、绿、蓝和 Alpha 通道分别进行模糊处理，添加效果前后对比如图 5-38 所示。

图 5-37

图 5-38

5.1.8　沉浸式视频

功能概述：

　　沉浸式视频类效果是用于制作 VR 作品的视频特效，该效果组如图 5-39 所示。

图 5-39

5.1.9　生成

功能概述：

　　生成类效果主要用于制作四色渐变、网格、镜头光晕、闪电等效果，该类效果包括"生成"效果组和"过时"效果组中的一些效果，如图 5-40 所示。

图 5-40

常用效果：

● 四色渐变

"四色渐变"可以通过设置 4 个点的位置及相应的颜色制作画面中有 4 种颜色的渐变效果，添加效果前后对比如图 5-41 所示。

图 5-41

● 镜头光晕

"镜头光晕"效果可以模拟逆光拍摄时镜头直冲明亮光源，较多直射光线进入镜头时产生的镜头光晕、眩光，添加效果前后对比如图 5-42 所示。

图 5-42

● 闪电

"闪电"效果可以模拟真实的闪电和放电效果，

添加效果前后对比如图 5-43 所示。

图 5-43

● 书写

"书写"效果可以模拟手写字动画，添加效果前后对比如图 5-44 所示。

图 5-44

● 单元格图案

"单元格图案"效果可以生成杂色的单元格图案，添加效果前后对比如图 5-45 所示。

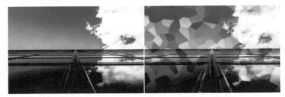

图 5-45

● 吸管填充

"吸管填充"效果可以从原始剪辑上的采样点快速挑选颜色，并使用混合模式将此颜色应用于第二个剪辑，添加效果前后对比如图 5-46 所示。

图 5-46

● 圆形

"圆形"效果可以在画面中的指定位置添加圆形，

并且可以设置合适的混合模式，添加效果前后对比如图 5-47 所示。

图 5-47

- 棋盘

"棋盘"效果通过设置合适的参数和混合模式为素材添加类似棋盘的效果，添加效果前后对比如图 5-48 所示。

图 5-48

- 椭圆

"椭圆"效果可以在画面前方产生椭圆效果，添加效果前后对比如图 5-49 所示。

图 5-49

- 油漆桶

"油漆桶"效果可以使用纯色填充画面指定区域，添加效果前后对比如图 5-50 所示。

图 5-50

- 网格

"网格"效果通过设置合适的参数为素材添加网格，添加效果前后对比如图 5-51 所示。

图 5-51

5.1.10　视频

功能概述：

视频类效果常用于添加时间码、设置剪辑名称等，该类效果包括"视频"效果组和"过时"效果组中的一些效果，如图 5-52 所示。

图 5-52

常用效果：

- SDR 遵从情况

"SDR 遵从情况"效果通过调整亮度、对比度和软阈值来调整画面颜色，添加效果前后对比如图 5-53 所示。

图 5-53

- 简单文本

"简单文本"效果可以创建文本，添加效果前后对比如图 5-54 所示。

图 5-54

- 剪辑名称

"剪辑名称"效果是在素材上方显示素材名称，添加效果前后对比如图 5-55 所示。

图 5-55

- 时间码

"时间码"效果可以为素材添加时间，添加效果前后对比如图 5-56 所示。

图 5-56

5.1.11 调整

功能概述：

调整类效果可以对素材明暗度进行调整，该类效果包括"调整"效果组和"过时"效果组中的一些效果，如图 5-57 所示。

图 5-57

常用效果：

- Extract（提取）

"Extract"（提取）效果可以从视频中去除颜色，创建灰度图像，添加效果前后对比如图 5-58 所示。

图 5-58

- Levels（色阶）

"Levels"（色阶）效果可以设置画面的亮度和对比度，添加效果前后对比如图 5-59 所示。

图 5-59

- ProcAmp

ProcAmp 效果通过调整亮度、对比度、色相及饱和度来调整画面颜色，添加效果前后对比如图 5-60 所示。

图 5-60

- 光照效果

　　"光照效果"可以为素材添加灯光照明效果，添加效果前后对比如图 5-61 所示。

图 5-61

- Convolution Kernel（卷积内核）

　　"Convolution Kernel"（卷积内核）效果根据称为卷积的数学运算来更改剪辑中每个像素的亮度值。

5.1.12　过渡

功能概述：

　　过渡类效果常用于制作视频过渡转场效果，该类效果包括"过渡"效果组和"过时"效果组中的一些效果，如图 5-62 所示。

图 5-62

常用效果：

- 块溶解

　　"块溶解"效果可以产生块状的随机消失的画面效果，添加效果前后对比如图 5-63 所示。

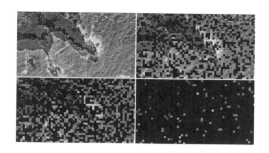

图 5-63

- 渐变擦除

　　"渐变擦除"效果根据画面中的明暗产生过渡擦除的效果，添加效果前后对比如图 5-64 所示。

图 5-64

- 线性擦除

　　"线性擦除"效果可以按照指定的方向使图层产生简单的线性擦除，添加效果前后对比如图 5-65 所示。

图 5-65

- 径向擦除

　　"径向擦除"效果使用环绕指定点的擦除显示底层图层，添加效果前后对比如图 5-66 所示。

图 5-66

● 百叶窗

　　"百叶窗"效果可以产生类似百叶窗的过渡效果，添加效果前后对比如图 5-67 所示。

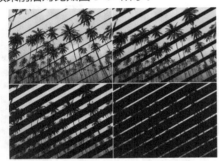

图 5-67

5.1.13 透视

功能概述：

　　透视类效果是为素材添加三维立体透视的效果，该类效果包括"透视"效果组和"过时"效果组中的一些效果，如图 5-68 所示。

图 5-68

常用效果：

● 基本 3D

　　"基本 3D"效果可以使素材产生旋转和倾斜的 3D 效果，添加效果前后对比如图 5-69 所示。

图 5-69

● 投影

　　"投影"效果可以使素材产生阴影效果，添加效果前后对比如图 5-70 所示。

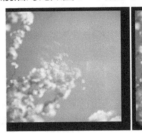

图 5-70

● 斜面 Alpha

　　"斜面 Alpha"效果可以为图层 Alpha 边缘添加浮雕外观效果与边界，添加效果前后对比如图 5-71 所示。

图 5-71

● 边缘斜面

　　"边缘斜面"效果可以为图层边缘增添斜面外观效果，添加效果前后对比如图 5-72 所示。

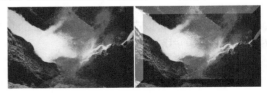

图 5-72

5.1.14　通道

功能概述：

通道类效果可以通过通道来控制、抽取、插入或者转换一个图像色彩的通道，从而使素材图层产生效果，该类效果包括"通道"效果组和"过时"、"Obsolete"效果组中的一些效果，如图 5-73 所示。

图 5-73

常用效果：

● 反转

"反转"效果可使作品产生色彩反向的效果，添加效果前后对比如图 5-74 所示。

图 5-74

● 复合运算

"复合运算"效果可以与指定轨道的素材进行混合，添加效果前后对比如图 5-75 所示。

图 5-75

● 混合

"混合"效果可以与其他轨道的素材进行混合，添加效果前后对比如图 5-76 所示。

图 5-76

● 算术

"算术"效果通过调整红色、绿色和蓝色的数值来调整画面颜色，添加效果前后对比如图 5-77 所示。

图 5-77

● 纯色合成

"纯色合成"效果可以为素材添加纯色，并设置合适的混合模式与素材进行混合，添加效果前后对比如图 5-78 所示。

图 5-78

● 计算

"计算"效果通过输入调整通道及混合模式来调整画面颜色，添加效果前后对比如图 5-79 所示。

图 5-79

- Set Matte（设置遮罩）

"Set Matte（设置遮罩）"效果可以将视频的遮罩替换成另一视频轨道的通道，添加效果前后对比如图 5-80 所示。

图 5-80

5.1.15　键控

功能概述：

键控类效果可以对素材进行抠像，该类效果包括"通道"效果组和"过时"、"Obsolete"效果组中的一些效果，如图 5-81 所示。

图 5-81

常用效果：

- Alpha 调整

"Alpha 调整"效果可以代替不透明度效果。

- 亮度键

"亮度键"效果可以抠出图层中指定明亮度的区域，添加效果前后对比如图 5-82 所示。

图 5-82

- 超级键

"超级键"效果可以将素材中指定的颜色变为透明状，添加效果前后对比如图 5-83 所示。

图 5-83

- 轨道遮罩键

"轨道遮罩键"效果可以将素材所在轨道上方的某一轨道作为蒙版以显示该素材，添加效果前后对比如图 5-84 所示。

图 5-84

- 颜色键

"颜色键"效果可以抠除素材中指定的颜色，添加效果前后对比如图 5-85 所示。

图 5-85

- 图像遮罩键

"图像遮罩键"效果根据静止图像剪辑（充当遮罩）的明亮度值抠出剪辑图像的区域。

- 差值遮罩

"差值遮罩"效果常用于抠出移动物体后面的静态背景。

- 移除遮罩

"移除遮罩"效果可为对象定义遮罩后，在对象上方建立一个遮罩轮廓，将带有"白色"或"黑色"的区域转换为透明效果，从而进行移除。

● 非红色键

"非红色键"效果基于绿色或蓝色背景创建透明度进行抠像，添加效果前后对比如图 5-86 所示。

图 5-86

5.1.16 风格化

风格化类效果可以通过调整画面颜色制作不同风格的效果，该类效果包括"风格化"效果组和"过时"、"Obsolete"效果组中的一些效果，如图 5-81 所示。

图 5-87

常用效果：

● Alpha 发光

"Alpha 发光"效果可以使图像 Alpha 通道发光，添加效果前后对比如图 5-88 所示。

图 5-88

● Replicate（复制）

"Replicate"（复制）效果通过设置参数，将素材水平和垂直创建副本，铺满整个画面，添加效果前后对比如图 5-89 所示。

图 5-89

● 彩色浮雕

"彩色浮雕"效果的作用与浮雕效果一样，并保留原始图像的色彩，添加效果前后对比如图 5-90 所示。

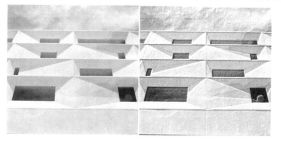

图 5-90

● 查找边缘

"查找边缘"效果可以将素材有明显过渡的区域生成类似铅笔描边的效果，添加效果前后对比如图 5-91 所示。

图 5-91

● 画笔描边

"画笔描边"效果可以使素材产生具有画笔笔触感的绘画效果，添加效果前后对比如图 5-92 所示。

图 5-92

● 粗糙边缘

"粗糙边缘"效果可以使素材边缘变得粗糙，添加效果前后对比如图 5-93 所示。

图 5-93

● 色调分离

"色调分离"效果通过调整色阶来调整画面颜色，添加效果前后对比如图 5-94 所示。

图 5-94

● 闪灯光

"闪光灯"效果通过设置合适的参数来模拟闪光效果，添加效果前后对比如图 5-95 所示。

图 5-95

● 马赛克

"马赛克"效果通过设置合适的参数将素材转换为网格，并填充网格内的平均颜色，添加效果前后对比如图 5-96 所示。

图 5-96

● Solarize（曝光过度）

"Solarize"（曝光过度）效果可以使素材产生曝光效果，添加效果前后对比如图 5-97 所示。

图 5-97

● 浮雕

"浮雕"效果可以通过强化图像边缘，从而模拟浮雕起伏纹理，并且变为灰色，添加效果前后对比如图 5-98 所示。

图 5-98

● 纹理

"纹理"效果可以将某一轨道的素材转换为浮雕效果映射到当前素材上，添加效果前后对比如图 5-99 所示。

图 5-99

● Threshold（阈值）

"Threshold"（阈值）效果可以将素材产生黑白且具有强对比度效果，添加效果前后对比如图 5-100 所示。

图 5-100

5.2 视频效果案例应用

5.2.1 案例：使用"Alpha 发光"效果制作发光文字

核心技术："Lumetri 颜色""Alpha 发光"。

案例解析：本案例使用"Lumetri 颜色"效果调整背景颜色，并使用"Alpha 发光" 扫一扫，看视频 效果制作出发光效果的文字，效果如图 5-101 所示。

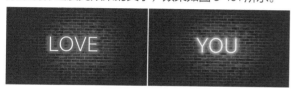

图 5-101

操作步骤：

第1步 新建项目、序列，导入素材。

执行"文件"/"新建"/"项目"命令，新建一个项目。执行"文件"/"新建"/"序列"命令，在"新建序列"对话框中单击"设置"按钮，设置"编辑模式"为 HDV 1080p，"时基"为 23.976 帧/秒，设置完成后单击"确定"按钮，完成新建序列。执行"文件"/"导入"命令，导入砖墙 .jpg 素材。在"项目"面板中将砖墙 .jpg 素材拖动到"时间轴"面板的 V1 轨道上，并设置结束时间为 2 秒，如图 5-102 所示。

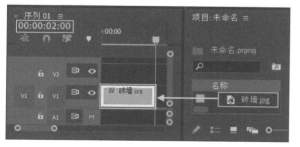

图 5-102

🔧 小技巧

在"项目"面板中空白的位置双击鼠标，可弹出"导入"对话框，通过此方法可进行快速导入素材。

此时画面效果如图 5-103 所示。

图 5-103

❶ 在"效果"面板中搜索"Lumetri 颜色"效果；❷ 将该效果拖动到 V1 轨道的砖墙 .jpg 素材上，如图 5-104 所示。

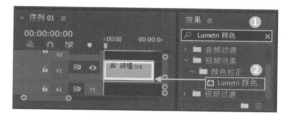

图 5-104

在"效果控件"面板中，❶ 展开"Lumetri 颜色"/"基本校正"/"色调"；❷ 设置"曝光"为 -5.0，如图 5-105 所示。

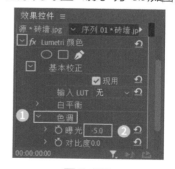

图 5-105

此时画面效果如图 5-106 所示。

图 5-106

❶在"效果控件"面板中单击"Lumetri 颜色"下方的 ◯（创建椭圆形蒙版）按钮；❷设置"蒙版羽化"为 600.0；❸勾选"已反转"复选框，如图 5-107 所示。

图 5-107

在"效果控件"面板中选中蒙版（1），接着在"节目监视器"面板中单击选中椭圆蒙版的路径锚点，拖动锚点调整蒙版的路径形状，如图 5-108 所示。

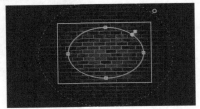

图 5-108

第2步 制作文字，添加发光效果。

执行"文件"/"新建"/"旧版标题"命令，然后在弹出的"新建字幕"对话框中单击"确定"按钮。此时进入"字幕：字幕 01"面板，❶在工作区域中的合适位置单击，输入文字"LOVE"；❷在"旧版标题属性"/"属性"下方设置合适的"字体系列"；❸设置"字体大小"为 300.0；❹在"填充"下方设置"颜色"为白色，如图 5-109 所示。

图 5-109

文字制作完成后关闭"字幕：字幕 01"面板。在"项目"面板中将字幕 01 拖动到"时间轴"面板中的 V2 轨道上，并设置字幕 01 的结束时间为 1 秒，如图 5-110 所示。

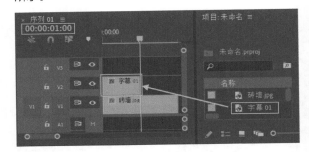

图 5-110

在"效果"面板中搜索"Alpha 发光"效果，将该效果拖动到 V2 轨道的字幕 01 上。在"效果控件"面板中展开"Alpha 发光"，❶设置"发光"为 80，"亮度"为 200；❷设置"起始颜色"为蓝色，"结束颜色"为深蓝色，如图 5-111 所示。

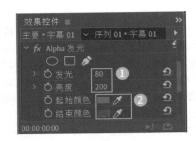

图 5-111

此时画面效果如图 5-112 所示。

图 5-112

继续使用同样的方法制作文字 YOU ，并添加合适的"Alpha 发光"效果。此时本案例制作完成，滑动时间线，效果如图 5-113 所示。

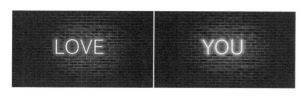

图 5-113

5.2.2　案例：制作信号干扰效果

核心技术："波形变形""Noise HLS（杂色 HLS）"。

案例解析：本案例使用"波形变形"效果与"Noise HLS（杂色 HLS）"效果制作出信号干扰效果，效果如图 5-114 所示。

扫一扫，看视频

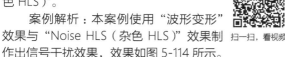

图 5-114

操作步骤：

第1步　新建项目、序列。

执行"文件"/"新建"/"项目"命令，新建一个项目。执行"文件"/"新建"/"序列"命令，在"新建序列"对话框中单击"设置"按钮，设置"编辑模式"为 ARRI Cinema，"时基"为 23.976 帧 / 秒；"帧大小"水平为"1920,1080"；"像素长宽比"为"方形像素（1.0）"；"场"为"无场（逐行扫描）"。执行"文件"/"导入"命令，导入全部素材。在"项目"面板将 01.mp4 素材拖动到"时间轴"面板的 V1 轨道上，如图 5-115 所示。

图 5-115

在拖动过程中会弹出"剪辑不匹配警告"提示框，单击"保持现有设置"按钮，如图 5-116 所示。

图 5-116

在"项目"面板中将 02.mp3 素材拖动到"时间轴"面板的 A1 轨道上，如图 5-117 所示。

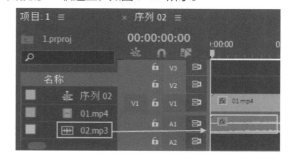

图 5-117

在"时间轴"面板中选择 A1 轨道上的 02.mp3 素材，① 单击工具箱中的 ◇（剃刀工具）按钮，然后将时间线滑动到第 5 秒 20 帧位置；② 单击剪辑 01.mp4 素材，如图 5-118 所示。

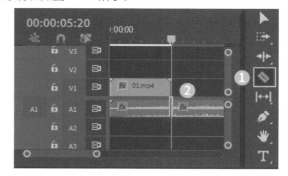

图 5-118

单击工具箱中的 ▶（选择工具）按钮，在"时间轴"面板中，选中剪辑后的 A1 的配乐 .mp4 素材的前半部分，接着按 Delete 键进行删除，如图 5-119 所示。

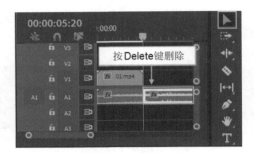

图 5-119

第2步 制作信号干扰效果。

在"项目"面板的空白位置右击鼠标，在弹出的快捷菜单中执行"新建项目"/"调整图层"命令，此时会弹出一个"调整图层"对话框，然后单击"确定"按钮，如图 5-120 所示。

图 5-120

❶ 在"项目"面板中将调整图层拖动到"时间轴"面板的 V2 轨道上；❷ 将结束时间设置为 5 秒 20 帧，如图 5-121 所示。

图 5-121

❶ 在"效果"面板中搜索"波形变形"效果；❷ 将该效果拖动到 V2 轨道的调整图层上，如图 5-122 所示。

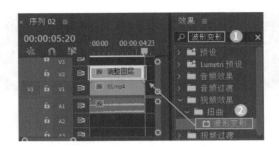

图 5-122

在"效果控件"面板中展开"波形变形"，设置"波形类型"为"杂色"，"波形高度"为 20，"波形宽度"为 50，"固定"为"所有边缘"，如图 5-123 所示。

图 5-123

❶ 在"效果"面板中搜索"Noise HLS"（杂色 HLS）效果；❷ 将该效果拖动到 V2 轨道的调整图层上，如图 5-124 所示。

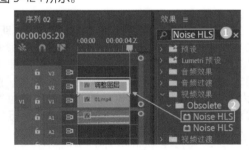

图 5-124

在"效果控件"面板中展开"Noise HLS"（杂色 HLS），设置"色相"为 50.0%，如图 5-125 所示。

图 5-125

此时画面效果如图 5-126 所示。

图 5-126

在"时间轴"面板中选择 V2 轨道上的调整图层，单击工具箱中的 （剃刀工具）按钮，然后分别将时间线滑动到第 20 帧、第 1 秒 10 帧、第 2 秒 4 帧、第 3 秒 1 帧、第 3 秒 20 帧、第 4 秒 1 帧、第 4 秒 3 帧、第 4 秒 8 帧、第 5 秒 3 帧、第 5 秒 17 帧位置，分别单击剪辑调整图层，如图 5-127 所示。

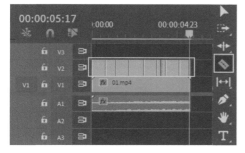

图 5-127

单击工具箱中的 （选择工具）按钮，在"时间轴"面板中分别选中剪辑后的 V2 轨道中的调整图层的起始时间到 20 帧、1 秒 10 帧到 2 秒 4 帧、3 秒 1 帧到 3 秒 20 帧、4 秒 1 帧到 4 秒 3 帧、4 秒 8 帧到 5 秒 3 帧、5 秒 17 帧到 6 秒。接着分别按 Delete 键进行删除，如图 5-128 所示。

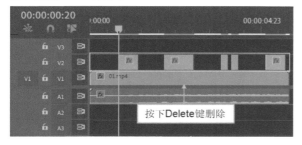

图 5-128

此时本案例制作完成，滑动时间线，效果如图 5-129 所示。

图 5-129

5.2.3　案例：使用"光照效果"效果制作冷暖光

核心技术："光照效果"。

案例解析：本案例使用"光照效果"效果制作冷暖光，前后对比效果如图 5-130 所示。

图 5-130

操作步骤：

`第1步` 新建项目，导入文件。

执行"文件"/"新建"/"项目"命令，新建一个项目。执行"文件"/"导入"命令，导入全部素材。在"项目"面板中将 01.mp4 素材拖动到"时间轴"面板中，此时在"项目"面板中自动生成一个与 01.mp4 素材等大的序列，如图 5-131 所示。

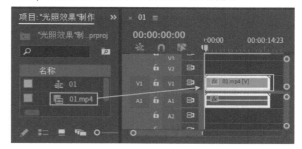

图 5-131

此时画面效果如图 5-132 所示。

图 5-132

第2步 制作冷暖光效果。

❶ 在"效果"面板中搜索"光照效果"效果；❷ 将该效果拖动到 V1 轨道的 01.mp4 素材上，如图 5-133 所示。

图 5-133

❶ 在"效果控件"面板中展开"光照效果"/"光照 1"；❷ 设置"光照颜色"为深蓝色，"中央"为（800.0，720.0），"角度"为 232.0°，"强度"为 90.0，如图 5-134 所示。

图 5-134

此时画面效果如图 5-135 所示。

图 5-135

❶ 展开"光照 2"；❷ 设置"光照类型"为"点光源"，"光照颜色"为红色，"中央"为（1700.0，720.0），"角度"为 318.0°，如图 5-136 所示。

图 5-136

此时画面效果如图 5-137 所示。

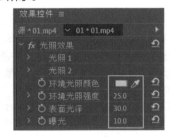

图 5-137

设置"环境光照颜色"为浅灰蓝色，"环境光照强度"为 25.0，"表面光泽"为 30.0，"曝光"为 10.0，如图 5-138 所示。

图 5-138

至此本案例制作完成，效果如图 5-139 所示。

图 5-139

5.2.4 案例：使用"镜头光晕"效果制作光晕变化

核心技术："镜头光晕"。

案例解析：本案例使用"镜头光晕"效果制作光晕变化，前后对比效果如图5-140所示。

图 5-140

操作步骤：

第1步 新建项目，导入文件。

执行"文件"/"新建"/"项目"命令，新建一个项目。执行"文件"/"导入"命令，导入全部素材。在"项目"面板中将01.mp4素材拖动到"时间轴"面板中，此时在"项目"面板中自动生成一个与01.mp4素材等大的序列，如图5-141所示。

图 5-141

此时画面效果如图5-142所示。

图 5-142

第2步 制作光晕变化。

❶ 在"效果"面板中搜索"镜头光晕"效果；❷ 将该效果拖动到V1轨道的01.mp4素材上，如图5-143所示。

图 5-143

在"效果控件"面板中展开"镜头光晕"，❶ 将时间线滑动到起始位置，单击"光晕中心"前方的 ⏱ （切换动画）按钮，设置"光晕中心"为（2000.0 360.0）；将时间线滑动到结束位置，设置"光晕中心"为（1500.0 ,360.0）；❷ 设置"光晕亮度"为130.0%，如图5-144所示。

图 5-144

此时本案例制作完成，滑动时间线，效果如图5-145所示。

图 5-145

5.2.5 案例：使用"偏移"效果制作画面转场

核心技术："偏移""白场过渡"。

案例解析：本案例使用"偏移"和"白场过渡"效果制作画面转场效果。效果如图5-146所示。

图 5-146

操作步骤：

第1步 新建项目、序列，导入素材。

执行"文件"/"新建"/"项目"命令，新建一个项目。执行"文件"/"新建"/"序列"命令，在"新建序列"对话框中单击"设置"按钮，设置"编辑模式"为 ARRI Cinema，"时基"为 29.97 帧/秒，"帧大小"为 1920、1080，"像素长宽比"为"方形像素（1.0）"，"场"为"无场（逐行扫描）"。执行"文件"/"导入"命令，导入全部素材。在"项目"面板中将 01.mp4 素材拖动到"时间轴"面板的 V1 轨道上，如图 5-147 所示。

图 5-147

此时画面效果如图 5-148 所示。

图 5-148

第2步 制作偏移效果。

在"时间轴"面板中选择 V1 轨道上的 01.mp4 素材，❶ 单击工具箱中的 ◆（剃刀工具）按钮，然后将

时间线滑动到第 4 秒位置；❷ 单击剪辑 01.mp4 素材，如图 5-149 所示。

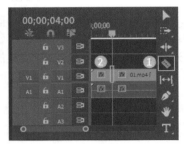

图 5-149

单击工具箱中的 ▶（选择工具）按钮，在"时间轴"面板中选中剪辑后的 01.mp4 素材的后半部分，接着按 Delete 键进行删除，如图 5-150 所示。

图 5-150

❶ 在"效果"面板中搜索"偏移"效果；❷ 将该效果拖动到 V1 轨道的 01.mp4 素材上，如图 5-151 所示。

图 5-151

在"效果控件"面板中展开"偏移"，将时间线滑动到起始位置，单击"将中心移位至"前方的 ◎（切换动画）按钮，设置"将中心移位至"为（-960.0，

−540.0）；将时间线滑动到第 2 秒位置，设置"将中心移位至"为（960.0，540.0），如图 5-152 所示。

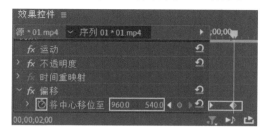

图 5-152

在"时间轴"面板中选择 V1 轨道上的 01.mp4 素材，❶ 右击 01.mp4 素材；❷ 在弹出的快捷菜单中执行"取消链接"命令，此时视频和音频解除一体状态，可单独进行操作，如图 5-153 所示。

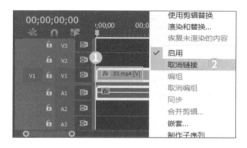

图 5-153

选择 A1 轨道的音频文件，按 Delete 键将音频文件删除，如图 5-154 所示。

图 5-154

滑动时间线查看此时画面效果如图 5-155 所示。

图 5-155

将"项目"面板的 02.mp4 素材拖动到"时间轴"面板的 V1 轨道上 01.mp4 文件的后方，如图 5-156 所示。

图 5-156

在"时间轴"面板中选择 V1 轨道上的 02.mp4 素材，❶ 单击工具箱中的 ◣（剃刀工具）按钮，然后将时间线滑动到第 8 秒位置；❷ 单击剪辑 02.mp4 素材，如图 5-157 所示。

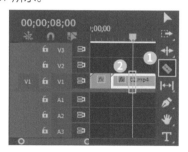

图 5-157

单击工具箱中的 ▶（选择工具）按钮，在"时间轴"面板中选中剪辑后的 02.mp4 素材的后半部分，接着按 Delete 键进行删除，如图 5-158 所示。

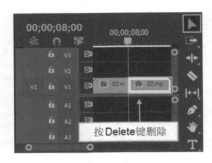

图 5-158

① 在"效果"面板中搜索"偏移"效果；② 将该效果拖动到 V1 轨道的 02.mp4 素材上，如图 5-159 所示。

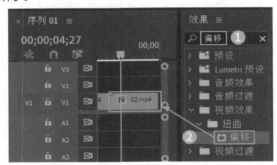

图 5-159

在"效果控件"面板中展开"偏移"，将时间线滑动到第 4 秒位置，单击"将中心移位至"前方的 ⏱ （切换动画）按钮，设置"将中心移位至"为（-1280.0，-720.0）；将时间线滑动到第 6 秒位置，设置"将中心移位至"为（1280.0，720.0），如图 5-160 所示。

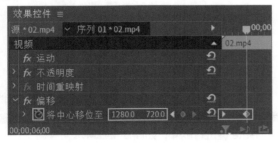

图 5-160

此时滑动时间线查看画面效果如图 5-161 所示。

图 5-161

第3步 制作视频过渡效果。

① 在"效果"面板中搜索"白场过渡"效果，② 将该效果拖动到 V1 轨道上的 02.mp4 素材的起始位置，如图 5-162 所示。

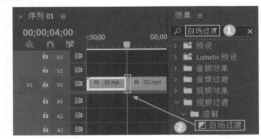

图 5-162

选择 V1 轨道上的"白场过渡"效果，在"效果控件"面板中，① 设置"持续时间"为 25 帧；② 设置"对齐"为"起点切入"，如图 5-163 所示。

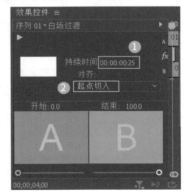

图 5-163

此时本案例制作完成，滑动时间线，效果如图 5-164 所示。

图 5-164

5.2.6 案例：使用"闪电"效果制作闪电特效

核心技术："闪电""Brightness & Contrast""Lumetri 颜色"。

扫一扫，看视频

案例解析：本案例使用"闪电"效果制作出闪电效果，使用"Brightness & Contrast""Lumetri 颜色"调整视频颜色，使闪电效果更加真实，效果如图 5-165 所示。

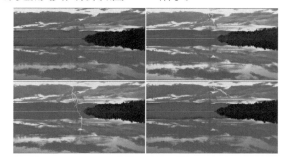

图 5-165

操作步骤：

第1步 新建项目、序列。

执行"文件"/"新建"/"项目"命令，新建一个项目。执行"文件"/"新建"/"序列"命令，在"新建序列"对话框中单击"设置"按钮，设置"编辑模式"为 ARRI Cinema，"时基"为 25.00 帧 / 秒，"帧大小"水平为 1920、1080，"像素长宽比"为"方形像素（1.0）"，"场"为"无场（逐行扫描）"。执行"文件"/"导入"命令，导入全部素材。在"项目"面板中将 01.mp4 素材拖动到"时间轴"面板的 V1 轨道上，如图 5-166 所示。

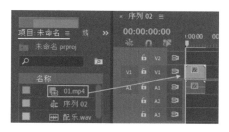

图 5-166

此时画面效果如图 5-167 所示。

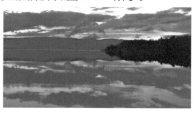

图 5-167

第2步 制作闪电效果。

在"时间轴"面板中选择 V1 轨道的 01.mp4 素材；❶ 右击 01.mp4 素材；❷ 在弹出的快捷菜单中执行"取消链接"命令，此时视频和音频解除一体状态，可单独进行操作，如图 5-168 所示。

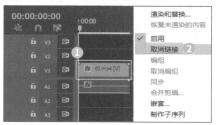

图 5-168

选择 A1 轨道上的音频文件，按 Delete 键将音频文件删除，如图 5-169 所示。

图 5-169

在"项目"面板中将配乐 .wav 素材拖动到"时间轴"面板的 A1 轨道上，如图 5-170 所示。

图 5-170

❶ 在"效果"面板中搜索"闪电"效果；❷ 将该效果拖动到 V1 轨道上的 01.mp4 素材上，如图 5-171 所示。

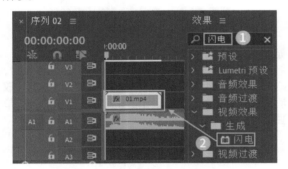

图 5-171

在"效果控件"面板中展开"闪电"，❶ 设置"起始点"为（900.0，-72.0）。❷ 将时间线滑动到第 1 秒 12 帧位置，单击"结束点"前方的 ⏱（切换动画）按钮，设置"结束点"为（1020.0，-150.0）；接着将时间线滑动到第 2 秒位置，设置"结束点"为（1020.0，479.0）；将时间线滑动到第 2 秒 5 帧位置，设置"结束点"为（1020.0，-70.0）；将时间线滑动到第 2 秒 16 帧位置，设置"结束点"为（349.0，590.0）；将时间线滑动到第 2 秒 17 帧位置，设置"结束点"为（1020.0，650.0）；将时间线滑动到第 2 秒 23 帧位置，设置"结束点"为（1020.0，-38.0）。❸ 设置"细节级别"为 8，"分支"为 1.000，"再分支"为 0.500，"分支段"为 5，"分支宽度"为 1.000，"速度"为 20，"宽度"为 12.000，"宽度变化"为 0.200，"拉力"为 20.000，如图 5-172 所示。

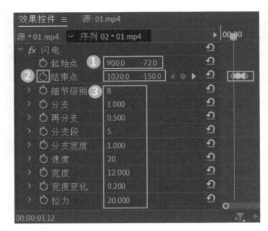

图 5-172

滑动时间线查看画面效果如图 5-173 所示。

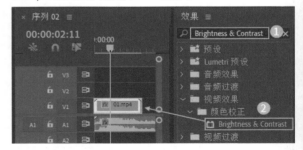

图 5-173

第3步 调整画面颜色。

❶ 在"效果"面板中搜索"Brightness & Contrast"效果；❷ 将该效果拖动到 V1 轨道的 01.mp4 素材上，如图 5-174 所示。

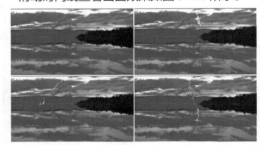

图 5-174

在"效果控件"面板中展开"Brightness & Contrast"，将时间线滑动到第 1 秒 16 帧位置，单击"亮度"前方的 ⏱（切换动画）按钮，设置"亮度"为 0.0，单击"对比度"前方的⏱（切换动画）按钮，设置"对比度"为 0.0；将时间线滑动到第 1 秒 21 帧位置，设置"亮度"为 50.0，"对比度"为 30.0；将时间线滑动到第 2 秒位置，设置"亮度"为 0.0，"对比度"为 0.0，如图 5-175 所示。

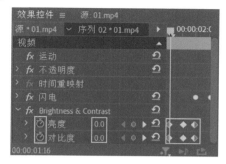

图 5-175

框选"亮度"和"对比度"关键帧，使用快捷键 Ctrl+C 进行复制，然后将时间线滑动到第 2 秒 11 帧位置，使用快捷键 Ctrl+V 进行粘贴，如图 5-176 所示。

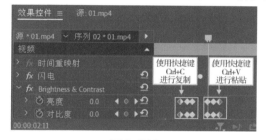

图 5-176

滑动时间线查看画面效果如图 5-177 所示。

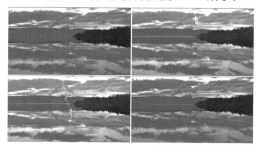

图 5-177

❶ 在"效果"面板中搜索"Lumetri 颜色"效果；❷ 将该效果拖动到 V1 轨道的 01.mp4 素材上，如图 5-178 所示。

图 5-178

在"效果控件"面板中展开"Lumetri 颜色"/"基本校正"/"白平衡"，❶ 设置"色温"为 -50.0，"色彩"为 -40.0；❷ 展开"色调"，设置"对比度"为 50.0，如图 5-179 所示。

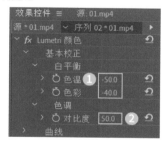

图 5-179

展开"曲线"，设置"通道"为红色，在红色曲线上单击添加一个控制点并向右下角拖动，如图 5-180 所示。

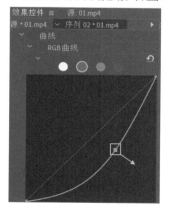

图 5-180

此时本案例制作完成，滑动时间线，效果如图 5-181 所示。

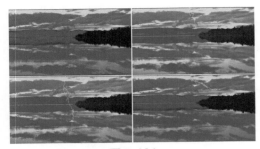

图 5-181

5.2.7　案例：使用"四色渐变"效果制作唯美色调

扫一扫，看视频

核心技术："四色渐变""亮度曲线"。

案例解析：本案例使用"四色渐变"效果和"亮度曲线"效果调整画面颜色，制作出唯美色调的画面，前后对比效果如图 5-182 所示。

图 5-182

操作步骤：

第1步　新建项目、序列。

执行"文件"/"新建"/"项目"命令，新建一个项目。执行"文件"/"新建"/"序列"命令，在"新建序列"对话框中单击"设置"按钮，设置"编辑模式"为 ARRI Cinema，"时基"为 23.976 帧 / 秒，"帧大小"为 1920、1080，"像素长宽比"为"方形像素（1.0）"，"场"为"无场（逐行扫描）"。执行"文件"/"导入"命令，导入全部素材。在"项目"面板中将 01.mp4 素材拖动到"时间轴"面板的 V1 轨道上，将 02.mp4 素材拖动到 V2 轨道上，如图 5-183 所示。

图 5-183

第2步　制作唯美色调效果。

在"效果控件"面板中展开"不透明度"，设置"混合模式"为"滤色"，如图 5-184 所示。

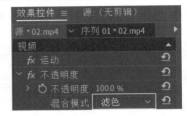

图 5-184

滑动时间线查看画面效果如图 5-185 所示。

图 5-185

❶ 在"效果"面板中搜索"四色渐变"效果；
❷ 将该效果拖动到 V1 轨道的 01.mp4 素材上，如图 5-186 所示。

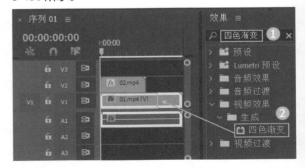

图 5-186

在"效果控件"面板中展开"四色渐变"，设置"不透明度"为 50.0%，"混合模式"为"滤色"，如图 5-187 所示。

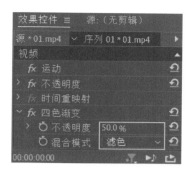

图 5-187

查看此时画面效果如图 5-188 所示。

图 5-188

❶ 在"效果"面板中搜索"亮度曲线"效果；❷ 将该效果拖动到 V1 轨道的 01.mp4 素材上，如图 5-189 所示。

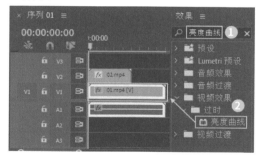

图 5-189

在"时间轴"面板中选择 V1 轨道上的 1.mp4 素材，在"效果控件"面板中展开"亮度曲线"，在"亮度波形"曲线上添加一个锚点并向左上角进行拖动，接着再次添加一个锚点并向右下角进行拖动，如图 5-190 所示。

此时本案例制作完成，滑动时间线，效果如图 5-191 所示。

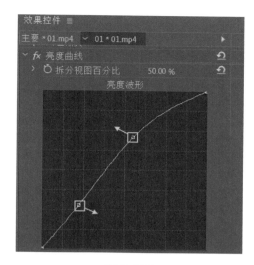

图 5-190

图 5-191

5.2.8 案例：使用"线性擦除"效果制作视频分屏效果

核心技术："线性擦除"。

案例解析：本案例使用"线性擦除"效果制作分屏效果，运用"矩形工具"绘制边框，从而制作视频分屏效果，效果如图 5-192 所示。

扫一扫，看视频

图 5-192

操作步骤：

第1步 新建项目、序列。

执行"文件"/"新建"/"项目"命令，新建一个项目。执行"文件"/"新建"/"序列"命令，在"新建序列"对话框中单击"设置"按钮，设置"编辑模式"为DNxHR 4K。执行"文件"/"导入"命令，导入全部素材。在"项目"面板中将01.mp4素材拖动到"时间轴"面板的V1轨道上，将02.mp4素材拖动到V2轨道上，将03.mp4素材拖动到V3轨道上，将配乐.mp3素材拖动到A1轨道止，如图5-193所示。

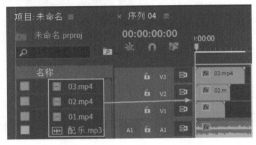

图5-193

第2步 制作分屏效果。

在"时间轴"面板中选择V3轨道上的03.mp4素材，在"效果控件"面板中展开"运动"，设置"位置"为（3000.0, 1080.0），如图5-194所示。

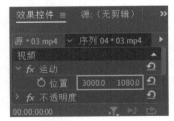

图5-194

此时画面效果如图5-195所示。

图5-195

❶ 在"效果"面板中搜索"线性擦除"效果；
❷ 将该效果拖动到V3轨道的03.mp4素材上，如图5-196所示。

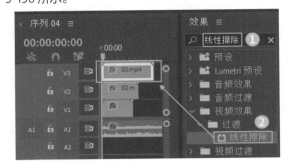

图5-196

在"时间轴"面板中选择V3轨道上的03.mp4素材，在"效果控件"面板中展开"线性擦除"，设置"过渡完成"为50%，"擦除角度"为60.0°，如图5-197所示。

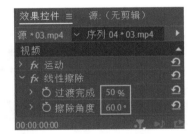

图5-197

此时的画面效果如图5-198所示。

图5-198

在"时间轴"面板中选择V2轨道上的02.mp4素材，在"效果控件"面板中展开"运动"，设置"位置"为（1500.0, 1080.0），如图5-199所示。

❶ 在"效果"面板中搜索"线性擦除"效果；
❷ 将该效果拖动到V2轨道的02.mp4素材上，如

图 5-200 所示。

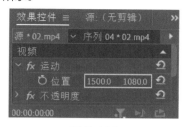

图 5-199

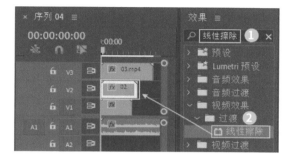

图 5-200

在"时间轴"面板中选择 V2 轨道上的 02.mp4 素材。在"效果控件"面板中展开"线性擦除"，设置"过渡完成"为 50%，"擦除角度"为 240.0°，如图 5-201 所示。

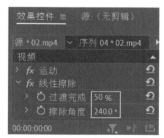

图 5-201

此时的画面效果如图 5-202 所示。

图 5-202

执行"文件"/"新建"/"旧版标题"命令（如图 5-203 所示），即可打开"字幕"面板。

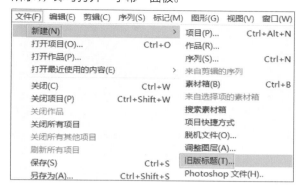

图 5-203

此时会弹出一个"新建字幕"对话框，设置"名称"为"字幕 01"，然后单击"确定"按钮，如图 5-204 所示。

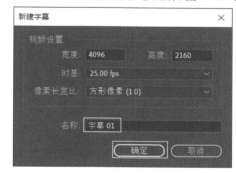

图 5-204

❶ 在"字幕:字幕 01"面板中选择▇（矩形工具）；❷ 在工作区域中画面的边缘绘制一个矩形；❸ 设置"圆形类型"为"闭合贝塞尔曲线"，"线宽"为 20.0，"颜色"为灰白色，如图 5-205 所示。

图 5-205

设置完成后关闭"字幕 - 字幕 01"面板，在"项目"面板中将字幕 01 素材拖动到"时间轴"面板的 V4 轨道上，如图 5-206 所示。

图 5-206

此时本案例制作完成，滑动时间线，效果如图 5-207 所示。

图 5-207

5.2.9 案例：抠像合成点赞视频

扫一扫，看视频

核心技术："超级键""调整图层""亮度曲线""颜色遮罩"。

案例解析：本案例使用"超级键"效果进行抠像，使用"颜色遮罩"制作背景，并使用"调整图层"与"亮度曲线"调整画面颜色，从而创建文字并制作文字动画效果，效果如图 5-208 所示。

图 5-208

小技巧

抠像素材除了从网络中获取外，还可以自己拍摄。在拍摄时需要注意以下几点。

（1）购买的绿色背景布要平整，在拍摄之前应多次调整到相对平整无褶皱的状态。

（2）拍摄时注意灯光的照射方向要与合成视频的光照方向一致。

（3）尽量避免穿、戴带有绿色的衣物或饰品。

（4）拍摄画面尽量清晰。

操作步骤：

第1步 新建项目、序列。

执行"文件"/"新建"/"项目"命令，新建一个项目。执行"文件"/"新建"/"序列"命令，在"新建序列"对话框中单击"设置"按钮，设置"编辑模式"为 ARRI Cinema，"时基"为 25.00 帧 / 秒，设置"帧大小"为"1920，1080"，"像素长宽比"为"方形像素（1.0）"，"场"为"无场（逐行扫描）"。执行"文件"/"导入"命令，导入全部素材。❶ 在"时间轴"面板中将时间线滑动到第 1 秒 03 帧位置；❷ 在"项目"面板中将 01.mp4 素材拖动到"时间轴"面板的 V2 轨道上，如图 5-209 所示。

图 5-209

第2步 进行抠像。

在"时间轴"面板中选择 V2 轨道上的 01.mp4 素材，❶ 右击 01.mp4 素材；❷ 在弹出的快捷菜单中执行"取消链接"命令，此时视频和音频解除一体状态，可单独进行操作，如图 5-210 所示。

图 5-210

选择 A2 轨道的音频文件，按 Delete 键将音频文件删除，如图 5-211 所示。

图 5-211

① 在"效果"面板中搜索"超级键"效果；② 将该效果拖动到 V2 轨道的 01.mp4 素材上，如图 5-212 所示。

图 5-212

在"时间轴"面板中选择 V2 轨道上的 01.mp4 素材。① 在"效果控件"面板中展开"超级键"，设置"设置"为"自定义"，"主要颜色"为绿色；② 展开"溢出抑制"，设置"溢出"为 100.0，如图 5-213 所示。

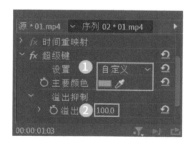

图 5-213

此时画面效果如图 5-214 所示。

图 5-214

（第3步）新建颜色遮罩并调整亮度。

在"项目"面板的空白位置右击，在弹出的快捷菜单中执行"新建项目"/"颜色遮罩"命令，如图 5-215 所示。

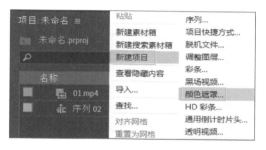

图 5-215

此时会弹出一个"新建颜色遮罩"对话框，然后单击"确定"按钮，如图 5-216 所示。

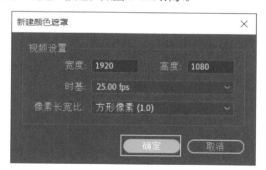

图 5-216

在弹出的"拾色器"对话框中，① 设置颜色为品蓝色；② 单击"确定"按钮；③ 在弹出的"选择名称"对话框中设置合适的名称；④ 单击"确定"按钮，如图 5-217 所示。

图 5-217

在"项目"面板中将颜色遮罩拖动到"时间轴"面板的 V1 轨道上，并设置"颜色遮罩"的结束时间为 11 秒 03，如图 5-218 所示。

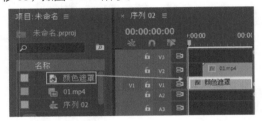

图 5-218

在"项目"面板的空白位置右击鼠标，在弹出的快捷菜单中执行"新建项目"/"调整图层"命令，如图 5-219 所示。

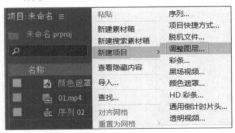

图 5-219

此时会弹出一个"调整图层"对话框，然后单击"确定"按钮，如图 5-220 所示。

在"项目"面板中将调整图层拖动到"时间轴"面板的 V3 轨道上，如图 5-221 所示。

❶ 在"效果"面板中搜索"亮度曲线"效果；
❷ 将该效果拖动到 V2 轨道的调整图层上，如图

5-222 所示。

图 5-220

图 5-221

图 5-222

在"时间轴"面板中选择 V3 轨道上的调整图层，在"效果控件"面板中展开"亮度曲线"，在"亮度波形"曲线上添加一个锚点，并向左上角拖动，如图 5-223 所示。

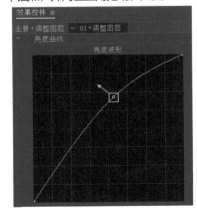

图 5-223

在"时间轴"面板中将 V1 轨道上的颜色遮罩和 V3 轨道上的调整图层的结束时间设置为 21 秒，如图 5-224 所示。

图 5-224

滑动时间线，查看画面效果，如图 5-225 所示。

图 5-225

第4步 新建文字并制作动画效果。

执行"文件"/"新建"/"旧版标题"命令，此时会弹出一个"新建字幕"对话框，设置"名称"为"字幕 01"，然后单击"确定"按钮，如图 5-226 所示。

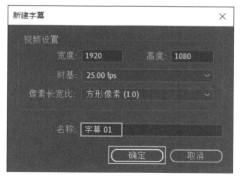

图 5-226

❶ 在"字幕:字幕 01"面板中选择 **T**（文字工具）；❷ 在工作区域中画面的合适位置输入文字内容；❸ 设置"对齐方式"为 **≣**（左对齐）；❹ 设置合适的"字体系列"和"字体样式"，设置"字体大小"为 150.0，

"颜色"为白色；❺ 勾选"阴影"复选框，设置"颜色"为黑色，"不透明度"为 54%，"角度"为 0.0°，"距离"为 4.0，"大小"为 2.0，"扩展"为 19.0，如图 5-227 所示。

图 5-227

设置完成后关闭"字幕:字幕 01"面板，❶ 在"项目"面板中将字幕 01 拖动到"时间轴"面板的 V4 轨道上；❷ 将结束时间设置为 21 秒，如图 5-228 所示。

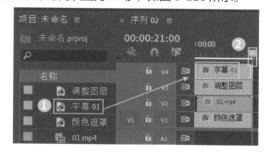

图 5-228

查看画面效果，如图 5-229 所示。

图 5-229

在"时间轴"面板中选中 V4 轨道上的"字幕 01"，在"效果控件"面板中展开"运动"，❶ 将时间线滑动到起始位置，单击"缩放"前方的 **◎**（切换动画）按钮，设置"缩放"为 0.0；将时间线滑动到第 2 秒位置，

设置"缩放"为100.0；将时间线滑动到第 3 秒位置，设置"缩放"为130.0；将时间线滑动到第 5 秒位置，设置"缩放"为100.0；将时间线滑动到第 7 秒位置，设置"缩放"为130.0；将时间线滑动到第 9 秒位置，设置"缩放"为100.0；将时间线滑动到第 11 秒位置，设置"缩放"为130.0；将时间线滑动到第 13 秒位置，设置"缩放"为100.0。❷ 将时间线滑动到起始位置，单击"旋转"前方的 ◎（切换动画）按钮，设置"旋转"为 0.0°；接着将时间线滑动到第 2 秒位置，设置"旋转"为（1x0.0°），如图 5-230 所示。

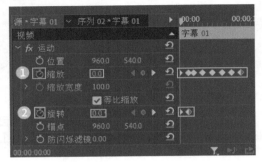

图 5-230

此时本案例制作完成，滑动时间线，效果如图 5-231 所示。

图 5-231

5.2.10 案例：抠像合成动态背景

扫一扫，看视频

核心技术："超级键""通道混合器"。

案例解析：本案例使用"超级键"效果进行抠像，使用"通道混合器"调整画面颜色，效果如图 5-232 所示。

图 5-232

操作步骤：

第1步 新建项目、序列。

执行"文件"/"新建"/"项目"命令，新建一个项目。执行"文件"/"新建"/"序列"命令，在"新建序列"对话框中单击"设置"按钮，设置"编辑模式"为 RED Cinema，"时基"为 23.976 帧/秒，"帧大小"为 3840、2160，"像素长宽比"为"方形像素（1.0）"，"场"为"无场（逐行扫描）"。执行"文件"/"导入"命令，导入全部素材。在"项目"面板中将 01.mp4 素材拖动到"时间轴"面板的 V2 轨道上，将 02.mp4 素材拖动到"时间轴"面板的 V1 轨道上，如图 5-233 所示。

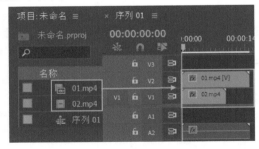

图 5-233

在"时间轴"面板中将 01.mp4 素材的音道拖动到 A1 轨道上，如图 5-234 所示。

图 5-234

第2步 进行抠像。

① 在 "效果" 面板中搜索 "超级键" 效果；② 将该效果拖动到 V2 轨道上的 01.mp4 素材上，如图 5-235 所示。

图 5-235

在 "时间轴" 面板中选择 V2 轨道上的 01.mp4 素材。① 在 "效果控件" 面板中展开 "超级键"，设置 "设置" 为 "自定义"，单击 "主要颜色" 后方的 🖋（吸管工具），在 "节目监视器" 面板中吸取人物后方的绿色背景；② 展开 "溢出抑制"，设置 "降低饱和度" 为 60.0，"溢出" 为 100.0，"亮度" 为 70.0，如图 5-236 所示。

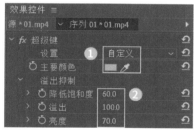

图 5-236

查看画面对比效果如图 5-237 所示。

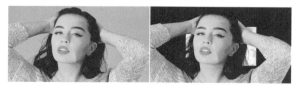

图 5-237

在 "时间轴" 面板中选择 V1 轨道上的 02.mp4 素材，在 "效果控件" 面板中展开 "运动"，设置 "缩放" 为 200，如图 5-238 所示。

在 "时间轴" 面板中选择 V1 轨道上的 02.mp4 素材，右击鼠标，在弹出的快捷菜单中执行 "速度 / 持续时间" 命令，如图 5-239 所示。

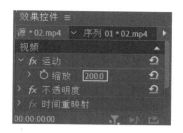

图 5-238

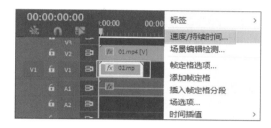

图 5-239

此时会弹出一个 "剪辑速度 / 持续时间" 对话框，① 设置 "持续时间" 为 16 秒 3 帧；② 单击 "确定" 按钮，如图 5-240 所示。

图 5-240

查看此时画面效果如图 5-241 所示。

图 5-241

第3步 调整画面颜色。

在"项目"面板的空白位置右击鼠标，在弹出的快捷菜单中执行"新建项目"/"调整图层"命令，如图 5-242 所示。

图 5-242

此时会弹出一个"调整图层"对话框，然后单击"确定"按钮，如图 5-243 所示。

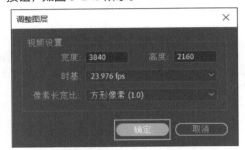

图 5-243

❶ 在"项目"面板中将调整图层拖动到"时间轴"面板的 V3 轨道上；❷ 将结束时间设置为 16 秒 3 帧，如图 5-244 所示。

图 5-244

❶ 在"效果"面板中搜索"通道混合器"效果，❷ 将该效果拖动到 V3 轨道的调整图层上，如图 5-245 所示。

在"时间轴"面板中选择 V3 轨道上的调整图层，❶ 在"效果控件"面板中展开"通道混合器"，设置"红

色 - 绿色"为 -10，"红色 - 蓝色"为 -10，"红色 - 恒量"为 10，"绿色 - 红色"为 10，"绿色 - 蓝色"为 -10，"蓝色 - 红色"为 10，"蓝色 - 绿色"为 10，如图 5-246 所示。

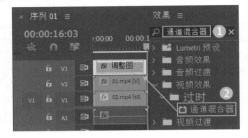

图 5-245

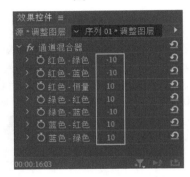

图 5-246

此时本案例制作完成，滑动时间线，效果如图 5-247 所示。

图 5-247

5.2.11 案例：使用"查找边缘"效果制作黑白线条晕染彩色画面

扫一扫，看视频

核心技术："查找边缘""轨道遮罩键""Brightness & Contrast"。

案例解析：本案例首先使用"查找边缘"效果、"轨道遮罩键"效果制作出白

描感，接着使用 Brightness & Contrast 调整画面亮度，效果如图 5-248 所示。

图 5-248

操作步骤：

第1步 新建项目、序列。

执行"文件"/"新建"/"项目"命令，新建一个项目。执行"文件"/"新建"/"序列"命令，在"新建序列"对话框中单击"设置"按钮，设置"编辑模式"为 ARRI Cinema，"时基"为 23.976 帧／秒，"帧大小"为"1920，1080"，"像素长宽比"为"方形像素（1.0）"，"场"为"无场（逐行扫描）"。执行"文件"/"导入"命令，导入全部素材。在"项目"面板中将 01.mp4 素材拖动到"时间轴"面板的 V1 轨道上，如图 5-249 所示。

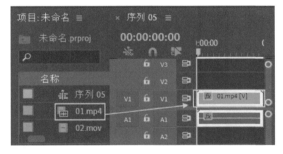

图 5-249

第2步 制作查找边缘效果。

在"时间轴"面板中选择 V1 轨道上的 01.mp4 素材，❶ 单击工具箱中的 ❖（剃刀工具）按钮，然后将时间线滑动到第 6 秒位置；❷ 单击剪辑 01.mp4 素材，如图 5-250 所示。

单击工具箱中的 ▶（选择工具）按钮，在"时间轴"面板中选中剪辑后的 01.mp4 素材文件的前半部分，接着按 Delete 键进行删除，如图 5-251 所示。

图 5-250

图 5-251

在"时间轴"面板中选择 V1 轨道上的 01.mp4 素材，将 V1 轨道的 01.mp4 素材的时间线滑动到起始位置，如图 5-252 所示。

在"时间轴"面板中选择 V1 轨道的 01.mp4 素材，右击鼠标，在弹出的快捷菜单中执行"取消链接"命令，选择 A1 轨道上的音频文件，按 Delete 键将音频文件删除，如图 5-253 所示。

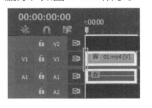

图 5-252

图 5-253

在"时间轴"面板中选择 V1 轨道上的 01.mp4 素材，按住 Alt 键的同时按住鼠标左键将其拖动并复制到 V2 轨道上，如图 5-254 所示。

❶ 在"效果"面板中搜索"查找边缘"效果；❷ 将该效果拖动到 V2 轨道的 01.mp4 素材上，如图 5-255 所示。

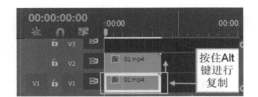

图 5-254

图 5-255

此时画面效果如图 5-256 所示。

图 5-256

❶ 在 "效果" 面板中搜索 "轨道遮罩键" 效果；❷ 将该效果拖动到 V2 轨道的 01.mp4 素材上，如图 5-257 所示。

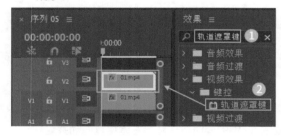

图 5-257

在 "时间轴" 面板中选择 V2 轨道上的 01.mp4 素材，在 "效果控件" 面板中展开 "轨道遮罩键"，设置 "遮罩" 为 "视频 3"，"合成方式" 为 "亮度遮罩"，如图 5-258 所示。

图 5-258

❶ 在 "效果" 面板中搜索 "Brightness & Contrast" 效果；❷ 将该效果拖动到 V2 轨道的 01.mp4 素材上，如图 5-259 所示。

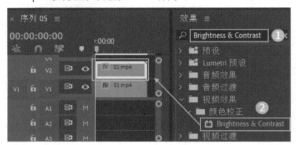

图 5-259

在 "效果控件" 面板中展开 "Brightness & Contrast"，设置 "亮度" 为 20.0，"对比度" 为 10.0，如图 5-260 所示。

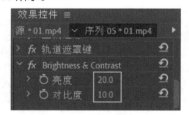

图 5-260

在 "项目" 面板中，❶ 将 02.mov 素材拖动到 V3 轨道上，❷ 将配乐 .mp3 素材拖动到 A1 轨道上，如图 5-261 所示。

图 5-261

在"时间轴"面板中选择 A1 轨道上的配乐 .mp3 素材，❶ 单击工具箱中的 ◢（剃刀工具）按钮，然后将时间线滑动到第 5 秒 21 位置；❷ 单击剪辑配乐 .mp3 素材文件，如图 5-262 所示。

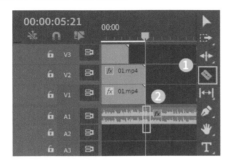

图 5-262

单击工具箱中的 ▶（选择工具）按钮，在"时间轴"面板中选中剪辑后的配乐 .mp3 素材的后半部分，接着按 Delete 键进行删除，如图 5-263 所示。

图 5-263

此时本案例制作完成，滑动时间线，效果如图 5-264 所示。

图 5-264

5.3 视频效果项目实战：制作意大利面广告

核心技术："渐变""基本 3D""高斯模糊""径向阴影"。

扫一扫，看视频

5.3.1 设计思路

本案例使用"渐变"效果制作背景，使用"基本 3D""高斯模糊""径向阴影"效果制作 3D 浮窗，接着制作文字，从而完成意大利面广告的制作，效果如图 5-265 所示。

图 5-265

5.3.2 配色方案

本案例以渐变背景中的橙色和浅橙色为主色，以意大利面的橙黄色为辅助色，以画面中白色文字元素为点缀色。整体色彩搭配统一、协调，如图 5-266 所示。

图 5-266

5.3.3 版面构图

本案例采用"重心型"构图方式，将产品摆放于画面重心位置，起到强调的作用，如图 5-267 所示。

图 5-267

5.3.4 操作步骤

第1步 新建项目、序列，导入素材。

执行"文件"/"新建"/"项目"命令，新建一个项目。执行"文件"/"新建"/"序列"命令，在"新建序列"对话框中单击"设置"按钮，设置"编辑模式"为 ARRI Cinema，"时基"为 29.97 帧 / 秒，"帧大小"为"1920，1080"，"像素长宽比"为"方形像素（1.0）"，"场"为"无场（逐行扫描）"。执行"文件"/"导入"命令，导入全部素材。❶ 在"项目"面板中将 01.mp4 素材拖动到"时间轴"面板的 V3 轨道上；❷ 将 02.mp4 素材拖动到 V2 轨道上；❸ 将配乐 .mp3 素材拖动到 A1 轨道上，如图 5-268 所示。

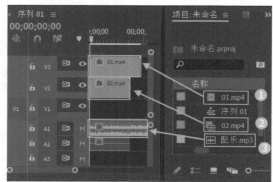

图 5-268

第2步 制作背景。

在"项目"面板中的空白位置右击鼠标，在弹出的快捷菜单中执行"新建项目"/"颜色遮罩"命令，在弹出的"新建颜色遮罩"对话框中单击"确定"按钮。❶ 在"拾色器"对话框中设置颜色为黑色；❷ 单击"确定"；❸ 在弹出的"选择名称"对话框中设置名称为"颜色遮罩"；❹ 单击"确定"按钮，如图 5-269 所示。

图 5-269

在"项目"面板中将颜色遮罩拖动到"时间轴"面板的 V1 轨道上，并设置结束时间为 15 秒。❶ 在"效果"面板中搜索"渐变"效果；❷ 将该效果拖动到 V1 轨道的颜色遮罩上，如图 5-270 所示。

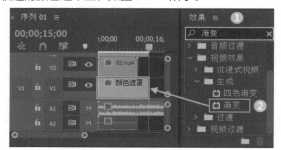

图 5-270

在"效果控件"面板中展开"渐变"，❶ 设置"渐变起点"为（222.0,2.0），"起始颜色"为橙色；❷ 设置"渐变终点"为（1518.0,6.0），"结束颜色"为浅橙色，如图 5-271 所示。

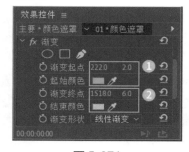

图 5-271

此时颜色遮罩画面效果如图 5-272 所示。

图 5-272

第3步 制作 3D 浮窗。

在"时间轴"面板中选中 V2 轨道上的 02.mp4 素材，在"效果控件"面板中展开"不透明度"，设置"混合模式"为"滤色"，如图 5-273 所示。

图 5-273

在"时间轴"面板中选中 V2 轨道上的 02.mp4 素材，❶ 右击鼠标；❷ 在弹出的快捷菜单中执行"取消链接"命令，此时视频和音频解除一体状态，可单独进行操作，如图 5-274 所示。

图 5-274

选择 A2 轨道上的音频文件，按 Delete 键将音频文件删除，如图 5-275 所示。

图 5-275

按住 Alt 键的同时，单击音频或视频，可单独选中音频或视频，然后按 Delete 键可直接删除音频或视频。

在"效果"面板中搜索"基本 3D"效果，将该效果拖动到 V3 轨道的 01.mp4 素材上。在"效果控件"面板中展开"基本 3D"，将时间线滑动到起始位置，单击"旋转"前方的 ⏱ （切换动画）按钮，开启自动关键帧，设置"旋转"为 0.0°；将时间线滑动到第 4 秒位置，设置"旋转"为 180.0°；将时间线滑动到第 4 秒 06 帧位置，单击"与图像的距离"前方的 ⏱ （切换动画）按钮，开启自动关键帧，设置"与图像的距离"为 100.0；将时间线滑动到第 4 秒 29 帧位置，设置"与图像的距离"为 0.0，如图 5-276 所示。

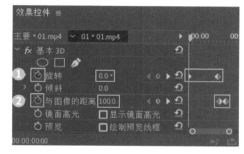

图 5-276

滑动时间线查看画面效果如图 5-277 所示。

图 5-277

在"效果"面板中搜索"高斯模糊"效果，将该效果拖动到 V3 轨道的 01.mp4 素材上。在"效果控件"面板中展开"高斯模糊"，将时间线滑动到起始位置，单击"模糊度"前方的 ⏱ （切换动画）按钮，设置"模糊度"为 0.0；将时间线滑动到第 1 秒 10 帧位置，设置"模糊度"为0.0；将时间线滑动到第1秒25帧位置，设置"模糊度"为1000.0；将时间线滑动到第2秒13帧位置，设置"模糊度"为1000.0；将时间线滑动到第3秒8帧位置，设置"模糊度"为0.0；将时间线滑动到第3秒29帧位置，设置"模糊度"为0.0，如图5-278所示。

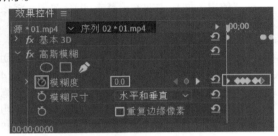

图 5-278

在"效果"面板中搜索"径向阴影"效果，将该效果拖动到V3轨道的01.mp4素材上。在"效果控件"面板中展开"径向阴影"，设置"不透明度"为30.0%，"投影距离"为1.0，"柔和度"为30.0，如图5-279所示。

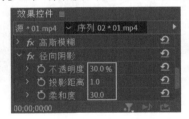

图 5-279

滑动时间线查看画面效果如图5-280所示。

图 5-280

第4步 制作文字部分。

执行"文件"/"新建"/"旧版标题"命令，然后在弹出的"新建字幕"对话框中单击"确定"按钮。

此时进入"字幕"面板，❶ 在"字幕-字幕01"面板中选择T（文字工具）；❷ 在工作区域底部的合适位置输入文字内容；❸ 设置"对齐方式"为≡（左对齐）；❹ 设置合适的"字体系列"和"字体样式"，设置"字体大小"为80.0，"颜色"为白色，如图5-281所示。

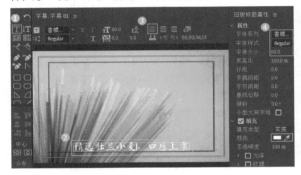

图 5-281

将时间线滑动到第5秒5帧位置，接着在"项目"面板中将字幕01拖动到"时间轴"面板的V4轨道上，如图5-282所示。

图 5-282

至此本案例制作完成，滑动时间线，效果如图5-283所示。

图 5-283

第5章

超乎想象的视频效果

调 色

PART

6

第6章

色调是很重要的设计语言，通过色调可以表现图片的不同情感。例如，青绿色调能够让人感觉清爽、活泼，而红棕色调则能够让人感觉复古、厚重。Premiere Pro 有着强大的调色功能，有 20 余种调色效果供用户选择。调色既是理性的，也是感性的，理性在于要充分熟悉每个调色命令的不同特点，针对不同的情况选择不同的调色命令；感性在于每个人对色彩感觉是不同的。调色既要"矫正"画面中不合理的色彩，又要根据画面的内容制作符合其风格的色调。

本章关键词

- 图像控制
- 颜色校正

6.1 调色基础操作

Premiere Pro 有着十分强大的调色功能，不仅有几十种调色命令可供使用，还可以结合图层混合模式等功能实现画面色彩的改变。

本节将讲解调色命令的使用，通过学习这些调色命令，能够矫正画面偏色、曝光问题，如画面明度过暗或过亮（见图 6-1）、偏红或偏绿（见图 6-2）、色彩不够鲜艳（见图 6-3）等。

图 6-1

图 6-2

图 6-3

另外，还可以使用这些命令打造不同色彩风格的照片，如常见的复古风、电影色调、小清新色调等，如图 6-4 至图 6-7 所示。

图 6-4

图 6-5

图 6-6　　　　　图 6-7

6.1.1 认识调色

在"效果"面板中，展开"视频效果"，其中"图像控制""过时""颜色校正"效果组都可以对图像进行调色，如图 6-8 所示。

图 6-8

6.1.2 图像控制

图像控制类效果通过调整参数来改变素材的色彩，该类效果包括"图像控制"效果组和"过时"效果组中的 Color Balance 效果，如图 6-9 所示。

图 6-9

1. Gamma Correction（灰度系数校正）

功能概述：

"Gamma Correction"（灰度系数校正）效果通过设置合适的灰度系数值使画面变亮或变暗。

操作步骤：

第1步 打开素材。

将任意一张图片素材导入"时间轴"面板中，此时画面效果如图 6-10 所示。

图 6-10

第2步 添加"Gamma Correction"（灰度系数校正）效果。

❶ 在"效果"面板中搜索"Gamma Correction"（灰度系数校正）效果；❷ 将该效果拖动到"时间轴"面板的 V1 轨道上的 1 素材上，如图 6-11 所示。

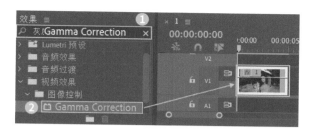

图 6-11

第3步 设置参数。

❶ 在"效果控件"面板中展开"Gamma Correction"；❷ 设置合适的参数，如图 6-12 所示。

图 6-12

此时画面前后对比效果如图 6-13 所示。

图 6-13

2. Color Balance（颜色平衡）

功能概述：

"Color Balance（RGB）"效果通过调整素材的红色、绿色和蓝色的参数来调整画面色调。

操作步骤：

第1步 打开素材。

将任意一张图片素材导入"时间轴"面板中，此时画面效果如图 6-14 所示。

图 6-14

第2步 添加 "Color Balance（RGB）" 效果。

❶ 在 "效果" 面板中搜索 "Color Balance（RGB）" 颜色平衡（RGB）效果；❷ 将该效果拖动到 "时间轴" 面板 V1 轨道的 1 素材上，如图 6-15 所示。

图 6-15

第3步 设置参数。

❶ 在 "效果控件" 面板中，展开 "Color Balance（RGB）"；❷ 设置合适的参数，如图 6-16 所示。

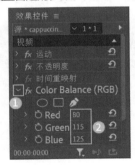

图 6-16

此时画面前后对比效果如图 6-17 所示。

图 6-17

3. Color Replace（颜色替换）

功能概述：

"Color Replace"（颜色替换）效果可以将素材中的某一种颜色替换为其他颜色。

操作步骤：

第1步 打开素材。

将任意一张图片素材导入 "时间轴" 面板中，此时画面效果如图 6-18 所示。

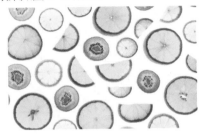

图 6-18

第2步 添加 "Color Replace"（颜色替换）效果。

❶ 在 "效果" 面板中搜索 "Color Replace"（颜色替换）效果；❷ 将该效果拖动到 "时间轴" 面板中 V1 轨道的 1 素材上，如图 6-19 所示。

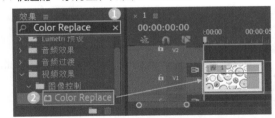

图 6-19

第3步 设置参数。

❶ 在 "效果控件" 面板中，展开 "Color Replace"（颜色替换）；❷ 设置合适的参数，如图 6-20 所示。

图 6-20

此时画面前后对比效果如图 6-21 所示。

图 6-21

4. Color Pass（颜色过滤）

功能概述：

"Color Pass"（颜色过滤）效果可以将指定素材中的某一颜色保留，将其他颜色变为黑白。

操作步骤：

第1步 打开素材。

将任意一张图片素材导入"时间轴"面板中，此时画面效果如图 6-22 所示。

图 6-22

第2步 添加"Color Pass"（颜色过滤）效果。

❶ 在"效果"面板中搜索"Color Pass"（颜色过滤）效果；❷ 将该效果拖动到"时间轴"面板中 V1 轨道的 1 素材上，如图 6-23 所示。

图 6-23

第3步 设置参数。

❶ 在"效果控件"面板中，展开"Color Pass"（颜色过滤）；❷ 设置合适的参数，如图 6-24 所示。

图 6-24

此时画面前后对比效果如图 6-25 所示。

图 6-25

5.黑白

功能概述：

"黑白"效果可以将素材的彩色效果转换为黑白效果。

操作步骤：

第1步 打开素材。

将任意一张图片素材导入"时间轴"面板中，此时画面效果如图 6-26 所示。

图 6-26

第2步 添加"黑白"效果。

❶ 在"效果"面板中搜索"黑白"效果；❷ 将该效果拖动到"时间轴"面板中 V1 轨道的 1 素材上，如图 6-27 所示。

图 6-27

此时画面前后对比效果如图 6-28 所示。

图 6-28

6.1.3 过时

过时类效果可以对素材进行颜色校正，该效果组如图 6-29 所示。

图 6-29

1.RGB曲线

功能概述：

"RGB 曲线"效果通过调整各个通道的曲线来改变画面的亮度及颜色。

操作步骤：

第1步 打开素材。

将任意一张图片素材导入"时间轴"面板中，此时画面效果如图 6-30 所示。

图 6-30

第2步 添加"RGB 曲线"效果。

❶ 在"效果"面板中搜索"RGB 曲线"效果；❷ 将该效果拖动到"时间轴"面板中 V1 轨道的 1 素材上，如图 6-31 所示。

图 6-31

第3步 设置参数。

在"效果控件"面板中展开"RGB 曲线"，调整合适的曲线，如图 6-32 所示。

图 6-32

此时画面前后对比效果如图 6-33 所示。

图 6-33

2.RGB颜色校正器

功能概述：

"RGB 颜色校正器"效果可以通过调整素材的红色、绿色、蓝色的灰度系数、基值、增益数值来调整画面的颜色变化。

操作步骤：

第1步 打开素材。

将任意一张图片素材导入"时间轴"面板中，此时画面效果如图 6-34 所示。

图 6-34

第2步 添加 "RGB 颜色校正器"效果。

❶ 在"效果"面板中搜索"RGB 颜色校正器"效果；❷ 将该效果拖动到"时间轴"面板中 V1 轨道的 1素材上，如图 6-35 所示。

图 6-35

第3步 设置参数。

在"效果控件"面板中展开"RGB 颜色校正器"，设置合适的参数，如图 6-36 所示。

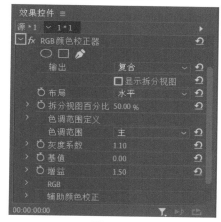

图 6-36

此时画面效果如图 6-37 所示。

图 6-37

3.三向颜色校正器

功能概述：

"三向颜色校正器"通过调整素材的阴影、高光和中间调部分来调整画面的色调。

操作步骤：

第1步 打开素材。

将任意一张图片素材导入"时间轴"面板中，此时画面效果如图 6-38 所示。

第2步 添加"三向颜色校正器"效果。

❶ 在"效果"面板中搜索"三向颜色校正器"效果，❷将该效果拖动到"时间轴"面板中 V1 轨道的 1素材上，如图 6-39 所示。

图 6-38

图 6-39

第3步 设置参数。

在"效果控件"面板中展开"三向颜色校正器"，设置合适的参数，如图 6-40 所示。

图 6-40

此时画面前后对比效果如图 6-41 所示。

图 6-41

4.亮度曲线

功能概述：

"亮度曲线"效果通过调节合适的曲线来调整画面的明暗。

操作步骤：

第1步 打开素材。

将任意一张图片素材导入"时间轴"面板中，此时画面效果如图 6-42 所示。

图 6-42

第2步 添加"亮度曲线"效果。

❶ 在"效果"面板中搜索"亮度曲线"效果；❷ 将该效果拖动到"时间轴"面板中V1轨道的1素材上，如图 6-43 所示。

图 6-43

第3步 设置参数。

在"效果控件"面板中展开"亮度曲线"，调整曲线，如图 6-44 所示。

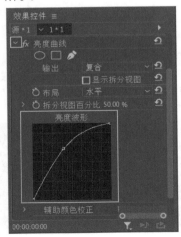

图 6-44

此时画面效果如图 6-45 所示。

图 6-45

5.亮度校正器

功能概述：

"亮度校正器"效果通过单独调整素材的亮度和对比度，从而调整画面颜色。

操作步骤：

第1步 打开素材。

将任意一张图片素材导入"时间轴"面板中，此时画面效果如图 6-46 所示。

图 6-46

第2步 添加"亮度校正器"效果。

❶ 在"效果"面板中搜索"亮度校正器"效果；❷将该效果拖动到"时间轴"面板中V1轨道的1素材上，如图 6-47 所示。

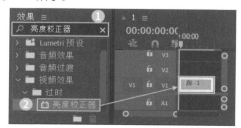

图 6-47

第3步 设置参数。

在"效果控件"面板中展开"亮度校正器"，设置合适的参数，如图 6-48 所示。

图 6-48

此时画面效果如图 6-49 所示。

图 6-49

6.快速颜色校正器

功能概述：

"快速颜色校正器"效果可以使用色相与饱和度来调整素材颜色，同时可以使用色阶调整阴影、中间值和高光部分来调整画面颜色。

操作步骤：

第1步 打开素材。

将任意一张图片素材导入"时间轴"面板中，此时画面效果如图 6-50 所示。

第2步 添加"快速颜色校正器"效果。

❶ 在"效果"面板中搜索"快速颜色校正器"效果；❷将该效果拖动到"时间轴"面板中V1轨道的1素材上，如图 6-51 所示。

图 6-50

图 6-51

第3步 设置参数。

在"效果控件"面板中展开"快速颜色校正器"，设置合适的参数，如图 6-52 所示。

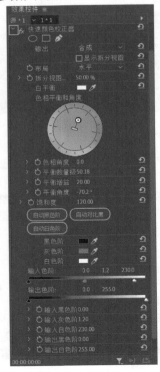

图 6-52

此时画面效果如图 6-53 所示。

图 6-53

7. 自动对比度

功能概述：

"自动对比度"用于自动校正调整画面的对比度。

操作步骤：

第1步 打开素材。

将任意一张图片素材导入"时间轴"面板中，此时画面效果如图 6-54 所示。

图 6-54

第2步 添加"自动对比度"效果。

❶ 在"效果"面板中搜索"自动对比度"效果；❷ 将该效果拖动到"时间轴"面板中 V1 轨道的 1 素材上，如图 6-55 所示。

图 6-55

第3步 设置参数。

在"效果控件"面板中展开"自动对比度",设置合适的参数,如图 6-56 所示。

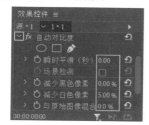

图 6-56

此时画面效果如图 6-57 所示。

图 6-57

8.自动色阶

功能概述:

"自动色阶"用于自动校正调整画面的色阶。

操作步骤:

第1步 打开素材。

将任意一张图片素材导入"时间轴"面板中,此时画面效果如图 6-58 所示。

图 6-58

第2步 添加"自动色阶"效果。

① 在"效果"面板中搜索"自动色阶"效果;
② 将该效果拖动到"时间轴"面板中 V1 轨道的 1 素材上,如图 6-59 所示。

图 6-59

第3步 设置参数。

在"效果控件"面板中展开"自动色阶",设置合适的参数,如图 6-60 所示。

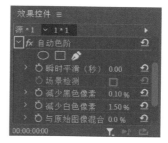

图 6-60

此时画面效果如图 6-61 所示。

图 6-61

9.自动颜色

功能概述:

"自动颜色"用于自动校正调整画面的颜色。

操作步骤：

第1步 打开素材。

将任意一张图片素材导入"时间轴"面板中，此时画面效果如图 6-62 所示。

图 6-62

第2步 添加"自动颜色"效果。

❶ 在"效果"面板中搜索"自动颜色"效果；❷ 将该效果拖动到"时间轴"面板中V1轨道的1素材上，如图 6-63 所示。

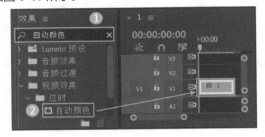

图 6-63

第3步 设置参数。

在"效果控件"面板中展开"自动颜色"，设置合适的参数，如图 6-64 所示。

图 6-64

此时画面效果如图 6-65 所示。

图 6-65

10.阴影/高光

功能概述：

"阴影 / 高光"通过自动或手动调整素材阴影和高光区域，使其变亮或变暗，从而丰富图像细节。

操作步骤：

第1步 打开素材。

将任意一张图片素材导入"时间轴"面板中，此时画面效果如图 6-66 所示。

图 6-66

第2步 添加"阴影 / 高光"效果。

❶ 在"效果"面板中搜索"阴影 / 高光"效果；❷ 将该效果拖动到"时间轴"面板中V1轨道的1素材上，如图 6-67 所示。

图 6-67

第3步 设置参数。

在"效果控件"面板中展开"阴影 / 高光"，设置合适的参数，如图 6-68 所示。

图 6-68

此时画面效果如图 6-69 所示。

图 6-69

6.1.4　颜色校正

颜色校正类效果主要用于调整和校正画面颜色，该类效果包括颜色校正效果组和过时效果组的一些效果，如图 6-70 所示。

图 6-70

1.Brightness & Contrast

功能概述：

"Brightness & Contrast"效果通过调整素材的亮度和对比度来调整画面颜色。

操作步骤：

第1步 打开素材。

将任意一张图片素材导入"时间轴"面板中，此时画面效果如图 6-71 所示。

图 6-71

第2步 添加"Brightness & Contrast"效果。

① 在"效果"面板中搜索"Brightness & Contrast"效果；② 将该效果拖动到"时间轴"面板中 V1 轨道的 1 素材上，如图 6-72 所示。

图 6-72

第3步 设置参数。

在"效果控件"面板中展开"Brightness & Contrast"，设置合适的参数，如图 6-73 所示。

图 6-73

此时画面前后对比效果如图 6-74 所示。

图 6-74

2.Lumetri 颜色

功能概述：

"Lumetri 颜色"是比较强大的调色效果。在"基本校正"中可以校正和还原素材颜色，调整素材的色调；在"创意"中可以调整素材的颜色，而且在内置的 Look 中含有大量预设，可以快速进行风格化套色。通过调整 HLS 参数可以为素材进行二级调色和调整素材的局部颜色；另外，还可以通过调整晕影为素材边缘添加逐渐淡出的效果。

操作步骤：

第1步 打开素材。

将任意一张图片素材导入"时间轴"面板中，此时画面效果如图 6-75 所示。

图 6-75

第2步 添加"Lumetri 颜色"效果。

❶ 在"效果"面板中搜索"Lumetri 颜色"效果；❷ 将该效果拖动到"时间轴"面板中 V1 轨道的 1 素材上，如图 6-76 所示。

图 6-76

第3步 设置参数。

在"效果控件"面板中展开"Lumetri 颜色"，设置合适的参数，如图 6-77 所示。

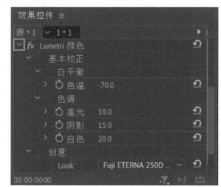

图 6-77

此时画面效果如图 6-78 所示。

图 6-78

🔧 小技巧

"Lumetri 颜色"效果是 Premiere Pro 中最为重要的调色效果之一，该效果的参数很多，因此可调性非常强。熟练掌握该效果，对视频的调色有极大的帮助。

3.保留颜色

功能概述：

"保留颜色"效果通过保留指定的颜色，然后调整脱色量降低其他颜色饱和度。

操作步骤：

第1步 打开素材。

将任意一张图片素材导入"时间轴"面板中，此时画面效果如图 6-79 所示。

图 6-79

第2步 添加 "保留颜色" 效果。

① 在 "效果" 面板中搜索 "保留颜色" 效果；
② 将该效果拖动到 "时间轴" 面板中 V1 轨道的 1 素材上，如图 6-80 所示。

图 6-80

第3步 设置参数。

在 "效果控件" 面板中展开 "保留颜色"，设置合适的参数，如图 6-81 所示。

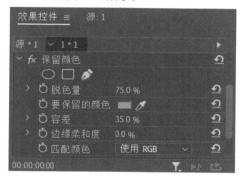

图 6-81

此时画面效果如图 6-82 所示。

图 6-82

4.均衡

功能概述：

"均衡" 效果通过设置均衡的 RGB、亮度和 Photoshop 样式来自动调整素材画面颜色。

操作步骤：

第1步 打开素材。

将任意一张图片素材导入 "时间轴" 面板中，此时画面效果如图 6-83 所示。

图 6-83

第2步 添加 "均衡" 效果。

① 在 "效果" 面板中搜索 "均衡" 效果；② 将该效果拖动到 "时间轴" 面板中 V1 轨道的 1 素材上，如图 6-84 所示。

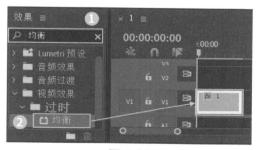

图 6-84

第3步 设置参数。

在"效果控件"面板中展开"均衡"，设置合适的参数，如图 6-85 所示。

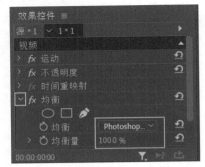

图 6-85

此时画面效果如图 6-86 所示。

图 6-86

5.更改为颜色

功能概述：

"更改为颜色"效果通过调整 HLS 参数将画面中的一种颜色更改为另一种颜色。

操作步骤：

第1步 打开素材。

将任意一张图片素材导入"时间轴"面板中，此时画面效果如图 6-87 所示。

图 6-87

第2步 添加"更改为颜色"效果。

① 在"效果"面板中搜索"更改为颜色"效果；②将该效果拖动到"时间轴"面板中V1轨道的1素材上，如图 6-88 所示。

图 6-88

第3步 设置参数。

在"效果控件"面板中展开"更改为颜色"，设置合适的参数，如图 6-89 所示。

图 6-89

此时画面效果如图 6-90 所示。

图 6-90

6.更改颜色

功能概述：

"更改颜色"效果可以将素材中指定的颜色通过调整参数更改为其他颜色。

操作步骤：

第1步 打开素材。

将任意一张图片素材导入"时间轴"面板中，此时画面效果如图 6-91 所示。

图 6-91

第2步 添加"更改颜色"效果。

❶ 在"效果"面板中搜索"更改颜色"效果；❷ 将该效果拖动到"时间轴"面板中 V1 轨道的 1 素材上，如图 6-92 所示。

图 6-92

第3步 设置参数。

在"效果控件"面板中展开"更改颜色"，设置合适的参数，如图 6-93 所示。

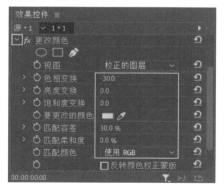

图 6-93

此时画面效果如图 6-94 所示。

图 6-94

7.色彩

功能概述：

"色彩"效果通过为素材亮部区域和暗部区域设置合适的颜色，从而为素材重新着色。

操作步骤：

第1步 打开素材。

将任意一张图片素材导入"时间轴"面板中，此时画面效果如图 6-95 所示。

图 6-95

第2步 添加"色彩"效果。

❶ 在"效果"面板中搜索"色彩"效果；❷ 将该效果拖动到"时间轴"面板中 V1 轨道的 1 素材上，如图 6-96 所示。

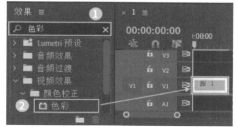

图 6-96

第3步 设置参数。

在"效果控件"面板中展开"色彩"，设置合适的参数，如图 6-97 所示。

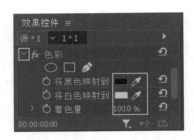

图 6-97

此时画面效果如图 6-98 所示。

图 6-98

8.通道混合器

功能概述：

"通道混合器"效果可以指定调整某一通道的颜色来更改画面颜色。当启用"单色"选项时，可以将素材画面变为只有黑白的单色图像。

操作步骤：

第1步 打开素材。

将任意一张图片素材导入"时间轴"面板中，此时画面效果如图 6-99 所示。

图 6-99

第2步 添加"通道混合器"效果。

❶ 在"效果"面板中搜索"通道混合器"效果；
❷将该效果拖动到"时间轴"面板中V1轨道的1素材上，

如图 6-100 所示。

图 6-100

第3步 设置参数。

在"效果控件"面板中展开"通道混合器"，设置合适的参数，如图 6-101 所示。

图 6-101

此时画面效果如图 6-102 所示。

图 6-102

9.颜色平衡

功能概述：

"颜色平衡"效果通过调整素材阴影、中间调和高光区域的颜色，从而更改素材的颜色。

操作步骤：

第1步 打开素材。

将任意一张图片素材导入"时间轴"面板中，此时画面效果如图 6-103 所示。

图 6-103

第2步 添加"颜色平衡"效果。

① 在"效果"面板中搜索"颜色平衡"效果；② 将该效果拖动到"时间轴"面板中V1轨道的1素材上，如图 6-104 所示。

图 6-104

第3步 设置参数。

在"效果控件"面板中展开"颜色平衡"，设置合适的参数，如图 6-105 所示。

图 6-105

此时画面效果如图 6-106 所示。

图 6-106

10.颜色平衡（HLS）

功能概述：

"颜色平衡（HLS）"效果通过调整素材的色相、亮度及饱和度来更改画面颜色。

操作步骤：

第1步 打开素材。

将任意一张图片素材导入"时间轴"面板中，此时画面效果如图 6-107 所示。

图 6-107

第2步 添加"颜色平衡 (HLS)"效果。

① 在"效果"面板中搜索"颜色平衡 (HLS)"效果；② 将该效果拖动到"时间轴"面板中V1轨道的1素材上，如图 6-108 所示。

图 6-108

第3步 设置参数。
❶ 在"效果控件"面板中展开"颜色平衡（HLS）"；
❷ 设置合适的参数，如图6-109所示。

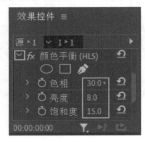

图 6-109

此时画面效果如图6-110所示。

图 6-110

6.2 视频调色案例应用

6.2.1 案例：制作常用电影色调

扫一扫，看视频

核心技术："Lumetri 颜色"。
案例解析：本案例使用"Lumetri 颜色"效果调整颜色、对比度和光照，制作常用电影色调，效果如图6-111所示。

图 6-111

操作步骤：

第1步 新建项目、序列，导入素材。

执行"文件"/"新建"/"项目"命令，新建项目。执行"文件"/"新建"/"序列"命令，在"新建序列"对话框中单击"设置"按钮，设置"编辑模式"为 ARRI Cinema，"时基"为 29.97 帧/秒，"帧大小"为 1920、1080，"像素长宽比"为"方形像素（1.0）"，"场"为"无场（逐行扫描）"。执行"文件"/"导入"命令，导入 01.mp4 素材。在"项目"面板中将 01.mp4 素材拖动到"时间轴"面板中的 V1 轨道上，如图 6-112 所示。

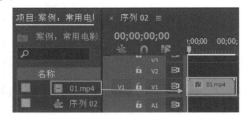

图 6-112

在弹出的"剪辑不匹配警告"提示框中单击"保持现有设置"按钮，如图6-113所示。

图 6-113

此时画面效果如图6-114所示。

图 6-114

第2步 调整画面颜色。

❶ 在"效果"面板中搜索"Lumetri 颜色"效果；❷ 将该效果拖动到 V1 轨道的 01.mp4 素材上，如图 6-115 所示。

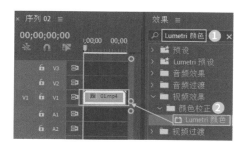

图 6-115

在"效果控件"面板中展开"Lumetri 颜色" / "基本校正" / "色调"，设置"对比度"为 -75.0，"高光"为45.0，"阴影"为 -15.0，"黑色"为 10.0，如图 6-116 所示。

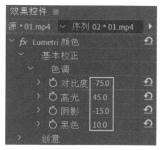

图 6-116

展开"创意" / "调整"，❶ 设置"自然饱和度"为20.0；❷ 将"阴影色彩"的控制点向右下方拖动，接着将"高光色彩"的控制点向左上方拖动，如图 6-117 所示。

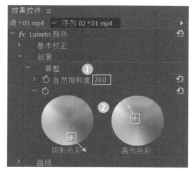

图 6-117

此时画面效果如图 6-118 所示。

图 6-118

展开"曲线" / "RGB 曲线"，❶ 将"通道"设置为 RGB 通道，将右上角控制点向左水平拖动，将左下角控制点向右水平拖动；❷ 将"通道"设置为绿色，将左下角控制点向右水平拖动；❸ 将"通道"设置为蓝色，将左下角控制点向上垂直拖动，将将右上角控制点向下垂直拖动，如图 6-119 所示。

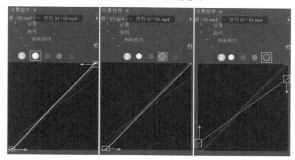

图 6-119

展开"色轮和匹配"，将阴影的控制点向下拖动，如图 6-120 所示。

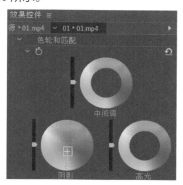

图 6-120

此时本案例制作完成，滑动时间线，效果如图 6-121 所示。

图 6-121

6.2.2 案例：打造经典复古色调

扫一扫，看视频

核心技术："Lumetri 颜色"。

案例解析：本案例使用"Lumetri 颜色"效果调整视频颜色、对比度和光照，为视频打造经典复古色调，效果如图 6-122 所示。

图 6-122

操作步骤：

第1步 新建项目、序列。

执行"文件"/"新建"/"项目"命令，新建一个项目。执行"文件"/"新建"/"序列"命令，在"新建序列"对话框中单击"设置"按钮，设置"编辑模式"为 ARRI Cinema，"时基"为 29.97 帧 / 秒，"帧大小"为 1920、1080，"像素长宽比"为"方形像素（1.0）"，"场"为"无场（逐行扫描）"。执行"文件"/"导入"命令，导入 01.mp4 素材。在"项目"面板中将 01.mp4 素材拖动到"时间轴"面板的 V1 轨道上，如图 6-123 所示。

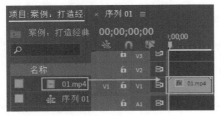

图 6-123

此时画面效果如图 6-124 所示。

图 6-124

第2步 调整画面颜色。

❶ 在"效果"面板中搜索"Lumetri 颜色"效果；❷ 将该效果拖动到 V1 轨道的 01.mp4 素材上，如图 6-125 所示。

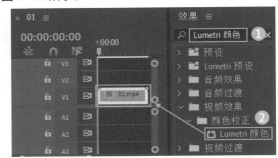

图 6-125

在"效果控件"面板中展开"Lumetri 颜色"/"基本校正"/"色调"，设置"对比度"为 30.0，"高光"为 -20.0，"阴影"为 -20.0，如图 6-126 所示。

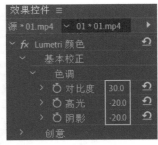

图 6-126

展开"创意"/"调整"，❶ 设置"锐化"为 -20.0，"自然饱和度"为 30.0，"饱和度"为 80.0；❷ 将"阴影色彩"的控制点向左上方拖动；❸ 将"高光色彩"的控制点向上方拖动，如图 6-127 所示。

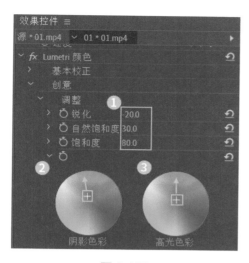

图 6-127

此时画面效果如图 6-128 所示。

图 6-128

展开"曲线"/"RGB 曲线"，❶ 将"通道"设置为 RGB 通道，在曲线上单击添加 2 个控制点，并将左下角的控制点向上垂直拖动，调整合适的曲线形状；❷ 设置"通道"为红色，在红色曲线上单击添加 2 个控制点，并将左下角的控制点向上垂直拖动，调整合适的曲线形状，减少画面中红色数量；❸ 将"通道"设置为绿色，在绿色曲线上单击添加 1 个控制点，并将左下角的控制点向右水平拖动，将右上角的控制点向下垂直拖动，调整合适的曲线形状；❹ 将"通道"设置为蓝色，在红色曲线上单击添加 2 个控制点，并将左下角的控制点向上垂直拖动，调整合适的曲线形状，如图 6-129 所示。

展开"色相饱和度曲线"/"色相与饱和度"，在曲线上单击添加控制点，调整曲线形状，如图 6-130 所示。

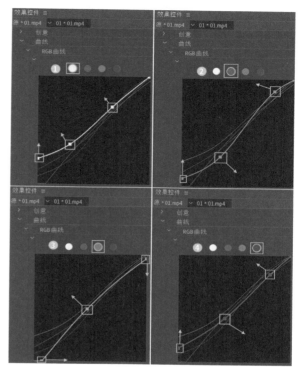

图 6-129

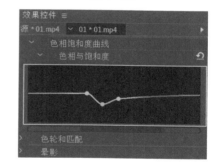

图 6-130

此时画面效果如图 6-131 所示。

图 6-131

展开"色轮和匹配"，将"中间调"控制点向上拖动，将"阴影"与"高光"的控制点适当向左上方拖动，如图 6-132 所示。

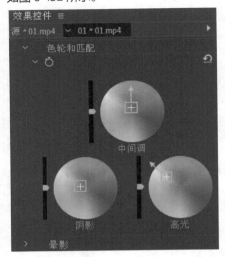

图 6-132

展开"晕影"，设置"数量"为 -5.0，"中点"为 75.0，"羽化"为 35.0，如图 6-133 所示。

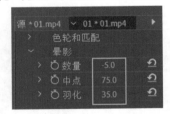

图 6-133

此时本案例制作完成，滑动时间线，效果如图 6-134 所示。

图 6-134

6.2.3 案例：仅保留松鼠的颜色

扫一扫，看视频

核心技术："保留颜色""Lumetri 颜色"。

案例解析：本案例使用"保留颜色"效果制作保留松鼠颜色的效果，使用"Lumetri 颜色"调整画面颜色，效果如图 6-135 所示。

图 6-135

操作步骤：

第1步 新建项目、序列，导入素材。

执行"文件"/"新建"/"项目"命令，新建一个项目。执行"文件"/"新建"/"序列"命令，在"新建序列"对话框中单击"设置"按钮，设置"编辑模式"为 ARRI Cinema，"时基"为 29.97 帧 / 秒，"帧大小"为 1920、1080，"像素长宽比"为"方形像素（1.0）"，"场"为"无场（逐行扫描）"。执行"文件"/"导入"命令，导入 01.mp4 素材。在"项目"面板中将 01.mp4 素材拖动到"时间轴"面板的 V1 轨道上，如图 6-136 所示。

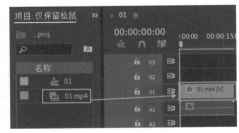

图 6-136

此时画面效果如图 6-137 所示。

图 6-137

第2步 保留颜色并调整画面颜色。

❶ 在"效果"面板中搜索"保留颜色"效果；❷ 将该效果拖动到 V1 轨道的 01.mp4 素材上，如图 6-138 所示。

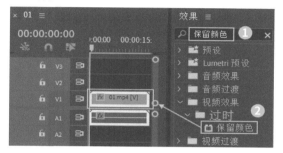

图 6-138

在"效果控件"面板中展开"保留颜色"，设置"脱色量"为 100.0%，"要保留的颜色"为棕色，"容差"为 0.0%，"边缘柔和度"为 2.0%，"匹配颜色"为"使用色相"，如图 6-139 所示。

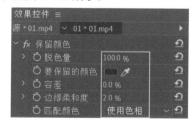

图 6-139

此时画面前后对比效果如图 6-140 所示。

图 6-140

在"效果"面板中搜索"Lumetri 颜色"效果；将该效果拖动到 V1 轨道的 01.mp4 素材上。在"效果控件"面板中展开"Lumetri 颜色"/"基本校正"/"色调"，❶ 设置"曝光"为 1.0，"对比度"为 30.0，"高光"为 -50.0，"黑色"为 -30.0；❷ 展开"晕影"，设置"数量"为 5.0，如图 6-141 所示。

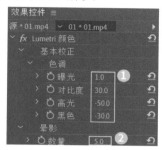

图 6-141

此时本案例制作完成，滑动时间线，效果如图 6-142 所示。

图 6-142

6.2.4 案例：制作冷艳色调

核心技术："Lumetri 颜色"。

案例解析：本案例使用"Lumetri 颜色"效果改变画面色调，使整体色感更加冷艳，效果如图 6-143 所示。

图 6-143

操作步骤：

第1步 新建项目、序列，导入素材。

执行"文件"/"新建"/"项目"命令，新建一个项目。执行"文件"/"新建"/"序列"命令，在"新建序列"对话框中单击"设置"按钮，设置"编辑模式"为 DNxHR 4K，"时基"为 25.00 帧/秒，"像素长宽比"为"方形像素（1.0）"。执行"文件"/"导入"命令，导入 01.mp4 素材。在"项目"面板中将 01.mp4 素材拖动到"时间轴"面板的 V1 轨道上，将配乐 .mp3 素材拖动到 A1 轨道上，如图 6-144 所示。

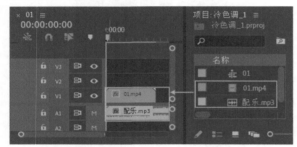

图 6-144

此时画面效果如图 6-145 所示。

图 6-145

第2步 调整画面色调。

在"效果"面板中搜索"Lumetri 颜色"效果；将该效果拖动到 V1 轨道的 01.mp4 素材上。在"效果控件"面板中展开"Lumetri 颜色"/"基本校正"/"白平衡"，❶ 设置"色温"为 -21.1，"色彩"为 13.5，❷ 展开"色调"，设置"对比度"为 49.2，"高光"为 -18.9，"阴影"为 -2.7，"白色"为 -25.4，❸ 设置"饱和度"为 100.5，如图 6-146 所示。

此时画面前后对比效果如图 6-147 所示。

展开"创意"/"调整"，❶ 设置"淡化胶片"为 5.9；❷ 展开"曲线"/"RGB 曲线"，将"通道"设

置为 RGB 通道，在曲线上单击添加 2 个控制点，调整合适的曲线形状，如图 6-148 所示。

图 6-146

图 6-147

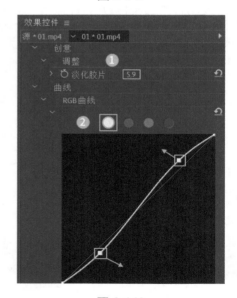

图 6-148

展开"晕影"，设置"数量"为 -0.2，"中点"为 46.5，"圆度"为 0.5，"羽化"为 57.8，如图 6-149 所示。

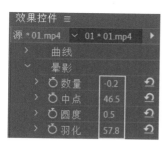

图 6-149

此时本案例制作完成，滑动时间线，效果如图 6-150 所示。

图 6-150

6.2.5 实例：制作奇幻浪漫色调

核心技术："通道混合器"。

案例解析：本案例使用"通道混合器"效果调整画面色相，制作出奇幻浪漫色调，效果如图 6-151 所示。

图 6-151

操作步骤：

第1步 新建项目，导入素材。

执行"文件"/"新建"/"项目"命令，新建一个项目。执行"文件"/"导入"命令，导入全部素材。在"项目"面板中将 01.mp4 素材拖动到"时间轴"面板的 V1 轨道上，此时在"项目"面板中自动生成一个与 01.mp4 素材等大的序列，如图 6-152 所示。

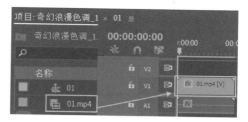

图 6-152

此时画面效果如图 6-153 所示。

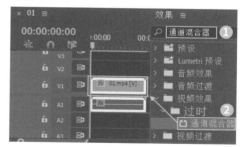

图 6-153

第2步 调整画面颜色。

❶ 在"效果"面板中搜索"通道混合器"效果；❷ 将该效果拖动到 V1 轨道的 01.mp4 素材上，如图 6-154 所示。

图 6-154

在"效果控件"面板中展开"通道混合器"，设置"红色 - 绿色"为 10，"红色 - 蓝色"为 -30，"绿色 - 恒量"为 -5，"蓝色 - 绿色"为 180，如图 6-155 所示。

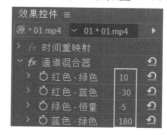

图 6-155

此时本案例制作完成，滑动时间线，效果如图 6-156 所示。

图 6-156

6.2.6 案例：制作唯美小清新色调

扫一扫，看视频

核心技术："Brightness & Contrast""颜色平衡"。

案例解析：本案例使用"Brightness & Contrast""颜色平衡"效果调整画面颜色，制作出小清新色调，效果如图 6-157 所示。

图 6-157

操作步骤：

第1步 新建项目、序列。

执行"文件"/"新建"/"项目"命令，新建一个项目。执行"文件"/"新建"/"序列"命令，在"新建序列"对话框中单击"设置"按钮，设置"编辑模式"为 RED Cinema，"时基"为 25.00 帧 / 秒，"帧大小"为 3840、2160，"像素长宽比"为"方形像素（1.0）"，"场"为"无场（逐行扫描）"。

第2步 导入素材，剪辑视频素材。

执行"文件"/"导入"命令，导入全部素材。在"项目"面板中将 01.mp4 素材拖动到"时间轴"面板的 V1 轨道上；将文字 .png 素材拖动到 V2 轨道上；将配乐 .mp3 素材拖动到 A1 轨道上，如图 6-158 所示。

图 6-158

此时画面效果如图 6-159 所示。

图 6-159

在"时间轴"面板中选择 V1 轨道的 01.mp4 素材，❶ 单击工具箱中的 ◆（剃刀工具）按钮，然后将时间线滑动到第 10 秒位置；❷ 单击剪辑 01.mp4 素材，如图 6-160 所示。

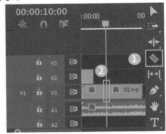

图 6-160

单击工具箱中的 ▶（选择工具）按钮，在"时间轴"面板中选中剪辑后的 01.mp4 素材的后半部分，接着按 Delete 键删除，如图 6-161 所示。

图 6-161

第3步 调整画面颜色。

❶ 在 "效果" 面板中搜索 "Brightness & Contrast" 效果；❷ 将该效果拖动到 V1 轨道的 01.mp4 素材上，如图 6-162 所示。

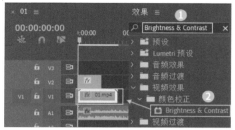

图 6-162

在 "效果控件" 面板中展开 "Brightness & Contrast"，设置 "亮度" 为 50.0，"对比度" 为 -30.0，如图 6-163 所示。

图 6-163

此时画面效果如图 6-164 所示。

图 6-164

❶ 在 "效果" 面板中搜索 "颜色平衡" 效果；❷ 将该效果拖动到 V1 轨道的 01.mp4 素材上，如图 6-165 所示。

图 6-165

在 "效果控件" 面板中展开 "颜色平衡"，设置 "阴影红色平衡" 为 -30.0，"阴影绿色平衡" 为 -10.0，"阴影蓝色平衡" 为 40.0，"中间调红色平衡" 为 -20.0，如图 6-166 所示。

图 6-166

此时画面效果如图 6-167 所示。

图 6-167

第3步 文字动画效果。

在 "时间轴" 面板中选择 V2 轨道的文字 .png 素材，设置起始时间为第 4 秒，结束时间为第 10 秒，与 01.mp4 素材结束时间对齐，如图 6-168 所示。

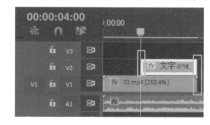

图 6-168

选中文字 .png 素材，在 "效果控件" 面板中展开 "运动"，❶ 将时间线滑动到第 4 秒位置，单击 "位置" 前方的 ⏱（切换动画）按钮，设置 "位置" 为（1920.0，2500.0）；接着将时间线滑动到第 7 秒位置，设置 "位置" 为（1920.0，1080.0）；❷ 设置 "缩放" 为 150.0，如图 6-169 所示。

图 6-169

在"效果控件"面板中展开"不透明度"，将时间线滑动到第 5 秒位置，单击"不透明度"前方的 📷（切换动画）按钮，设置"不透明度"为 0.0%；接着将时间线滑动到第 6 秒位置，设置"不透明度"为 100.0%，如图 6-170 所示。

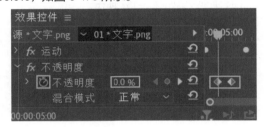

图 6-170

此时本案例制作完成，滑动时间线，效果如图 6-171 所示。

图 6-171

6.2.7　案例：校正偏暗的视频色调

扫一扫，看视频

核心技术："阴影 / 高光""颜色平衡（HLS）""Brightness & Contrast"。

案例解析：本案例使用"阴影 / 高光""颜色平衡（HLS）""Brightness & Contrast"效果调整画面颜色，校正偏暗的视频色调，前后对比效果如图 6-172 所示。

图 6-172

操作步骤：

`第1步` 新建项目、序列，导入素材。

执行"文件"/"新建"/"项目"命令，新建一个项目。执行"文件"/"新建"/"序列"命令，在"新建序列"对话框中单击"设置"按钮，设置"编辑模式"为 RED Cinema，"时基"为 23.976 帧 / 秒，"帧大小"为 3840、2160，"像素长宽比"为"方形像素（1.0）"，"场"为"无场（逐行扫描）"。执行"文件"/"导入"命令，导入 01.mp4 素材。在"项目"面板中将01.mp4 素材拖动到"时间轴"面板的 V1 轨道上，如图 6-173 所示。

图 6-173

此时画面效果如图 6-174 所示。

图 6-174

`第2步` 调整画面颜色。

❶ 在"效果"面板中搜索"阴影 / 高光"效果；❷ 将该效果拖动到 V1 轨道的调整图层上，如图 6-175 所示。

在"效果控件"面板中展开"阴影 / 高光"，取消勾选"自动数量"复选框，设置"阴影数量"为 10，如图 6-176 所示。

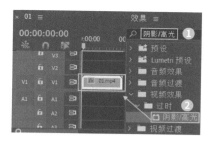

图 6-175

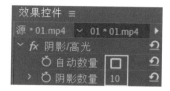

图 6-176

此时画面前后对比效果如图 6-177 所示。

图 6-177

在"效果"面板中搜索"Brightness & Contrast"效果，将该效果拖动到 V1 轨道的 01.mp4 素材上。在"效果控件"面板中展开"Brightness & Contrast"，设置"亮度"为 5.0，"对比度"为 20.0，如图 6-178 所示。

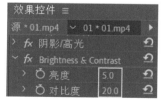

图 6-178

此时画面前后对比效果如图 6-179 所示。

图 6-179

在"效果"面板中搜索"颜色平衡（HLS）"效果，将该效果拖动到 V1 轨道的 01.mp4 素材上。在"效果控件"面板中展开"颜色平衡（HLS）"，设置"色相"为 -10.0，"饱和度"为 15.0，如图 6-180 所示。

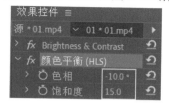

图 6-180

此时本案例制作完成，滑动时间线，效果如图 6-181 所示。

图 6-181

6.2.8　案例：校正偏色的视频色调

核心技术："自动色阶""三向颜色校正器""颜色平衡""RGB 曲线""阴影 / 高光"。

案例解析：本案例使用"自动色阶""三向颜色校正器""颜色平衡""RGB 曲线""阴影 / 高光"效果调整画面的亮度与色相，校正偏色的视频色调，前后对比效果如图 6-182 所示。

图 6-182

操作步骤：

第1步　新建项目、序列，导入素材。

执行"文件"/"新建"/"项目"命令，新建一个项目。执行"文件"/"新建"/"序列"命令，在"新建序列"对话框中单击"设置"按钮，设置"编辑模式"为 ARRI Cinema，"时基"为 29.97 帧 / 秒，"帧大小"为 1920、1080，"像素长宽比"为"方形像素

（1.0）"，"场"为"无场（逐行扫描）"。执行"文件"/"导入"命令，导入 01.mp4 素材。在"项目"面板中将 01.mp4 素材拖动到"时间轴"面板的 V1 轨道上，如图 6-183 所示。

图 6-183

此时画面效果如图 6-184 所示。

图 6-184

第2步 调整画面颜色。

❶ 在"效果"面板中搜索"自动色阶"效果；❷ 将该效果拖动到 V1 轨道的 01.mp4 素材上，如图 6-185 所示。

图 6-185

此时画面效果如图 6-186 所示。

图 6-186

在"效果"面板中搜索"三向颜色校正器"效果，将该效果拖动到 V1 轨道的 01.mp4 素材上。在"时间轴"面板中选择 V1 轨道的 01.mp4 素材，在"效果控件"面板中展开"三向颜色校正器"/"饱和度"，设置"主饱和度"为 140.0，如图 6-187 所示。

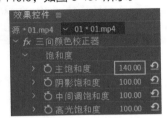

图 6-187

此时画面前后对比效果如图 6-188 所示。

图 6-188

在"效果"面板中搜索"颜色平衡"效果，将该效果拖动到 V1 轨道的 01.mp4 素材上。在"时间轴"面板中选择 V1 轨道的 01.mp4 素材，在"效果控件"面板中展开"颜色平衡"，设置"中间调绿色平衡"为 -10.0，如图 6-189 所示。

图 6-189

在"效果"面板中搜索"RGB 曲线"效果，将该效果拖动到 V1 轨道的 01.mp4 素材上。在"时间轴"面板中选择 V1 轨道的 01.mp4 素材，在"效果控件"面板中展开"RGB 曲线"，❶ 在"主要"通道中，在曲线上单击添加一个控制点并向右下角拖动，接着将左下角的控制点向右水平拖动。提高画面整体亮度；❷ 在"红色"通道中，将右上角的控制点向下垂直拖动，将左下角的控制点向右水平拖动；❸ 在"绿色"通道中，将右上角的控制点向下垂直拖动，将左下角的控制点向右水平拖动。❹ 在"蓝色"通道中，将右上角的控制点向下水平拖动，如图 6-190 所示。

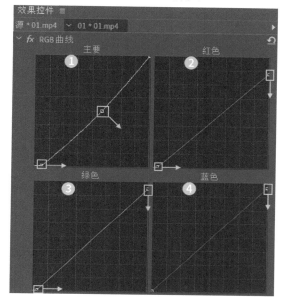

图 6-190

此时画面前后对比效果如图 6-191 所示。

图 6-191

在"效果"面板中搜索"阴影／高光"效果，将该效果拖动到 V1 轨道的 01.mp4 素材上。在"时间轴"面板中选择 V1 轨道的 01.mp4 素材，在"效果控件"面板中展开"阴影／高光"，取消勾选"自动数量"复选框，设置"阴影数量"为 5，如图 6-192 所示。

图 6-192

此时本案例制作完成，滑动时间线，效果如图 6-193 所示。

图 6-193

6.3 调色项目实战：制作艳丽色彩风景色调

核心技术："Lumetri 颜色"。

6.3.1 设计思路

本案例使用"Lumetri 颜色"效果调 扫一扫，看视频 整画面颜色，制作艳丽色彩风景色调，效果如图 6-194 所示。

图 6-194

6.3.2 配色方案

本案例通过将视频调色，使视频色彩艳丽。主色为深蓝色、白色、浅蓝色、深褐色，辅助色为绿色，如图 6-195 所示。

图 6-195

6.3.3 版面构图

本案例采用"分割式"构图，将画面一分为二，常用于风光摄影中，也就是通常所说的"一半天，一半景"，如图 6-196 所示。

图 6-196

6.3.4 操作步骤

第1步 新建项目、序列，导入素材。

执行"文件"/"新建"/"项目"命令，新建一个项目。执行"文件"/"新建"/"序列"命令，在"新建序列"对话框中单击"设置"按钮，设置"编辑模式"为 ARRI Cinema，"时基"为 29.97 帧/秒，"帧大小"为 1920、1080，"像素长宽比"为"方形像素（1.0）"，"场"为"无场（逐行扫描）"。执行"文件"/"导入"命令，导入全部素材。在"项目"面板中将 01.mp4 素材拖动到"时间轴"面板的 V1 轨道上，如图 6-197 所示。

图 6-197

此时画面效果如图 6-198 所示。

图 6-198

第2步 调整画面颜色。

❶ 在"效果"面板中搜索"Lumetri 颜色"效果；❷ 将该效果拖动到 V1 轨道的 01.mp4 素材上，如图 6-199 所示。

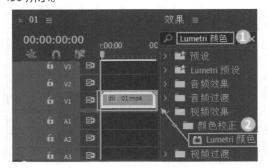

图 6-199

在"效果控件"面板中展开"Lumetri 颜色"/"基本校正"/"色调"，设置"高光"为 60.0，设置"饱和度"为 150.0，如图 6-200 所示。

图 6-200

此时画面效果如图 6-201 所示。

图 6-201

展开"创意"/"调整"，❶ 设置"锐化"为 -10.0，"自然饱和度"为 -20.0，"饱和度"为 130.0；❷ 将"阴影色彩"的控制点向右下方拖动，❸ 将"高光色彩"的控制点向下方垂直拖动，如图 6-202 所示。

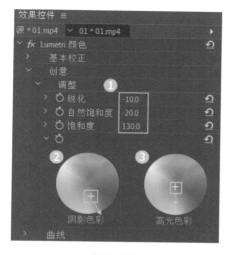

图 6-202

展开"曲线"/"RGB 曲线"，① 将"通道"设置为红色，将右上角控制点向左水平拖动，将左下角控制点向上垂直拖动，添加一个控制点并将其适当调整；② 将"通道"设置为绿色，添加一个控制点并向下垂直拖动，接着继续添加一个控制点并向左上拖动；③ 将"通道"设置为蓝色，将右上角控制点向左水平拖动，添加一个控制点并向右下拖动，接着再次添加一个控制点并向右下拖动，如图 6-203 所示。

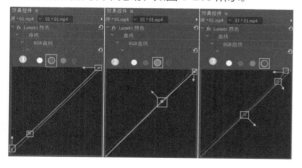

图 6-203

展开"色轮和匹配"，① 将"中间调"的控制点适当地向左上方拖动；② 将"阴影"的控制点适当地向右下方拖动；③ 将"高光"的控制点适当地向左上方拖动，如图 6-204 所示。

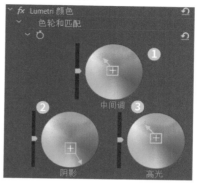

图 6-204

此时本案例制作完成，滑动时间线，效果如图 6-205 所示。

图 6-205

视频转场

第 **7** 章

　　视频转场是让作品添姿增色的重要手段之一，可以让两段视频之间有更具情绪化和氛围感的过渡效果，能够使视频更激进、更柔美、更梦幻。在 Premiere Pro 中，除了通过剪辑视频让转场效果更加直接，还可以在两段视频之间添加"转场"类效果，从而模拟合适的转场效果。

本章关键词

- 3D 运动
- 内滑
- 擦除

7.1 视频过渡效果操作

视频过渡效果可以为素材设置转场过渡效果，从而使素材过渡更具情绪化、故事性，如图7-1所示。

图7-1

7.1.1 认识视频过渡效果

在"效果"面板中展开"视频过渡"，可以看到包括3D Motion(3D 运动)、Dissolve(溶解)、Iris(划像)、Page Peel（页面剥落)、Slide（内滑)、Wipe（擦除)、Zoom（缩放)、内滑、沉浸式视频、溶解共 10 类视频过渡效果组，如图7-2所示。

图7-2

7.1.2 3D Motion（3D 运动）

"3D Motion"（3D 运动）类过渡效果是以二维到三维的方式将相邻的两个素材进行过渡，该效果组如

图7-3所示。

图7-3

常用效果：

● Cube Spin（立方体旋转）

"Cube Spin"（立方体旋转）效果可以将两个相邻的素材以水平或垂直的方向进行立方体旋转过渡。

使用方法：

第1步 将任意两张图片素材导入"时间轴"面板中，如图7-4所示。

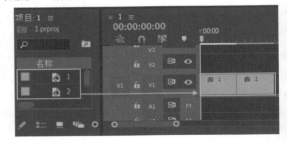

图7-4

第2步 此时滑动时间线，画面效果如图7-5所示。

图7-5

第3步 ❶ 在"效果"面板中搜索"Cube Spin"（立方体旋转）效果；❷ 将其拖动到 V1 轨道上的两个素材之间，如图7-6所示。

图 7-6

　　通常，转场效果可以修改转场时长，单击选择已经添加好的转场效果，并拖动其起始位置或结束位置即可改变时长。另外，也可以单击转场效果，进入"效果控件"面板中设置。

第4步 选中 V1 轨道上的 "Cube Spin"（立方体旋转）效果，在"效果控件"面板中，❶ 设置"持续时间"为 2 秒；❷ 设置"方向"为自北向南，如图 7-7 所示。

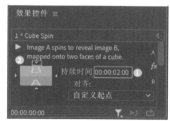

图 7-7

第5步 此时滑动时间线，过渡效果如图 7-8 所示。

图 7-8

- Flip Over（翻转）

　　"Flip Over"（翻转）效果可以将素材沿着中心点以东西或者南北的方向进行翻转以显示相邻的素材，添加效果如图 7-9 所示。

图 7-9

7.1.3 Slide（内滑）

　　内滑类过渡效果可以将两个相邻的素材以滑动的方式进行过渡，该类效果包括 Slide 和内滑效果组，如图 7-10 所示。

图 7-10

常用效果：

- Band Slide（带状内滑）

　　"Band Slide"（带状内滑）效果可以将素材以条形从水平、垂直或对角的滑动方式来显示相邻素材，添加效果如图 7-11 所示。

图 7-11

● Center Split（中心拆分）

"Center Split"（中心拆分）效果可以将素材沿着中心点分为 4 部分，向四角滑动来显示相邻素材。

使用方法：

第1步 将任意两张图片素材导入"时间轴"面板中，如图 7-12 所示。

图 7-12

第2步 此时滑动时间线，画面效果如图 7-13 所示。

图 7-13

第3步 ❶ 在"效果"面板中搜索"Center Split"（中心拆分）效果；❷ 将其拖动到 V1 轨道上的两个素材之间，如图 7-14 所示。

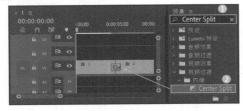

图 7-14

第4步 此时滑动时间线，过渡效果如图 7-15 所示。

图 7-15

● Push（推）

"Push"（推）效果是将素材以水平或垂直的方式从一侧推到另一侧来显示相邻素材，添加效果如图 7-16 所示。

图 7-16

● Slide（内滑）

"Slide"（内滑）效果可以将素材以水平、垂直或对角的滑动方式来显示相邻素材，添加效果如图 7-17 所示。

图 7-17

- Split（拆分）

"Split"（拆分）效果可以将素材沿着中心点进行拆分，并以水平或垂直的方式进行滑动来显示相邻素材，添加效果如图 7-18 所示。

图 7-18

7.1.4 Iris（划像）

"Iris"（划像）类过渡效果可以将素材以各种形状的图形缩放方式进行过渡，该效果组如图 7-19 所示。

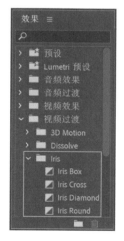

图 7-19

常用效果：

- Iris Box（盒形划像）

"Iris Box"（盒形划像）过渡效果可以将素材沿着指定位置以盒形缩放擦除来显示相邻素材，添加效果如图 7-20 所示。

图 7-20

- Iris Cross（交叉划像）

"Iris Cross"（交叉划像）过渡效果可以将素材沿着指定位置进行交叉擦除来显示相邻素材。

使用方法：

第1步 将任意两张图片素材导入"时间轴"面板中，如图 7-21 所示。

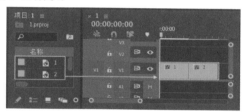

图 7-21

第2步 此时滑动时间线，画面效果如图 7-22 所示。

图 7-22

第3步 ❶ 在"效果"面板中搜索"Iris Cross"（交叉划像）效果；❷ 将其拖动到 V1 轨道上的两个素材之间，如图 7-23 所示。

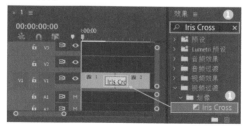

图 7-23

第4步 选中 V1 轨道上的 "Iris Cross"（交叉划像）效果，在 "效果控件" 面板中，❶ 设置 "持续时间" 为 2 秒；❷ 设置 "起始位置" 为右下角，如图 7-24 所示。

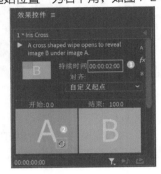

图 7-24

第5步 此时滑动时间线，过渡效果如图 7-25 所示。

图 7-25

● Iris Diamond（菱形划像）

"Iris Diamond"（菱形划像）过渡效果可以将素材沿着指定位置以菱形缩放擦除来显示相邻素材，添加效果如图 7-26 所示。

图 7-26

● Iris Round（圆划像）

"Iris Round"（圆划像）过渡效果可以将素材沿着

指定位置以圆形缩放擦除来显示相邻素材，添加效果如图 7-27 所示。

图 7-27

7.1.5　Wipe（擦除）

"Wipe"（擦除）类效果可以将素材以扫描擦除的方式进行过渡，该效果组如图 7-28 所示。

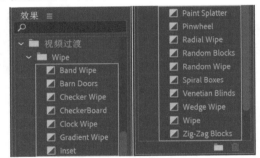

图 7-28

常用效果：

● Wipe（擦除）

"Wipe"（擦除）过渡效果可以将素材沿着水平、垂直或对角方向移动擦除来显示相邻的素材。

使用方法：

第1步 将任意两张图片素材导入 "时间轴" 面板中，如图 7-29 所示。

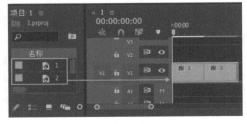

图 7-29

第2步 此时滑动时间线，画面效果如图 7-30 所示。

图 7-30

第3步 ① 在"效果"面板中搜索"Wipe"效果；② 将其拖动到 V1 轨道上的两个素材之间，如图 7-31 所示。

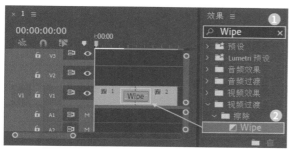

图 7-31

第4步 此时滑动时间线，过渡效果如图 7-32 所示。

图 7-32

● Band Wipe（带状擦除）

"Band Wipe"（带状擦除）过渡效果可以将素材以指定数量的条形并以水平、垂直或对角方向进行擦除来显示相邻素材，添加效果如图 7-33 所示。

图 7-33

● Barn Doors（双侧平推门）

"Barn Doors"（双侧平推门）过渡效果可以将素材以水平或垂直方向由中央向外打开的方式来显示相邻素材，添加效果如图 7-34 所示。

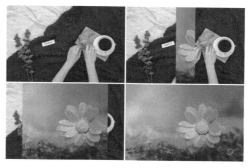

图 7-34

● Checker Wipe（棋盘擦除）

"Checker Wipe"（棋盘擦除）过渡效果能够以指定的方向和切片数量将素材以棋盘的形式进行擦除来显示相邻素材，添加效果如图 7-35 所示。

图 7-35

● CheckerBoard（棋盘）

"CheckerBoard"（棋盘）过渡效果可以将素材以两组指定数量的切片交替擦除来显示相邻素材，添加效果如图 7-36 所示。

图 7-36

● Clock Wipe（时钟式擦除）

"Clock Wipe"（时钟式擦除）过渡效果能够以指定的方向沿着素材中心并以时钟转动方式进行擦除来显示相邻素材，添加效果如图 7-37 所示。

图 7-37

● Gradient Wipe（渐变擦除）

"Gradient Wipe"（渐变擦除）过渡效果可以将两个相邻的素材以指定的图像柔和地进行渐变擦除，添加效果如图 7-38 所示。

图 7-38

● Inset（插入）

"Inset"（插入）过渡效果可以将两个相邻的素材沿着对角线擦除的方式进行过渡，添加效果如图 7-39 所示。

图 7-39

● Paint Splatter（油漆飞溅）

"Paint Splatter"（油漆飞溅）过渡效果可以将两个相邻的素材以油漆飞溅的方式进行过渡，添加效果如图 7-40 所示。

图 7-40

● Pinwheel（风车）

"Pinwheel"（风车）过渡效果可以将素材沿着中心点进行多次扫掠擦除来显示相邻素材，添加效果如图 7-41 所示。

图 7-41

- Radial Wipe（径向擦除）

"Radial Wipe"（径向擦除）过渡效果可以将素材沿着指定方向进行擦除来显示相邻素材，添加效果如图 7-42 所示。

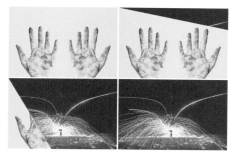

图 7-42

- Random Blocks（随机块）

"Random Blocks"（随机块）过渡效果可以将两个相邻的素材以指定大小的随机框的方式进行过渡，添加效果如图 7-43 所示。

图 7-43

- Random Wipe（随机擦除）

"Random Wipe"（随机擦除）过渡效果可以将素材进行随机擦除来显示相邻素材，添加效果如图 7-44 所示。

图 7-44

- Spiral Boxes（螺旋框）

"Spiral Boxes"（螺旋框）过渡效果能够以指定的螺旋框形状进行擦除来显示相邻素材，添加效果如图 7-45 所示。

图 7-45

- Venetian Blinds（百叶窗）

"Venetian Blinds"（百叶窗）过渡效果能够以指定的条形数将素材进行水平或垂直擦除来显示相邻的素材，添加效果如图 7-46 所示。

图 7-46

- Wedge Wipe（楔形擦除）

"Wedge Wipe"（楔形擦除）过渡效果能够以指定的方向沿着素材中心以楔形形状进行擦除来显示相邻素材，添加效果如图 7-47 所示。

图 7-47

● Zig-Zag Blocks（水波块）

"Zig-Zag Blocks"（水波块）过渡效果能够以指定数量的水波块来回擦除来显示相邻素材，添加效果如图 7-48 所示。

图 7-48

7.1.6　沉浸式视频

沉浸式视频类过渡效果主要应用于 VR 视频过渡，该效果组如图 7-49 所示。

图 7-49

7.1.7　溶解

溶解类过渡效果通过素材的颜色和明度使素材淡入淡出过渡，该类效果包括 Dissolve 和溶解效果组，如图 7-50 所示。

图 7-50

常用效果：

● Additive Dissolve（叠加溶解）

"Additive Dissolve"（叠加溶解）过渡效果可以在增强素材亮度的同时渐隐素材来显示相邻素材，添加效果如图 7-51 所示。

图 7-51

● Film Dissolve（胶片溶解）

"Film Dissolve"（胶片溶解）过渡效果通过逐渐降低素材的透明度来显示相邻素材，添加效果如图 7-52 所示。

图 7-52

- Non-Additive Dissolve（非叠加溶解）

"Non-Additive Dissolve"（非叠加溶解）过渡效果通过将素材较亮的部分映射到相邻素材上的方式进行过渡，添加效果如图 7-53 所示。

图 7-53

- 交叉溶解

"交叉溶解"过渡效果可以将两个相邻的素材交叉叠加进行过渡。

第1步 将任意两张图片素材导入"时间轴"面板中，如图 7-54 所示。

图 7-54

第2步 此时滑动时间线，画面效果如图 7-55 所示。

图 7-55

第3步 ❶ 在"效果"面板中搜索"交叉溶解"效果；❷ 将其拖动到 V1 轨道上的两个素材之间，如图 7-56 所示。

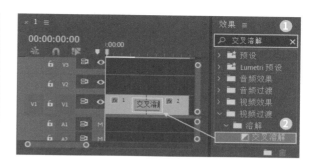

图 7-56

第4步 此时滑动时间线过渡效果，如图 7-57 所示。

图 7-57

- 白场过渡

"白场过渡"过渡效果通过将两个相邻的素材淡入到白色，然后从白色淡出的方式进行过渡，添加效果如图 7-58 所示。

图 7-58

- 黑场过渡

"黑场过渡"过渡效果通过将两个相邻的素材淡入到黑色，然后从黑色淡出的方式进行过渡，添加效果如图 7-59 所示。

图 7-59

7.1.8 Zoom（缩放）

Zoom（缩放）类过渡效果通过将素材快速放大和缩小进行过渡，该效果组如图 7-60 所示。

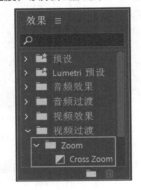

图 7-60

常用效果：

● Cross Zoom（交叉缩放）

"Cross Zoom"（交叉缩放）过渡效果通过在素材指定位置进行缩放来显示相邻素材。

使用方法：

第1步 将任意两张图片素材导入"时间轴"面板中，如图 7-61 所示。

图 7-61

第2步 此时滑动时间线，画面效果如图 7-62 所示。

图 7-62

第3步 ❶ 在"效果"面板中搜索"Cross Zoom"（交叉缩放）效果；❷ 将其拖动到 V1 轨道上的两个素材之间，如图 7-63 所示。

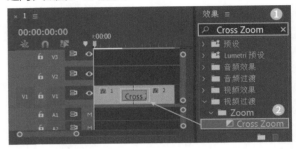

图 7-63

第4步 在 V1 轨道上选中"Cross Zoom"（交叉缩放）效果，接着在"效果控件"面板中，❶ 设置"持续时间"为 3 秒；❷ 设置 1 素材的缩放中心为右上角；❸ 设置 2 素材的缩放中心为右下角，如图 7-64 所示。

图 7-64

第5步 滑动时间线查看过渡效果，如图 7-65 所示。

图 7-65

7.1.9　Page Peel（页面剥落）

Page Peel（页面剥落）类过渡效果通过将素材以纸张卷起的效果进行过渡，该效果组如图 7-66 所示。

图 7-66

常用效果：

● Page Turn（翻页）

"Page Turn"（翻页）过渡效果通过将素材以对角方式进行卷曲来显示相邻素材。

使用方法：

第1步　将任意两张图片素材导入"时间轴"面板中，如图 7-67 所示。

图 7-67

第2步　此时滑动时间线，画面效果如图 7-68 所示。

图 7-68

第3步　① 在"效果"面板中搜索"Page Turn"（翻页）效果；② 将其拖动到 V1 轨道上的两个素材之间，如图 7-69 所示。

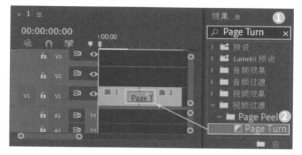

图 7-69

第4步　此时滑动时间线，过渡效果如图 7-70 所示。

图 7-70

● Page Peel（页面剥落）

"Page Peel"（页面剥落）过渡效果通过将素材以对角方式进行卷曲，并在后方留下阴影来显示相邻素材，添加效果如图 7-71 所示。

图 7-71

7.2 视频转场案例应用

7.2.1 案例：春、夏、秋、冬四季转场

扫一扫，看视频

核心技术： "白场过渡" "Venetian Blinds（百叶窗）" "Gradient Wipe（渐变擦除）" "Cross Zoom（交叉缩放）" "黑场过渡"。

案例解析： 本案例使用 "白场过渡" "Venetian Blinds（百叶窗）" "Gradient Wipe（渐变擦除）" "Cross Zoom（交叉缩放）" "黑场过渡" 效果制作视频过渡效果，效果如图 7-72 所示。

图 7-72

操作步骤：

第1步 新建项目、序列，导入素材。

执行 "文件" / "新建" / "项目" 命令，新建一个项目。执行 "文件" / "新建" / "序列" 命令，在 "新建序列" 对话框中单击 "设置" 按钮，设置 "编辑模式" 为 AVC-Intra 100 720p，"时基" 为 23.976 帧 / 秒，"像素长宽比" 为 "方形像素（1.0）"。接着执行 "文件" / "导入" 命令，导入全部素材。在 "项目" 面板中将春 .mp4 素材拖动到 "时间轴" 面板的 V1 轨道上，如图 7-73 所示。

图 7-73

此时画面效果如图 7-74 所示。

图 7-74

第2步 剪辑视频。

在 "时间轴" 面板中选择 V1 轨道上的春 .mp4 素材，❶ 单击工具箱中的 ◆（剃刀工具）按钮，然后将时间线滑动到第 2 秒的位置；❷ 单击剪辑春 .mp4 素材，如图 7-75 所示。

图 7-75

单击工具箱中的 ▶（选择工具）按钮，在 "时间轴" 面板中选中剪辑后的春 .mp4 素材的后半部分，接着按 Delete 键进行删除，如图 7-76 所示。

图 7-76

在"项目"面板中将夏.mp4素材拖动到"时间轴"面板的V1轨道上。在"时间轴"面板中选择V1轨道上的夏.mp4素材,单击工具箱中的 ✎（剃刀工具）按钮,然后将时间线滑动到第4秒的位置,单击剪辑夏.mp4素材,单击工具箱中的 ▶（选择工具）按钮,选中剪辑后的夏.mp4素材的后半部分,接着按Delete键进行删除,如图7-77所示。

图7-77

在"时间轴"面板中选择V1轨道上的夏.mp4素材,右击鼠标,在弹出的快捷菜单中执行"取消链接"命令,选择A1轨道上的音频文件,按Delete键将音频文件删除,如图7-78所示。

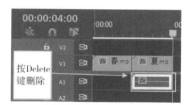

图7-78

滑动时间线查看画面效果如图7-79所示。

图7-79

在"项目"面板中将秋.mp4素材拖动到"时间轴"面板的V1轨道上。在"时间轴"面板中选择V1轨道上的秋.mp4素材,单击工具箱中的 ✎（剃刀工具）按钮,然后将时间线滑动到第6秒的位置,单击剪辑秋.mp4素材。单击工具箱中的 ▶（选择工具）按

钮,选中剪辑后的秋.mp4素材的后半部分,接着按Delete键进行删除,如图7-80所示。

图7-80

在"时间轴"面板中选择V1轨道上的秋.mp4素材,右击,在弹出的快捷菜单中执行"取消链接"命令,选择A1轨道的音频文件,按Delete键将音频文件删除,如图7-81所示。

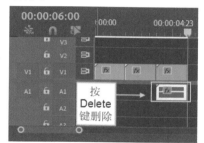

图7-81

在"项目"面板中将冬.mp4素材拖动到"时间轴"面板的V1轨道上。在"时间轴"面板中选择V1轨道上的冬.mp4素材,单击工具箱中的 ✎（剃刀工具）按钮,然后将时间线滑动到第8秒的位置,单击剪辑冬.mp4素材。单击工具箱中的 ▶（选择工具）按钮,选中剪辑后的冬.mp4素材的后半部分,接着按Delete键进行删除,如图7-82所示。

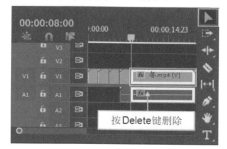

图7-82

在"时间轴"面板中选择 V1 轨道的冬 .mp4 素材，右击鼠标，在弹出的快捷菜单中执行"取消链接"命令，选择 A1 轨道上的音频文件，按 Delete 键将音频文件删除，如图 7-83 所示。

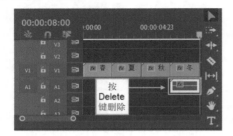

图 7-83

滑动时间线查看画面效果，如图 7-84 所示。

图 7-84

第3步 添加视频转场。

❶ 在"效果"面板中搜索"白场过渡"效果；❷ 将该效果拖动到 V1 轨道上的春 .mp4 素材的起始位置，如图 7-85 所示。

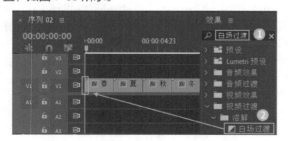

图 7-85

❶ 在"效果"面板中搜索"Venetian Blinds"（百叶窗）效果；❷ 将该效果拖动到 V1 轨道上的夏 .mp4 素材的起始位置，如图 7-86 所示。

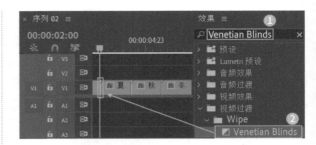

图 7-86

滑动时间线查看画面效果如图 7-87 所示。

图 7-87

❶ 在"效果"面板中搜索"Gradient Wipe"（渐变擦除）效果；❷ 将该效果拖动到 V1 轨道上的秋 .mp4 素材的起始位置，如图 7-88 所示。

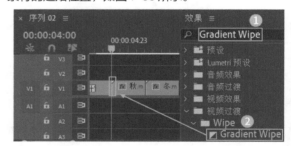

图 7-88

在弹出的"渐变擦除设置"对话框中单击"确定"按钮，如图 7-89 所示。

图 7-89

❶ 在"效果"面板中搜索"Cross Zoom"（交叉缩放）效果；❷ 将该效果拖动到 V1 轨道上的冬 .mp4 素材的起始位置，如图 7-90 所示。

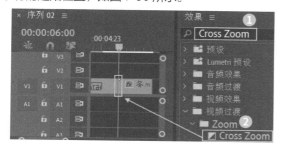

图 7-90

滑动时间线查看画面效果如图 7-91 所示。

图 7-91

❶ 在"效果"面板中搜索"黑场过渡"效果；❷ 将该效果拖动到 V1 轨道上的冬 .mp4 素材的结束位置，如图 7-92 所示。

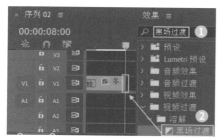

图 7-92

选择 V1 轨道上的"黑场过渡"效果，在"效果控件"面板中设置"持续时间"为 10 帧，如图 7-93 所示。

此时本案例制作完成，滑动时间线，效果如图 7-94 所示。

图 7-93

图 7-94

7.2.2　案例：淡入淡出转场

核心技术："不透明度""白场过渡""黑场过渡"。

案例解析：本案例首先使用"剃刀工具"将素材进行剪辑；然后为两个素材添加"不透明度"属性关键帧进行过渡；最后添加"白场过渡""黑场过渡"效果制作淡入淡出的效果，最终效果如图 7-95 所示。

扫一扫，看视频

图 7-95

操作步骤：

第1步　新建项目，导入文件。

执行"文件"/"新建"/"项目"命令，新建一个项目。执行"文件"/"导入"命令，导入全部素材。在"项目"面板中将 01.mp4 素材拖动到"时间轴"面板中，此时在"项目"面板中自动生成一个与

01.mp4 素材等大的序列，如图 7-96 所示。

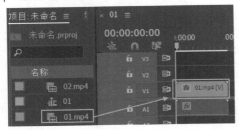

图 7-96

此时画面效果如图 7-97 所示。

图 7-97

第2步 剪辑素材，制作过渡效果。

在"时间轴"面板中选择 V1 轨道上的 01.mp4 素材，❶ 单击工具箱中的 ✂（剃刀工具）按钮，然后将时间线滑动到第 10 秒的位置；❷ 单击剪辑 01.mp4 素材，如图 7-98 所示。

单击工具箱中的 ▶（选择工具）按钮，在"时间轴"面板中选中剪辑后的 01.mp4 素材的后半部分，接着按 Delete 键进行删除，如图 7-99 所示。

图 7-98

图 7-99

在"时间轴"面板中选择 V1 轨道上的 01.mp4 素材，右击鼠标，在弹出的快捷菜单中执行"取消链接"命令，选择 A1 轨道的音频文件，按 Delete 键将音频文件删除，如图 7-100 所示。

图 7-100

在"时间轴"面板中选中 V1 轨道上的 01.mp4 素材，在"效果控件"面板中展开"不透明度"，将时间线滑动到第 8 秒位置，单击"不透明度"前方的 ⏱（切换动画）按钮，设置"不透明度"为 100.0%；将时间线滑动到第 10 秒位置，设置"不透明度"为 0.0%，如图 7-101 所示。

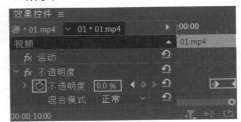

图 7-101

❶ 在"效果"面板中搜索"白场过渡"效果；❷ 将该效果拖动到 V1 轨道上的 01.mp4 起始位置，如图 7-102 所示。

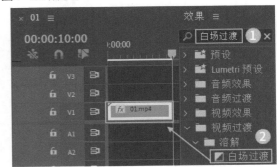

图 7-102

选择 V1 轨道上的"白场过渡"效果，在"效果控件"面板中设置"持续时间"为 00：00：01：29，如图 7-103所示。

图 7-103

滑动时间线查看画面效果如图 7-104 所示。

图 7-104

❶ 在"时间轴"面板中将时间线滑动到第8秒位置；❷ 在"项目"面板中将 02.mp4 素材拖动到"时间轴"面板的 V2 轨道上，如图 7-105 所示。

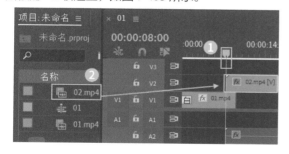

图 7-105

在"时间轴"面板中选择 V2 轨道上的 02.mp4 素材，❶ 单击工具箱中的 ◥（剃刀工具）按钮，然后将时间线滑动到第 18 秒的位置；❷ 单击剪辑 02.mp4 素材，如图 7-106 所示。

单击工具箱中的 ▶（选择工具）按钮，在"时间轴"面板中选中剪辑后的 02.mp4 素材的后半部分，接着按 Delete 键进行删除，如图 7-107 所示。

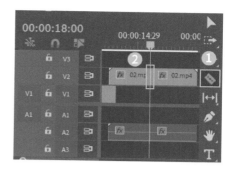

图 7-106

图 7-107

在"时间轴"面板中选择 V2 轨道上的 02.mp4 素材，右击该素材，在弹出的快捷菜单中执行"取消链接"命令，选择 A2 轨道的音频文件，按 Delete 键将音频文件删除，如图 7-108 所示。

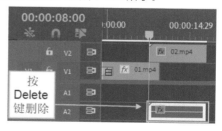

图 7-108

在"时间轴"面板中选中 V2 轨道上的 02.mp4 素材，在"效果控件"面板中展开"不透明度"，将时间线滑动到第 8 秒位置,单击"不透明度"前方的 ◎（切换动画）按钮，设置"不透明度"为 0.0%；将时间线滑动到第 10 秒位置，设置"不透明度"为 100.0%，如图 7-109 所示。

图 7-109

❶ 在"效果"面板中搜索"黑场过渡"效果；
❷ 将该效果拖动到 V2 轨道上的 02.mp4 结束位置，如图 7-110 所示。

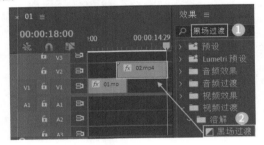

图 7-110

选择 V2 轨道上的"黑场过渡"效果，在"效果控件"面板中设置"持续时间"，如图 7-111 所示。

图 7-111

此时本案例制作完成，滑动时间线，效果如图 7-112 所示。

图 7-112

7.2.3 案例：急速转场

扫一扫，看视频

核心技术："剃刀工具""方向模糊"。
案例解析：本案例使用"剃刀工具"将素材进行剪辑，然后使用"方向模糊"效果制作视频急速转场，最终效果如图 7-113 所示。

图 7-113

小技巧

本案例提供了一个新的镜头转场思路，除了在两个素材之间添加转场效果的常规方法外，还可以通过为素材添加效果，并为某些参数设置关键帧动画，使镜头产生急速拉伸变化，从而完成炫酷的转场效果。

操作步骤：

第1步 新建项目、序列。

执行"文件"/"新建"/"项目"命令，新建一个项目。执行"文件"/"新建"/"序列"命令，在"新建序列"对话框中单击"设置"按钮，设置"编辑模式"为 DV PAL，"时基"为 25.00 帧 / 秒，"像素长宽比"为"D1/DV PAL 宽银幕 16：9（1.4587）"，"场"为"低场优先"。执行"文件"/"导入"命令，导入全部素材。在"项目"面板中将 01.mp4 素材拖动到"时间轴"面板的 V1 轨道上，如图 7-114 所示。在弹出的"剪辑不匹配警告"提示框中，单击"保持现有设置"按钮。

此时画面效果如图 7-115 所示。

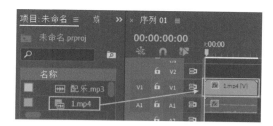

图 7-114

图 7-115

第2步 剪辑视频素材。

在"时间轴"面板中选择 V1 轨道上的 1.mp4 素材，❶ 单击工具箱中的 ◈（剃刀工具）按钮，然后将时间线滑动到第 2 秒的位置；❷ 单击剪辑 1.mp4 素材，如图 7-116 所示。

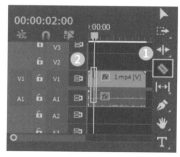

图 7-116

单击工具箱中的 ▶（选择工具）按钮，在"时间轴"面板中选中剪辑后的 1.mp4 素材的后半部分，接着按 Delete 键进行删除，如图 7-117 所示。

在"时间轴"面板中选择 V1 轨道上的 1.mp4 素材，右击该素材，在弹出的快捷菜单中执行"取消链接"命令，选择 A1 轨道上的音频文件，按 Delete 键将音频文件删除，如图 7-118 所示。

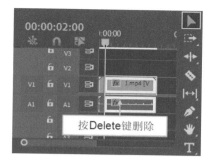

图 7-117

图 7-118

使用同样的方式分别将 2.mp4、3.mp4 从"项目"面板中拖动到"时间轴"面板的 V1 轨道上，并分别剪辑视频的前 2 秒，执行"取消链接"命令，并删除 2.mp4、3.mp4 音频链接，如图 7-119 所示。

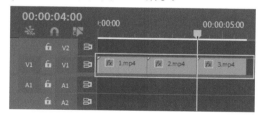

图 7-119

在"项目"面板中将配乐 .mp3 素材拖动到"时间轴"面板的 A1 轨道上。❶ 单击工具箱中的 ◈（剃刀工具）按钮；❷ 将时间线滑动到第 6 秒的位置，单击剪辑配乐 .mp3 素材，如图 7-120 所示。

单击工具箱中的 ▶（选择工具）按钮，在"时间轴"面板中选中剪辑后的配乐 .mp3 素材的后半部分，接着按 Delete 键进行删除，如图 7-121 所示。

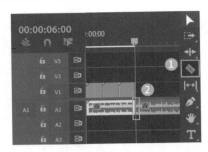

图 7-120

图 7-121

滑动时间线查看画面效果如图 7-122 所示。

图 7-122

第3步 制作转场效果。

❶ 在"效果"面板中搜索"方向模糊"效果；
❷ 将该效果拖动到 V1 轨道的 1.mp4 素材上，如图 7-123 所示。

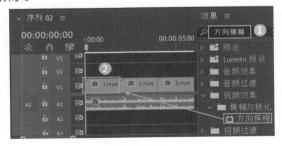

图 7-123

在"效果控件"面板中展开"方向模糊"，将时间线滑动到起始位置，单击"模糊长度"前方的 ⚙（切换动画）按钮，设置"模糊长度"为 0.0；将时间线滑动到第 8 帧位置，设置"模糊长度"为 150.0；将时间线滑动到第 9 帧位置，设置"模糊长度"为 9.0；将时间线滑动到第 10 帧位置，设置"模糊长度"为 14.0；将时间线滑动到第 11 帧位置，设置"模糊长度"为 0.0；将时间线滑动到第 12 帧位置，设置"模糊长度"为 5.0；将时间线滑动到第 14 帧位置，设置"模糊长度"为 0.0，如图 7-124 所示。

图 7-124

在"效果控件"面板中框选模糊长度的关键帧并右击，在弹出的快捷菜单中执行"连续贝塞尔曲线"命令，如图 7-125 所示。

图 7-125

滑动时间线查看画面效果如图 7-126 所示。

图 7-126

选择"时间轴"面板中 V1 轨道上的 1.mp4 素材，在"效果控件"面板中选中"方向模糊"效果，使用快捷键 Ctrl+C 进行复制，如图 7-127 所示。

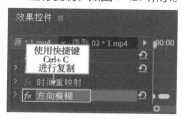

图 7-127

❶ 选择"时间轴"面板中 V1 轨道上的 2.mp4 素材，在"效果控件"面板中使用快捷键 Ctrl+V 进行粘贴；❷ 展开"方向模糊"，设置"方向"为 90.0°，如图 7-128 所示。

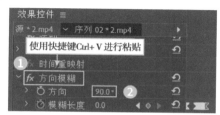

图 7-128

滑动时间线查看画面效果如图 7-129 所示。

图 7-129

选择"时间轴"面板中 V1 轨道上的 2.mp4 素材，在"效果控件"面板中选中"方向模糊"效果，使用快捷键 Ctrl+C 进行复制，如图 7-130 所示。

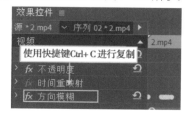

图 7-130

选择"时间轴"面板中 V1 轨道上的 3.mp4 素材，在"效果控件"面板中使用快捷键 Ctrl+V 进行粘贴，如图 7-131 所示。

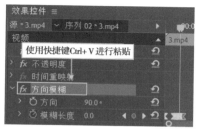

图 7-131

此时本案例制作完成，滑动时间线，效果如图 7-132 所示。

图 7-132

🚇 小技巧

选中片段与片段中间的间隔，当处于红色状态时右击，在弹出的快捷菜单中执行"应用默认过渡"命令，如图 7-133 所示。

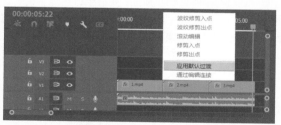

图 7-133

此时默认的"交叉溶解"已经添加在了两个视频之间，如图 7-134 所示。

图 7-134

7.3 视频转场项目实战：水墨动画转场

扫一扫，看视频

核心技术："Lumetri 颜色""Set Matte（设置遮罩）"。

7.3.1 设计思路

本案例使用"Lumetri 颜色"效果调整画面亮度，使用"Set Matte（设置遮罩）"效果制作水墨动画转场，最终效果如图 7-135 所示。

图 7-135

7.3.2 配色方案

本案例采用水墨动画的演变效果，从绿色的画面逐渐转变为肉色的画面。画面主色为肉色，辅助色为绿色，点缀色为深咖啡色和草绿色，如图 7-136 所示。

图 7-136

7.3.3 版面构图

由于本案例是动画效果，因此不是单一且简单的构图方式。其中，水墨出现时的动画效果采用的是"倾斜型"的构图方式，如图 7-137 所示。

图 7-137

7.3.4 操作步骤

第1步 新建项目、序列，导入素材。

执行"文件"/"新建"/"项目"命令，新建一个项目。执行"文件"/"新建"/"序列"命令，在"新建序列"对话框中单击"设置"按钮，设置"编辑模式"为 ARRI Cinema，"时基"为 30.00 帧 / 秒，"帧大小"为 1920、1080，"像素长宽比"为"方形像素（1.0）"，"场"为"无场（逐行扫描）"。执行"文件"/"导入"命令，导入全部素材。在"项目"面板中将 01.mov 素材拖动到"时间轴"面板的 V3 轨道上，将 02.mp4 素材拖动到 V1 轨道上，将图片 .jpg 素材拖动到 V2 轨道上，如图 7-138 所示。

图 7-138

滑动时间线查看画面效果，如图 7-139 所示。

图 7-139

剪辑视频。

在"时间轴"面板中选择 V1 轨道上的 02.mp4 素材，① 单击工具箱中的 ◆（剃刀工具）按钮，然后将时间线滑动到第3秒的位置；② 单击剪辑 02.mp4 素材；③ 选择 V2 轨道上的图片 .jpg 素材，将结束时间设置为 3 秒，如图 7-140 所示。

图 7-140

单击工具箱中的 ▶（选择工具）按钮，在"时间轴"面板中选中剪辑后的 02.mp4 素材的后半部分，接着按 Delete 键进行删除，如图 7-141 所示。

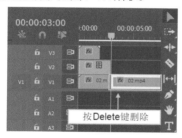

图 7-141

调整画面亮度并制作转场效果。
① 在"效果"面板中搜索"Lumetri 颜色"效果；② 将该效果拖动到 V1 轨道的 02.mp4 素材上，如图 7-142 所示。

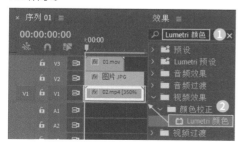

图 7-142

在"效果控件"面板中展开"Lumetri 颜色"/"基本校正"/"色调"，设置"曝光"为 0.5，"对比度"为 20.0，"高光"为 30.0，"阴影"为 30.0，如图 7-143 所示。

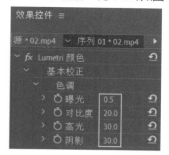

图 7-143

此时 V1 轨道的 02.mp4 素材画面效果的前后对比如图 7-144 所示。

图 7-144

在"时间轴"面板中选择 V2 轨道的图片 .jpg 素材，接着在"效果控件"面板中展开"运动"，设置"缩放"为 60.0，如图 7-145 所示。

图 7-145

① 在"效果"面板中搜索"Set Matte（设置遮罩）"效果；② 将该效果拖动到 V2 轨道的图片 .jpg 素材上，如图 7-146 所示。

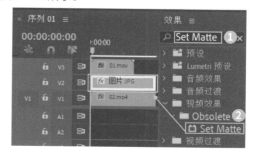

图 7-146

第 7 章

视频转场

在"效果控件"面板中展开"Set Matte（设置遮罩）"，❶ 设置"从图层获取遮罩"为"视频 3"，"用于遮罩"为"变亮"；❷ 勾选"反转遮罩"复选框，如图 7-147 所示。

图 7-147

在"时间轴"面板中单击 V3 轨道上 01.mov 素材的 （关闭切换轨道输出），如图 7-148 所示。

图 7-148

此时本案例制作完成，滑动时间线，效果如图 7-149 所示。

图 7-149

第
7
章

视
频
转
场

添加文字

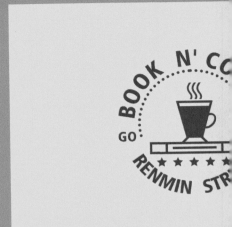

PART

8

第 **8** 章

我们生活的世界离不开文字。文字最基本的功能是记录信息与传递信息。在注重形式美的当下，文字也是版面传递形象的要素之一，文字的编排需要具有视觉上的美感。在本章中，将学习如何使用"横排文字工具""垂直文字工具"创建文字和段落文字，并通过"字符"面板、"段落"面板进行文本的编辑操作。在本章中，会学习到"图层样式"功能，为图层添加图层样式可以制作出具有不同质感的文字效果，还会学习到强大的文字动画、文字预设动画功能。

本章关键词

- 创建横排文字、竖排文字
- 创建段落文字、路径文字
- "字符"面板、"段落"面板
- 文字样式
- 文字动画、文字预设动画

8.1 使用文字工具

本节将学习创建文字的多种方法以及编辑文字的操作。通过对本节的学习，我们将学会如何创建不同风格、质感的文字，以及如何制作有趣的文字预设动画效果，如图 8-1 和图 8-2 所示为文字效果。

图 8-1

图 8-2

8.1.1 文字工具

在 Premiere Pro 中，可以通过"文字工具"创建横排文字、竖排文字、区域文字等。主要的工具有两种，分别是 ■（文字工具）、■（垂直文字工具）。

使用方法：

第1步 在工具箱中选择 ■（文字工具），然后将鼠标指针移动至"节目监视器"面板中，此时出现一个输入文字的光标符号，如图 8-3 所示。

图 8-3

第2步 单击并输入文字，如图 8-4 所示。

图 8-4

第3步 单击 ■（选择工具）按钮，并单击选择刚创建完成的文字，如图 8-5 所示。

图 8-5

第4步 进入 ❶ "效果控件"面板 /❷ "图形" /❸ "文本"；❹ 设置合适的文字类型和文字大小，如图 8-6 所示。

图 8-6

第5步 完成效果如图 8-7 所示。

图 8-7

8.1.2 创建区域文字

使用方法：

第1步 在工具箱中选择 T （文字工具），然后将鼠标指针移动至"节目监视器"面板中，此时出现一个输入文字的光标符号，如图 8-8 所示。

图 8-8

第2步 在"节目监视器"面板中按下鼠标左键，并拖动出一个文字区域，如图 8-9 所示。

图 8-9

第3步 输入相应的文字内容即可，如图 8-10 所示。

图 8-10

8.1.3 垂直文字工具

使用方法：

第1步 ① 在工具箱中长按 T （文字工具）按钮；② 选择 T （垂直文字工具），如图 8-11 所示。

图 8-11

第2步 在"节目监视器"面板中单击，此时出现一个输入文字的光标符号，如图 8-12 所示。

图 8-12

第3步 此时即可输入文本，如图 8-13 所示。

图 8-13

8.1.4 "文本"参数

在"文本"参数中可以对文字的基本属性、外观、变换等进行设置，具体参数如图 8-14 所示。

图 8-14

1. 创建和修改文字基本属性

使用方法：

第1步 在工具箱中选择 ▉（文字工具），在"节目监视器"面板中创建一组文字，如图 8-15 所示。

图 8-15

第2步 选择 ▶（选择工具），并单击选择刚创建完成的文字，设置不同的字体、字体样式、字体大小，如图 8-16 所示。

第3步 修改完成的效果如图 8-17 所示。

第4步 也可单击 ▤（左对齐文本）按钮、▤（居中对齐文本）按钮、▤（右对齐文本）按钮，改变文本的对齐方式，如图 8-18 所示为设置不同对齐方式的对比效果。

图 8-16

图 8-17

图 8-18

2. 修改文字外观

使用方法：

第1步 将"填充"颜色设置为合适的颜色，如图 8-19 所示。

图 8-19

第2步 文字颜色修改完成的效果如图 8-20 所示。

图 8-20

第3步 设置描边。❶ 勾选"描边"复选框；❷ 设置描边颜色为白色；❸ 设置适当的"描边宽度"，如图 8-21 所示。

图 8-21

第4步 文字描边修改完成的效果如图 8-22 所示。

图 8-22

3. 修改文字变换

使用方法：

第1步 选择创建完成的文字，设置合适的"位置""缩放"，如图 8-23 所示。

图 8-23

第2步 修改完成的文字效果如图 8-24 所示。

图 8-24

第3步 除此之外，还可以修改"缩放""不透明度"等参数，如图 8-25 所示。

图 8-25

第4步 修改完成的文字效果如图 8-26 所示。

图 8-26

8.2　旧版标题

　　"旧版标题"是存在于 Premiere 几乎全部版本中的文件工具，功能非常强大，可以快速编辑与修改创建的文字，并且还可以高效地设置文字样式等，参数如图 8-27 所示。

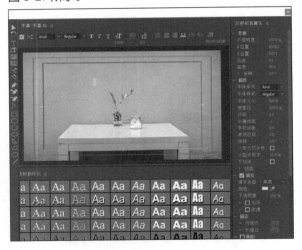

图 8-27

8.2.1　工具

　　"旧版标题"中的"工具"在该界面左侧，用于创建文字、绘制路径等基本操作。如果缺少该部分，那么可以 ❶ 单击左上角的 ▇ 按钮；❷ 单击"工具"将其显示出来，如图 8-28 所示。

1. 创建文字

功能概述：

　　"旧版标题"中的 **T.**（文字工具）按钮可以创建横排文字效果，如图 8-29 所示。

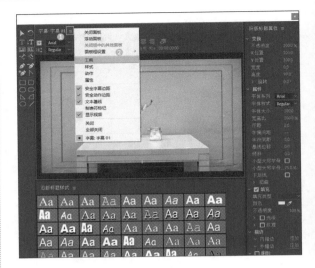

图 8-28

图 8-29

使用方法：

　　第1步　在菜单栏中执行"文件"/"新建"/"旧版标题"命令，如图 8-30 所示。

图 8-30

第2步 ❶ 在工具箱中选择 T（文字工具）；❷ 将鼠标指针移动至画面中，单击即可输入文字内容，如图 8-31 所示。

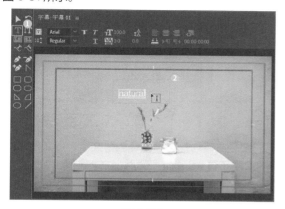

图 8-31

第3步 在右侧"旧版标题属性"面板中设置合适的字体大小、位置、颜色，使文字居中摆放，如图 8-32 所示。

图 8-32

第4步 单击右上角的 ×（关闭）按钮，关闭当前"旧版标题"面板，然后将"项目"面板的"字幕 01"拖动到"时间轴"面板中，如图 8-33 所示。

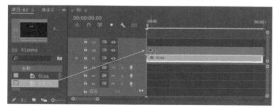

图 8-33

第5步 此时"节目监视器"面板中的画面效果如图 8-34 所示。

图 8-34

2. 创建垂直的文字

功能概述：

利用"垂直文字工具"可以创建垂直的文字，该工具在工具箱中的位置如图 8-35 所示。

图 8-35

使用方法：

第1步 新建"旧版标题"，❶ 单击 T（垂直文字工具）；❷ 将鼠标指针移动至画面中，如图 8-36 所示。

图 8-36

第2步 单击输入文字，如图 8-37 所示。

图 8-37

第3步 设置合适的"字体大小"，如图 8-38 所示。

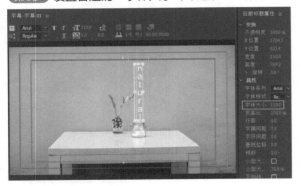

图 8-38

第4步 单击右上角的 × （关闭）按钮，关闭当前"旧版标题"面板，然后将"项目"面板的"字幕 01"拖动到"时间轴"面板中，如图 8-39 所示。

图 8-39

第5步 垂直的文字效果如图 8-40 所示。

图 8-40

3.路径文字

功能概述：

　　"路径文字"指沿着路径创建文字，可以使用  （路径文字工具）和 （垂直路径文字工具），如图 8-41 所示。

图 8-41

使用方法：

第1步 单击 （路径文字）按钮，并将鼠标指针移动至画面中，如图 8-42 所示。

图 8-42

第2步 多次单击并拖动，绘制一条曲线，如图 8-43 所示。

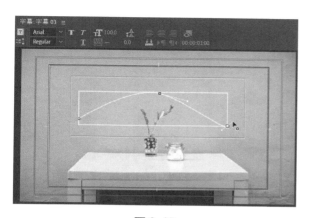

图 8-43

第3步 单击鼠标,即可输入文字,文字会随着曲线而分布,如图 8-44 所示。

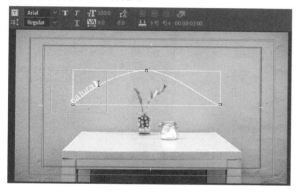

图 8-44

第4步 设置合适的"字体大小",如图 8-45 所示。

图 8-45

第5步 单击右上角的 × (关闭) 按钮,关闭当前"旧版标题"面板,然后将"项目"面板的"字幕 03"拖

动到"时间轴"面板中,如图 8-46 所示。

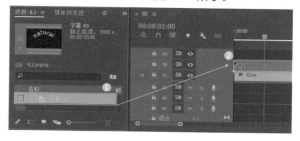

图 8-46

4. 使用"钢笔工具"绘制路径和图形

功能概述:

"钢笔工具"可以绘制路径或闭合图形,还可以添加锚点、删除锚点、转换锚点,如图 8-47 所示。

图 8-47

使用方法:

第1步 单击"旧版标题"面板的 🖊 (钢笔工具) 按钮,并单击绘制一条线,如图 8-48 所示。

图 8-48

第2步 在"旧版标题属性"面板中设置"线宽"为 5.0，设置合适的颜色，如图 8-49 所示。

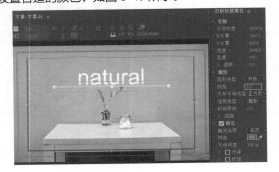

图 8-49

第3步 此时的线条效果如图 8-50 所示。

图 8-50

第4步 "钢笔工具"除了可以绘制非闭合的线之外，还可以绘制闭合的图形，使用"钢笔工具"单击即可进行绘制，如图 8-51 所示为绘制过程。

图 8-51

第5步 完成闭合图形的绘制后，最后设置"图形类型"

为"填充贝塞尔曲线"，如图 8-52 所示。

图 8-52

5. 形状工具

功能概述：

"旧版标题"面板中左侧的形状工具有很多，包括 ▣（矩形工具）、▣（圆角矩形工具）、◖（切角矩形工具）、⬭（圆矩形工具）、◣（楔形工具）、◢（弧形工具）、⬭（椭圆工具）、◪（直线工具），如图 8-53 所示。

图 8-53

使用方法：

第1步 选择"矩形工具""圆角矩形工具""楔形工具""椭圆工具"绘制装饰元素，如图 8-54 所示。

图 8-54

第2步 设置合适的旋转参数，使这几个图形更加随机，如图 8-55 所示。

图 8-55

6. 基于当前字幕新建字幕

功能概述：

　　（基于当前字幕新建字幕）按钮，可以更高效地创建属性相一致的另一组文字。

使用方法：

第1步 使用"旧版标题"创建一组文字"字幕 01"，❶ 单击（基于当前字幕新建字幕）按钮；❷ 在弹出的"新建字幕"对话框中，设置合适的名称，并单击"确定"按钮，如图 8-56 所示。

图 8-56

第2步 此时"项目"面板中已经出现了"字幕 02"，如图 8-57 所示。

图 8-57

第3步 单击（文字工具），选择已有的文字，并重新修改文字内容及颜色等属性，如图 8-58 所示。

图 8-58

第4步 单击右上角的（关闭）按钮，关闭当前"旧版标题"面板，然后将"项目"面板的"字幕 01""字幕 02"依次拖动到"时间轴"面板中，并首尾对齐，如图 8-59 所示。

图 8-59

第5步 拖动时间轴，可以看到文字动画如图 8-60 所示。

图 8-60

7. 滚动字幕

功能概述：

　　"滚动字幕"按钮可以对创建完成的文字设置滚动动画，使文字可以从左或右开始滚动，或者开始于屏幕外、结束于屏幕外滚动。

使用方法：

第1步 使用"旧版标题"创建一组文字，如图 8-61 所示。

图 8-61

第2步 单击 ▦（滚动 / 游动选项）按钮，在弹出的对话框中可以选择相应的方式，如图 8-62 所示。

图 8-62

第3步 关闭"旧版标题"面板，并将文字拖动至"时间轴"面板中。拖动时间轴即可看到文字产生了滚动的动画效果，如图 8-63 所示。

图 8-63

8.2.2 "旧版标题样式"面板

使用"旧版标题"创建文字，可以应用"旧版标题样式"，快速完成文字效果的制作，如三维质感、渐变质感等。当然，还可以在"旧版标题属性"中进一步修改参数。

使用方法：

第1步 使用"旧版标题"创建文字，并选择文字，在下方的"旧版标题样式"面板中单击选择一个样式，效果如图 8-64 所示。

图 8-64

第2步 选择另外一种样式，效果如图 8-65 所示。

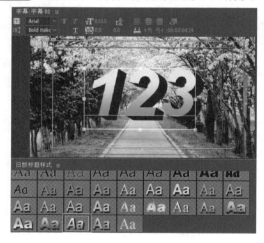

图 8-65

第3步 选择其他样式，效果如图 8-66 所示。

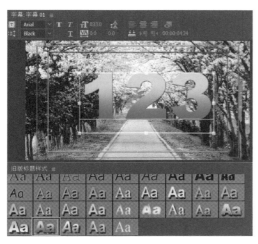

图 8-66

小技巧

"旧版标题样式"面板中提供了很多种艺术化文字样式，在完成文字创建后可以自行选择一款合适的样式，然后即可进入"旧版标题属性"面板中对当前的样式进行修改，使文字样式更符合我们的需求。

8.2.3 "旧版标题属性"面板

在"旧版标题属性"面板中可以对变换、属性、填充、描边、阴影、背景的相关参数进行设置。

1.变换

使用方法：

第1步 使用"旧版标题"创建文字，创建完成后，在"旧版标题属性"面板中设置"变换"中的参数，设置合适的"X 位置""Y 位置"参数，如图 8-67 所示。

图 8-67

第2步 还可以设置"不透明度"参数，如图 8-68 所示。

图 8-68

2.属性

使用方法：

第1步 设置合适的"字体系列"和"字体大小"，如图 8-69 所示。

图 8-69

第2步 设置"字偶间距"，使文字之间具有一定间隔，如图 8-70 所示。

第3步 勾选"小型大写字母"复选框，设置小型大写字母大小为 100%，此时文字全部变为大写，如图 8-71 所示。

图 8-70

图 8-71

3.填充

使用方法：

第1步 设置"填充类型"为"实底"，并设置合适的颜色，如图 8-72 所示。

图 8-72

第2步 设置"填充类型"为"线性渐变"，双击色标，修改两个颜色，此时出现渐变文字效果，如图 8-73 所示。

图 8-73

第3步 设置"填充类型"为"四色渐变"，双击色标，修改 4 个颜色，此时出现 4 色渐变文字效果，如图 8-74 所示。

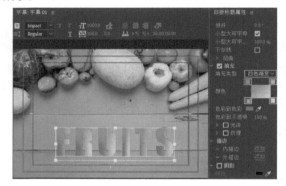

图 8-74

第4步 设置"填充类型"为"斜面"，设置"高光颜色"和"大小"选项，会出现类似斜面浮雕的效果，如图 8-75 所示。

图 8-75

4.描边

使用方法：

(第1步) 在"描边"/"内描边"中选择"添加"，如图 8-76 所示。

图 8-76

(第2步) 设置"类型"为"边缘"，"颜色"为白色，如图 8-77 所示。

图 8-77

(第3步) 设置"类型"为"深度"，此时出现了三维文字效果，如图 8-78 所示。

图 8-78

(第4步) 勾选"光泽"复选框，并设置"颜色"和"大小"选项，在文字表面会产生光照颜色，如图 8-79 所示。

图 8-79

5.阴影

使用方法：

勾选"阴影"复选框，并设置合适的"不透明度""角度""距离""大小"参数，如图 8-80 所示。

图 8-80

6.背景

使用方法：

勾选"背景"复选框，设置"颜色"选项，即可将文字填充背景，如图 8-81 所示。

图 8-81

8.3 文字案例应用

8.3.1 案例：滚动字幕

扫一扫，看视频

核心技术："白场过渡"。

案例解析：本案例使用"剪辑速度 /
持续时间"命令剪辑视频，添加文字并使
用"白场过渡"命令制作文字转场效果，
如图 8-82 所示。

图 8-82

操作步骤：

第1步 新建项目、序列。

执行"文件"/"新建"/"项目"命令，新建一
个项目。执行"文件"/"新建"/"序列"命令，在"新
建序列"对话框中单击"设置"按钮，设置"编辑模式"
为 AVCHD 1080P 方形像素，"时基"为 59.94 帧 / 秒，
"像素长宽比"为"方形像素（1.0）"。

第2步 导入素材，编辑素材。

执行"文件"/"导入"命令，导入全部素材。在"项
目"面板中将 01.mp4、02.mp4 素材拖动到"时间轴"

面板的 V1 轨道上，如图 8-83 所示。在弹出的"剪
辑不匹配警告"提示框中，单击"保持现有设置"
按钮。

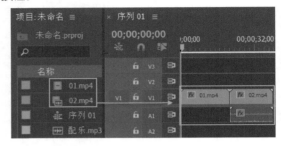

图 8-83

此时滑动时间线，画面效果如图 8-84 所示。

图 8-84

在"时间轴"面板中选择 V1 轨道上的 02.mp4 素
材，右击该素材，在弹出的快捷菜单中执行"取消链接"
命令，选择 A1 轨道上的音频文件，按 Delete 键将音
频文件删除，如图 8-85 所示。

图 8-85

在"项目"面板中将配乐 .mp3 素材拖动到"时
间轴"面板的 A1 轨道上，如图 8-86 所示。

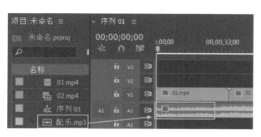

图 8-86

将时间线滑动到第 4 秒位置，❶ 选择工具箱中的"剃刀工具"；❷ 在 V1 轨道上 01.mp4 素材的第 4 秒位置单击，进行剪辑，如图 8-87 所示。

图 8-87

❶ 选中 V1 轨道上 01.mp4 素材的后半部分，右击鼠标，❷ 在弹出的快捷菜单中执行"波纹删除"命令，如图 8-88 所示。

图 8-88

继续使用同样的方法，将时间线滑动到第 8 秒位置，剪辑 02.mp4 素材，如图 8-89 所示。

图 8-89

在"时间轴"面板中选择 V1 轨道上的 01.mp4 素

材，在"效果控件"面板中展开"运动"，设置"位置"为（960.0，355.0），"缩放"为 70.0，如图 8-90 所示。

图 8-90

此时画面效果如图 8-91 所示。

图 8-91

选中 A1 轨道上的配乐 .mp3 素材，❶ 将时间码设置为 8 秒，使用快捷键 Ctrl+K 将素材进行分割；❷ 选中配乐 .mp3 素材分割后的后半部分，❸ 按 Delete 键进行删除，如图 8-92 所示。

图 8-92

第3步 制作文字与转场效果。

执行"文件"/"新建"/"旧版标题"命令，如图 8-93 所示。

图 8-93

此时在弹出的"新建字幕"对话框中，设置"名称"为"字幕：字幕01"。❶ 在"字幕01"面板中选择 T（文字工具）；❷ 在工作区域中画面的底部位置输入文字内容；❸ 设置"对齐方式"为 ▤（左对齐）；❹ 设置合适的"字体系列"和"字体样式"，设置"字体大小"为 60.0，"宽高比"为 100.0%，"填充类型"为"实底"，"颜色"为白色；❺ 设置完成后，单击 ▤（滚动/游动选项）按钮，如图 8-94 所示。

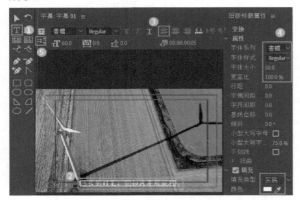

图 8-94

在弹出的"滚动/游动选项"对话框中，❶ 设置"字幕类型"为"向左游动"；❷ 设置完成后，单击"确定"按钮，如图 8-95 所示。

图 8-95

❶ 单击 T（基于当前字幕新建字幕）按钮，在弹出的"新建字幕"对话框中设置"名称"为"字幕02"；❷ 在"字幕：字幕02"面板中选择 T（文字工具）；❸ 在工作区域中画面的底部位置输入文字内容，如图 8-96 所示。设置完成后，关闭"字幕"面板。

图 8-96

在"项目"面板中将字幕 01 和字幕 02 拖动到"时间轴"面板的 V2 轨道上，设置字幕 01 的结束时间为第 4 秒，字幕 02 的起始时间为第 4 秒，结束时间为第 8 秒，如图 8-97 所示。

图 8-97

❶ 在"效果"面板中搜索"白场过渡"效果；❷ 将该效果拖动到 V2 轨道的字幕 01 与字幕 02 的中间位置上，如图 8-98 所示。

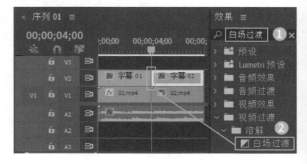

图 8-98

此时本案例制作完成，滑动时间线，效果如图 8-99 所示。

图 8-99

🔧 小技巧

在 Premiere Pro 中可以手动输入文字，以匹配当前画面。如果想使录制的视频中的对话直接产生文字内容，需要借助其他软件，将视频中的文字提取出来，并导入 Premiere Pro 中使用。

8.3.2 案例：镂空风景文字

核心技术："裁剪""黑场视频""轨道遮罩键"。

案例解析：本案例使用"裁剪"效果制作背景，使用"黑场视频""轨道遮罩键"效果制作镂空风景文字效果，如图 8-100 所示。

扫一扫，看视频

图 8-100

操作步骤：

第1步 新建项目、序列。

执行"文件"/"新建"/"项目"命令，新建一个项目。执行"文件"/"新建"/"序列"命令，在"新建序列"对话框中单击"设置"按钮，设置"编辑模式"为 HDV 1080P。

第2步 导入素材，编辑素材。

执行"文件"/"导入"命令，导入全部素材。在

"项目"面板中分别将 1.mov、2.mov、3.mov 素材拖动到"时间轴"面板的 V1、V2、V3 轨道上，如图 8-101 所示。在弹出的"剪辑不匹配警告"提示框中，单击"保持现有设置"按钮。

图 8-101

此时画面效果如图 8-102 所示。

图 8-102

在"时间轴"面板中选择 V1 轨道上的 1.mov 素材，右击该素材，在弹出的快捷菜单中执行"取消链接"命令，选择 A1 轨道上的音频文件，按 Delete 键将音频文件删除，如图 8-103 所示。

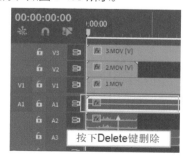

图 8-103

使用同样的方式右击 V2、V3 轨道上的 2.mov、3.mov 素材，并执行"取消链接"命令，然后删除 A2、A3 轨道上的素材，如图 8-104 所示。

图 8-104

在"项目"面板中分别将配乐 .mp3 素材拖动到"时间轴"面板的 A1 轨道上，如图 8-105 所示。

图 8-105

在"时间轴"面板中选择 V1 轨道上的 1.mov 素材，① 右击该素材；② 在弹出的快捷菜单中执行"速度 / 持续时间"命令，如图 8-106 所示。

图 8-106

在弹出的"剪辑速度 / 持续时间"对话框中设置"持续时间"为 22 秒 20 帧，如图 8-107 所示。

图 8-107

以同样的方式制作 V2、V3 轨道上的 2.mov、3.mov 素材的持续时间为 22 秒 20 帧，如图 8-108 所示。

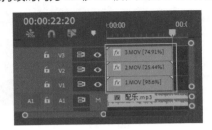

图 8-108

选中 A1 轨道上的配乐 .mp3 素材，① 将时间码设置为 22 秒 20 帧，使用快捷键 Ctrl+K 将音频素材进行分割；② 选中分割素材的后半部分；③ 按 Delete 键进行删除，如图 8-109 所示。

图 8-109

① 在"效果"面板中搜索"裁剪"效果；② 将该效果拖动到 V2 轨道的 2.mov 素材上，如图 8-110 所示。

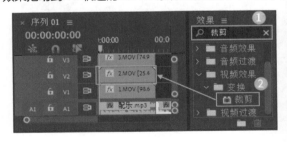

图 8-110

选中 V2 轨道上的 2.mov 素材，在"效果控件"面板中展开"裁剪"，设置"右侧"为 35.0%，如图 8-111 所示。

在"效果"面板中搜索"裁剪"效果，将该效果拖动到 V3 轨道的 3.mov 素材上。

在"效果控件"面板中展开"裁剪"，设置"右侧"

为 62.0%，如图 8-112 所示。

图 8-111 　　　　　　图 8-112

此时画面效果如图 8-113 所示。

图 8-113

第3步 制作镂空风景文字。

在"项目"面板的空白位置右击，在弹出的快捷菜单中执行"新建项目"/"黑场视频"命令，如图 8-114 所示。

图 8-114

在弹出的"新建黑场视频"对话框中单击"确定"按钮，如图 8-115 所示。

图 8-115

在"项目"面板中将黑场视频拖动到"时间轴"

面板的 V4 轨道上，并将结束时间设置为第 22 秒 20 帧，如图 8-116 所示。

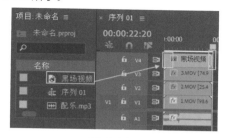

图 8-116

执行"文件"/"新建"/"旧版标题"命令，即可打开"字幕"面板，如图 8-117 所示。

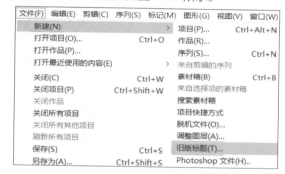

图 8-117

在弹出的"新建字幕"对话框中，设置"名称"为"字幕 01"。❶ 在"字幕：字幕 01"面板中选择 T（文字工具）；❷ 在工作区域中画面的合适位置输入文字内容；❸ 设置合适的"字体系列"和"字体样式"，"字体大小"为 600.0，"填充类型"为"实底"，"颜色"为白色；❹ 单击"粗体"按钮，"对齐方式"为 ▤（左对齐），如图 8-118 所示。

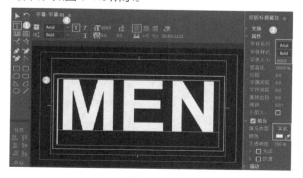

图 8-118

设置完成后，关闭"字幕"面板。在"项目"面板中将字幕 01 拖动到"时间轴"面板的 V5 轨道上，并将结束时间设置为第 22 秒 20 帧，如图 8-119 所示。

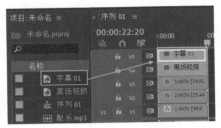

图 8-119

在"效果"面板中搜索"轨道遮罩键"效果，将该效果拖动到 V4 轨道的黑场视频上。选中 V4 轨道的黑场视频，在"效果控件"面板中，❶ 展开"运动"，设置"缩放"为 163.0；❷ 展开"轨道遮罩键"效果，设置"遮罩"为"视频 5"，勾选"反向"复选框，如图 8-120 所示。

图 8-120

此时本案例制作完成，滑动时间线，效果如图 8-121 所示。

图 8-121

8.3.3　案例：模拟视频"弹幕"文字效果

扫一扫，看视频

核心技术："文字工具"。

案例解析：本案例使用"文字工具"制作文字，并使用"位置关键帧"制作动画，效果如图 8-122 所示。

图 8-122

操作步骤：

第1步 新建项目、序列。

执行"文件"/"新建"/"项目"命令，新建一个项目。执行"文件"/"新建"/"序列"命令，在"新建序列"对话框中单击"设置"按钮，设置"编辑模式"为 ARRI Cinema，"时基"为 30.00 帧/秒，"帧大小"为 1920、1080，"像素长宽比"为"方形像素（1.0）"，"场"为"无场（逐行扫描）"。

第2步 导入素材，编辑素材。

执行"文件"/"导入"命令，导入 01.mp4 素材文件，在"项目"面板中将 01.mp4 素材拖动到"时间轴"面板的 V1 轨道上，如图 8-123 所示。

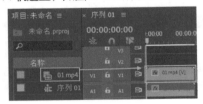

图 8-123

此时画面效果如图 8-124 所示。

图 8-124

在"时间轴"面板中选择 V1 轨道上的 01.mp4 素材，❶ 单击工具箱中的 啊里？"）/"源文本"，❶ 设置合适的"字体系列"和"字体样式"，设置"字体大小"为 100 ；❷ 设置"对齐方式"为

材，❶ 单击工具箱中的 ◆（剃刀工具）按钮，然后将时间线滑动到第 5 秒的位置；❷ 单击剪辑 01.mp4 素材，如图 8-125 所示。

❶ 设置合适的"字体系列"和"字体样式"，设置"字体大小"为 100 ；❷ 设置"对齐方式"为 ▤（左对齐）和 ▤（顶对齐）；❸ 设置"填充"为白色，勾选"描边"复选框，并设置"描边"为黑色，"描边宽度"为 2.0，如图 8-128 所示。

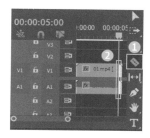

图 8-125

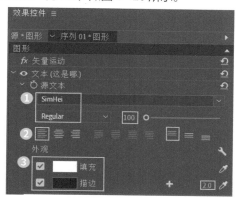

图 8-128

单击工具箱中的 ▶（选择工具）按钮，在"时间轴"面板中选中剪辑后的 01.mp4 素材的后半部分，接着按 Delete 键进行删除，如图 8-126 所示。

此时文字效果，如图 8-129 所示。

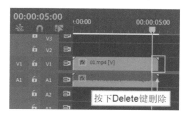

图 8-126

第3步 创建文字并制作弹幕效果。

将时间线滑动到起始位置，❶ 在工具箱中选择 **T**（文字工具）；❷ 在"节目监视器"面板中合适的位置单击，并输入合适的文字，如图 8-127 所示。

图 8-129

展开"文本（这是哪里？）"/"变换"，设置"位置"为（1670.4，413.2），如图 8-130 所示。

图 8-127

在"时间轴"面板中选中 V2 轨道上的文本（这是哪里？），在"效果控件"面板中展开"文本（这是

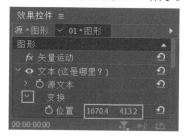

图 8-130

在"效果控件"面板中展开"运动"属性，将时

间线滑动到起始位置，单击"位置"前方的 ⚪（切换动画）按钮，设置"位置"为（960.0，540.0）；将时间线滑动至结束位置，设置"位置"为（-651.0，540.0），如图8-131所示。

图 8-131

将时间线滑动到起始位置，❶ 在工具箱中选择 **T**（文字工具）；❷ 在"节目监视器"面板中合适的位置单击并输入合适的文字，如图8-132所示。

图 8-132

在"效果控件"面板中展开"文本（好美啊）"，❶ 设置合适的"字体系列"和"字体样式"，设置"字体大小"为80；❷ 设置"对齐方式"为 **≡**（左对齐）和 **≡**（顶对齐）；❸ 设置"填充"为白色，勾选"描边"复选框，并设置"描边"为黑色，"描边宽度"为2.0，如图8-133所示。

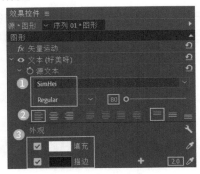

图 8-133

在"效果控件"面板中展开"运动"，将时间线滑动到起始位置，单击"位置"前方的 ⚪（切换动画）

按钮，设置"位置"为（960.0，540.0）；将时间线滑动至结束位置，设置"位置"为（0.0，540.0），如图8-134所示。

图 8-134

继续使用同样的方法制作其他弹幕文字，将其摆放在画面中的合适位置，并制作从起始时间到结束时间文字从不同位置从右至左的变化效果。此时本案例制作完成，画面效果如图8-135所示。

图 8-135

8.3.4 案例：动态文字海报

核心技术："块溶解""线性擦除"。

案例解析：本案例使用"颜色遮罩"与"蒙版"制作背景，使用"旧版标题"制作平行四边形与创建文字，使用"块溶解""线性擦除"效果制作动态文字海报动画，效果如图8-136所示。

扫一扫，看视频

图 8-136

操作步骤：

第1步 新建项目、序列。

执行"文件"/"新建"/"项目"命令，新建一个项目。执行"文件"/"新建"/"序列"命令，在"新建序列"对话框中单击"设置"按钮，设置"编辑模式"为"自定义"，"时基"为25.00帧/秒，"帧大小"为1660、2501，"像素长宽比"为"方形像素（1.0）"，"场"为"无场（逐行扫描）"。

第2步 制作背景。

在"项目"面板中的空白位置右击，在弹出的快捷菜单中执行"新建项目"/"颜色遮罩"命令，接着在弹出的"新建颜色遮罩"对话框中单击"确定"按钮，如图8-137所示。

图 8-137

① 在弹出的"拾色器"对话框中选择"灰色"；
② 单击"确定"按钮，在弹出的"选择名称"对话框中，
③ 单击"确定"按钮，如图8-138所示。

图 8-138

在"项目"面板中将颜色遮罩拖动到"时间轴"面板的V1轨道上，如图8-139所示。

图 8-139

此时画面效果如图8-140所示。

图 8-140

第3步 导入素材，编辑素材。

执行"文件"/"导入"命令，导入全部素材。在"项目"面板中将01.mp4素材拖动到"时间轴"面板的V2轨道上，如图8-141所示。

图 8-141

此时画面效果如图8-142所示。

图 8-142

选中 V2 轨道上的 01.mp4 素材，❶ 将时间码设置为 5 秒，使用快捷键 Ctrl+K 将素材进行分割；❷ 选中分割素材的后半部分；❸ 按 Delete 键删除，如图 8-143 所示。

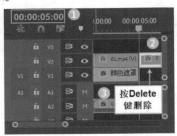

图 8-143

❶ 按住 Alt 键的同时单击选中 A1 轨道上的音频素材；❷ 按 Delete 键，可单独删除音频素材，如图 8-144 所示。

图 8-144

在"时间轴"面板中选择 V2 轨道上的 1.mp4 素材，在"效果控件"面板中展开"运动"，设置"缩放"为 154.0，如图 8-145 所示。

在"效果控件"面板中展开"不透明度"属性，单击下方的 ■（创建 4 点多边形蒙版）按钮，如图 8-146 所示。

图 8-145　　　　图 8-146

在"效果控件"面板中选中蒙版（1），接着在"节目监视器"面板中单击选中 4 点多边形蒙版的路径锚点，拖动锚点调整蒙版的路径形状，如图 8-147 所示。

继续使用同样的方法将其他描点拖动到合适位置，效果如图 8-148 所示。

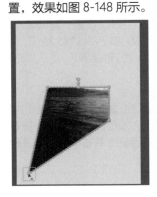　

图 8-147　　　　　　图 8-148

❶ 在"效果"面板中搜索"Lumetri 颜色"效果；❷ 将该效果拖动到 V2 轨道的 01.mp4 素材上，如图 8-149 所示。

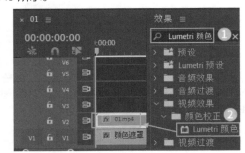

图 8-149

在"效果控件"面板中展开"Lumetri 颜色"/"基本校正"/"色调"，设置"曝光"为 0.5，"高光"为 80.0，"阴影"为 125.0，"白色"为 53.0，如图 8-150 所示。

图 8-150

此时画面前后对比效果如图 8-151 所示。

图 8-151

第4步 创建图形并制作动画。

执行"文件"/"新建"/"旧版标题"命令,在弹出的"新建字幕"对话框中单击"确定"按钮,如图 8-152 所示。

图 8-152

❶ 在"字幕:字幕 01"面板中选择 ✐ (钢笔工具);❷ 在工作区域的中心位置绘制一个平行四边形;❸ 展开"属性",设置"图形类型"为"填充贝塞尔曲线";❹ 展开"填充",设置"填充类型"为"实底","颜色"为蓝绿色,如图 8-153 所示。

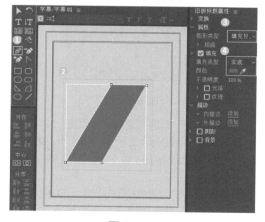

图 8-153

设置完成后,关闭"字幕:字幕 01"面板。在"项目"面板中将字幕 01 拖动到"时间轴"面板的 V3 轨道上,如图 8-154 所示。

图 8-154

此时画面效果如图 8-155 所示。

图 8-155

在"效果"面板中搜索"块溶解"效果,将该效果拖动到 V3 轨道的字幕 01 上。在"效果控件"面板中展开"块溶解",将时间线滑动到第 15 帧位置,❶ 单击"过渡完成"前方的 ⧖ (切换动画)按钮,设置"过渡完成"为 100%;将时间线滑动到第 1 秒 10 帧位置,设置"过渡完成"为 0%;❷ 设置"块宽度"为 1.0,"块高度"为 1.0,如图 8-156 所示。

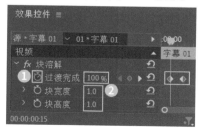

图 8-156

此时滑动时间线,画面效果如图 8-157 所示。

图 8-157

第5步 创建文字并制作动画。

执行"文件"/"新建"/"旧版标题"命令，在弹出的"新建字幕"对话框中设置"名称"为"字幕02"；❶ 在"字幕：字幕 02"面板中选择 ✔（路径文字工具）；❷ 在工作区域的中心位置的平行四边形上绘制一个等大的平行四边形，如图 8-158 所示。

图 8-158

❶ 展开"属性"，设置合适的"字体系列"和"字体样式"，设置"字体大小"为 25.0；❷ 设置"颜色"为白色；❸ 单击"文字工具"；❹ 在四边形路径上单击输入合适的文字，如图 8-159 所示。

设置完成后，关闭"字幕：字幕 02"面板。在"项目"面板中将字幕 02 拖动到"时间轴"面板的 V4 轨道上，

如图 8-160 所示。

图 8-159

图 8-160

将时间线滑动到合适位置，此时字幕 02 效果如图 8-161 所示。

图 8-161

在"时间轴"面板中选择 V4 轨道上的字幕 02，❶ 在"效果控件"面板中单击"不透明度"下方的 ■（创建 4 点多边形蒙版）按钮；❷ 勾选"已反转"复选框，如图 8-162 所示。

在"效果控件"面板中选中蒙版（1），接着在"节目监视器"面板中单击选中 4 点多边形蒙版的路径锚点，拖动锚点调整蒙版的路径形状，如图 8-163 所示。

图 8-162　　　　　　　图 8-163

在"效果"面板中搜索"线性擦除"效果，将该效果拖动到 V4 轨道的字幕 02 上。在"效果控件"面板中展开"线性擦除"，将时间线滑动到起始位置，单击"过渡完成"前方的 ○（切换动画）按钮，设置"过渡完成"为 100%；将时间线滑动到第 20 帧位置，设置"过渡完成"为 0%，如图 8-164 所示。

图 8-164

此时滑动时间线，画面效果如图 8-165 所示。

图 8-165

执行"文件"/"新建"/"旧版标题"命令，在弹出的"新建字幕"对话框中设置"名称"为"字幕03"，接着单击"确定"按钮。❶ 在"字幕：字幕03"面板中选择 T（文字工具）；❷ 在工作区域中画面的合适位置输入文字内容；❸ 设置为"仿粗体""仿斜"，"对齐方式"为 ▤（左对齐）；❹ 设置合适的"字体系列"和"字体样式"，设置"字体大小"为 86.0；展开"填充"，设置"填充类型"为"实底"，"颜色"为白色，如图 8-166 所示。

图 8-166

❶ 再次在"字幕：字幕03"面板中选择 T（文字工具）；❷ 在工作区域中画面的合适位置输入文字内容；❸ 设置为"仿粗体"，"对齐方式"为 ▤（左对齐）；❹ 设置合适的"字体系列"和"字体样式"，设置"字体大小"为 40.0，展开"填充"，设置"填充类型"为"实底"，"颜色"为白色，如图 8-167 所示。

图 8-167

继续使用"文字工具"在左上角制作其他文字，并设置合适的"字体系列""字体样式""字体大小"，效果如图 8-168 所示。

图 8-168

设置完成后，关闭"字幕：字幕 03"面板。在"项目"面板中将字幕 03 拖动到"时间轴"面板中的 V5 轨道上，如图 8-169 所示。

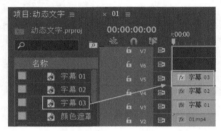

图 8-169

在"时间轴"面板中选择 V5 轨道上的字幕 03，在"效果控件"面板中展开"不透明度"，将时间线滑动到起始位置，单击"不透明度"前方的 ⏱（切换动画）按钮，设置"不透明度"为 0.0%；将时间线滑动到第 20 帧位置，设置"不透明度"为 100.0%，如图 8-170 所示。

图 8-170

此时滑动时间线，画面效果如图 8-171 所示。

图 8-171

新建"字幕 04"，❶ 在"字幕：字幕 04"面板中选择 ▭（矩形工具）；❷ 在工作区域中文字的底部绘制一个矩形；❸ 展开"属性"，设置"图形类型"为"矩形"，展开"填充"，设置"填充类型"为"实底"，"颜色"为白色，如图 8-172 所示。

图 8-172

设置完成后，关闭"字幕：字幕 04"面板。在"项目"面板中将字幕 04 拖动到"时间轴"面板中的 V6 轨道上。在"时间轴"面板中选择 V6 轨道的字幕 04，在"效果控件"面板中展开"不透明度"，将时间线滑动到起始位置，单击"不透明度"前方的 ⏱（切换动画）按钮，设置"不透明度"为 0.0%；将时间线滑动到第 20 帧位置，设置"不透明度"为 100.0%，如图 8-173 所示。

此时本案例制作完成，滑动时间线，效果如图 8-174 所示。

图 8-173

图 8-174

8.3.5　案例：咖啡店标志动画

核心技术："线性擦除"。

案例解析：本案例使用"颜色遮罩"制作背景，使用"旧版标题"创建文字与路径文字，并使用"线性擦除"制作文字效果，如图 8-175 所示。

扫一扫，看视频

图 8-175

操作步骤：

第1步　新建项目、序列。

执行"文件"/"新建"/"项目"命令，新建一

个项目。执行"文件"/"新建"/"序列"命令，在"新建序列"对话框中单击"设置"按钮，设置"编辑模式"为自定义，"时基"为 25.00 帧 / 秒，帧大小为 2501、1660，"像素长宽比"为"方形像素（1.0）"。

第2步　创建背景。

在"项目"面板中的空白位置右击，在弹出的快捷菜单中执行"新建项目"/"颜色遮罩"命令，接着在弹出的"新建颜色遮罩"对话框中单击"确定"按钮，如图 8-176 所示。

图 8-176

❶ 在弹出的"拾色器"对话框中选择"黄色"；❷ 单击"确定"按钮；❸ 在弹出的"选择名称"对话框中单击"确定"按钮，如图 8-177 所示。

图 8-177

此时画面效果如图 8-178 所示。

图 8-178

第3步 导入素材并制作动画效果。

执行"文件"/"导入"命令，导入全部素材。在"项目"面板中将 01.png 素材拖动到"时间轴"面板的 V2 轨道上，如图 8-179 所示。

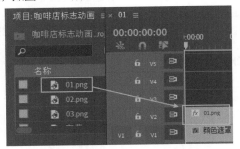

图 8-179

❶ 在"时间轴"面板中选择 V2 轨道上的 01.png 素材，在"效果控件"面板中展开"运动"，设置"位置"为（923.0, 501.5）；❷ 展开"不透明度"，将时间线滑动到第 1 秒 23 帧位置，单击"不透明度"前方的 ◙（切换动画）按钮，设置"不透明度"为 0.0%；将时间线滑动到第 3 秒 09 帧位置，设置"不透明度"为 100.0%，如图 8-180 所示。

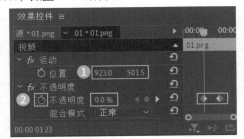

图 8-180

此时滑动时间线，画面效果如图 8-181 所示。

图 8-181

将时间线滑动到第 1 秒 20 帧位置，在"项目"面板中将 02.png 素材拖动到"时间轴"面板的 V3 轨道上，如图 8-182 所示。

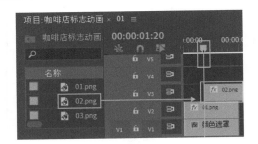

图 8-182

在"时间轴"面板中选择 V3 轨道的 02.png 素材，在"效果控件"面板中展开"运动"，设置"位置"为（903.0, 424.5），如图 8-183 所示。

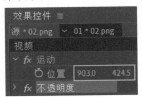

图 8-183

将时间线滑动到第 3 秒 08 帧位置，在"项目"面板中将 03.png 素材拖动到"时间轴"面板的 V4 轨道上，如图 8-184 所示。

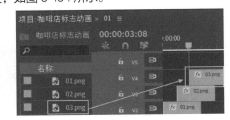

图 8-184

在"时间轴"面板中选择 V4 轨道上的 03.png 素材，在"效果控件"面板中展开"运动"，设置"位置"为（932.0, 501.5），如图 8-185 所示。

图 8-185

此时滑动时间线，画面效果如图 8-186 所示。

图 8-186

（第4步） 创建文字并制作动画。

执行"文件"/"新建"/"旧版标题"命令，在弹出的"新建字幕"对话框中，设置"名称"为"字幕 01"。❶ 在"字幕：字幕 01"面板中选择 （路径文字工具）；❷ 在工作区域的中心位置绘制一个半圆路径，并输入合适的文字；❸ 展开"属性"，设置合适的"字体系列"和"字体样式"，设置"字体大小"为 95.0，展开"填充"，设置"填充类型"为"实底"，"颜色"为棕色，如图 8-187 所示。设置完成后，关闭"字幕：字幕 01"面板。

图 8-187

在"项目"面板中将字幕 01 拖动到"时间轴"面板的 V5 轨道上。❶ 在"效果"面板中搜索"线性擦除"效果；❷ 将该效果拖动到 V5 轨道的字幕 01 素材上，如图 8-188 所示。

在"效果控件"面板中展开"线性擦除"，将时间线滑动到起始位置，单击"过渡完成"前方的 （切换动画）按钮，设置"过渡完成"为 100%；将时间线滑动到第 1 秒 20 帧位置，设置"过渡完成"为 0%，

如图 8-189 所示。

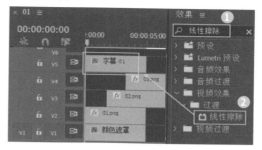

图 8-188

图 8-189

此时滑动时间线，画面效果如图 8-190 所示。

图 8-190

执行"文件"/"新建"/"旧版标题"命令，在弹出的"新建字幕"对话框中设置"名称"为"字幕 02"。❶ 在"字幕：字幕 02"面板中选择 （文字工具）；❷ 在工作区域中画面的合适位置输入文字内容；❸ 设置合适的"字体系列"和"字体样式"，设置"字体大小"为 59.0，展开"填充"，设置"填充类型"为"实底"；"颜色"为棕色，如图 8-191 所示。

❶ 继续在"字幕：字幕 02"面板中选择 （文字工具）；❷ 在工作区域中画面的合适位置输入文字内容；❸ 设置合适的"字体系列"和"字体样式"，设置"字体大小"为 59.0，展开"填充"，设置"填充类型"为"实底"，"颜色"为棕色，如图 8-192 所示。

设置完成后，关闭"字幕：字幕 02"面板。

图 8-191

图 8-192

在"项目"面板中将字幕 02 拖动到"时间轴"面板的 V6 轨道上。在"时间轴"面板中选择 V6 轨道的字幕 02，❶ 在"效果控件"面板中单击"不透明度"下方的 ■（创建 4 点多边形蒙版）按钮；❷ 将时间线滑动到起始位置，单击"蒙版的路径"前方的 ◎（切换动画）按钮，创建关键帧；❸ 设置"蒙版羽化"为 0.0，"蒙版扩展"为 0.8，如图 8-193 所示。

图 8-193

在"效果控件"面板中选中蒙版（1），接着在"节目监视器"面板中单击选中 4 点多边形蒙版的路径锚点，拖动锚点调整蒙版的路径形状，如图 8-194 所示。

图 8-194

将时间线滑动到第 1 秒 20 帧位置，在"效果控件"面板中选中蒙版（1），在"节目监视器"面板中单击选中 4 点多边形蒙版的路径锚点，拖动锚点调整蒙版的路径形状，如图 8-195 所示。

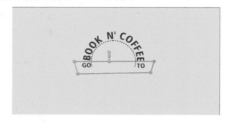

图 8-195

此时滑动时间线，画面效果如图 8-196 所示。

图 8-196

继续新建"字幕 03"，❶ 在"字幕：字幕 03"面板中选择 ✎（路径文字工具）；❷ 在工作区域的中心位置绘制一个半圆形路径，并输入合适的文字；❸ 展开"属性"，设置合适的"字体系列"和"字体样式"，设置"字体大小"为 66.0，展开"填充"，设置"填充类型"为"实底"，"颜色"为棕色，如图 8-197 所示。设置完成后，关闭"字幕：字幕 03"面板。

图 8-197

在"项目"面板中将字幕 03 拖动到"时间轴"面板的 V7 轨道上。❶ 在"效果"面板中搜索"线性擦除"效果；❷ 将该效果拖动到 V7 轨道的字幕 03 素材上，如图 8-198 所示。

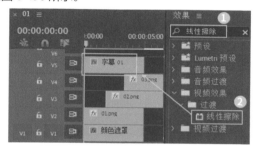

图 8-198

在"效果控件"面板中展开"线性擦除"，将时间线滑动到起始位置，单击"过渡完成"前方的 ⏲（切换动画）按钮，设置"过渡完成"为 100%；将时间线滑动到第 1 秒 20 帧位置，设置"过渡完成"为 0%，如图 8-199 所示。

图 8-199

此时本案例制作完成，滑动时间线，效果如图 8-200 所示。

图 8-200

8.3.6　案例：卡通文字

核心技术："旧版标题"。

案例解析：本案例使用"旧版标题"制作卡通文字效果，如图 8-201 所示。

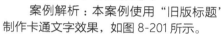

扫一扫，看视频

图 8-201

操作步骤：

第1步　新建项目，导入素材，编辑素材。

执行"文件"/"新建"/"项目"命令，新建一个项目。执行"文件"/"导入"命令，导入全部素材。在"项目"面板中将 01.png 素材拖动到"时间轴"面板中，此时在"项目"面板中自动生成一个与 01.png 素材等大的序列，如图 8-202 所示。

图 8-202

此时画面效果如图 8-203 所示。

图 8-203

在"项目"面板中将 02.png 素材拖动到"时间轴"面板的 V2 轨道上，在"时间轴"面板中选择 V2 轨道的 02.png 素材，在"效果控件"面板中展开"运动"，设置"位置"为（684.0，629.0），如图 8-204 所示。

此时画面效果如图 8-205 所示。

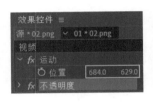

图 8-204   图 8-205

在"项目"面板中将 03.png 素材拖动到"时间轴"面板的 V3 轨道上，在"时间轴"面板中选择 V3 轨道的 03.png 素材，在"效果控件"面板中展开"运动"，设置"位置"为（856.0，87.0），如图 8-206 所示。

此时画面效果如图 8-207 所示。

图 8-206   图 8-207

第2步 制作文字。

执行"文件"/"新建"/"旧版标题"命令，在弹出的"新建字幕"对话框中设置"名称"为"字幕

01"；① 在"字幕：字幕 01"面板中选择 T（文字工具）。② 在工作区域中合适的位置输入合适的文字。③ 展开"变换"，设置"旋转"为 270.0°；展开"属性"，设置合适的"字体系列"和"字体样式"，设置"字体大小"为 230.0，"行距"为 -47.0，"字偶间距"为 -2.0；展开"填充"，设置"填充类型"为"实底"，"颜色"为紫色，如图 8-208 所示。设置完成后，关闭"字幕：字幕 01"面板。

图 8-208

在"项目"面板中将字幕 01 拖动到"时间轴"面板的 V4 轨道上，如图 8-209 所示。

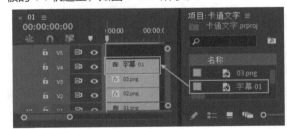

图 8-209

此时画面效果如图 8-210 所示。

图 8-210

新建"字幕 02"，① 在"字幕：字幕 02"面板中选择**T**（文字工具）。② 在工作区域中的文字上方输入合适的文字。③ 展开"变换"，设置"旋转"为349.0°；展开"属性"，设置合适的"字体系列"和"字体样式"，设置"字体大小"为 160.0；展开"填充"，设置"填充类型"为"实底"，"颜色"为绿色。④ 展开"描边" / "外描边"，设置"类型"为"边缘"，"大小"为 40.0，"填充"为"实底"，"颜色"为淡蓝色，如图 8-211所示。设置完成后，关闭"字幕：字幕 01"面板。

图 8-211

在"项目"面板中将字幕 02 拖动到"时间轴"面板的 V5 轨道上。此时画面效果如图 8-212 所示。

图 8-212

新建"字幕 03"，① 在"字幕：字幕 03"面板中选择○（椭圆工具）。② 在工作区域中的文字底部绘制一个椭圆。③ 展开"属性"，设置"图形类型"为"椭圆"；展开"填充"，设置"填充类型"为"实底"，"颜色"为黑色，"不透明度"为 27%，如图 8-213 所示。设置完成后，关闭"字幕：字幕 03"面板。

在"项目"面板中将字幕 03 拖动到"时间轴"面板的 V6 轨道上。此时本案例制作完成，画面效果如图 8-214 所示。

图 8-213

图 8-214

8.4　文字项目实战：Vlog 片头文字

核心技术："高斯模糊""显示剪辑关键帧""快速模糊出点"。

扫一扫，看视频

8.4.1　设计思路

本案例使用"高斯模糊"效果制作模糊开头，使用"显示剪辑关键帧"命令制作彩虹动画效果，添加文字并使用"快速模糊出点"效果制作文字动画，效果如图 8-215 所示。

图 8-215

8.4.2　配色方案

本案例以蓝天、大海、沙滩等风景为视频素材，原视频以蓝色为主色，以白色、米驼色为辅助色。后期添加的文字、彩虹作为装饰元素，以豆沙红色、丰富的彩虹色彩作为点缀色，增加了画面的灵动感，如图 8-216 所示。

图 8-216

8.4.3　版面构图

本案例采用"重心型"构图方式，将画面中重要点表现的元素摆放于画面视觉"重心"位置，在制作动画时采用缩放、不透明度等动画效果引导观者的观看路径，如图 8-217 所示。

图 8-217

8.4.4　操作步骤

第1步　新建项目、序列，导入素材。

执行"文件"/"新建"/"项目"命令，新建一个项目。执行"文件"/"新建"/"序列"命令，在"新建序列"对话框中单击"设置"按钮，设置"编辑模式"为 ARRI Cinema，"时基"为 29.97 帧/秒，"帧大小"为"1920、1080"，"像素长宽比"为"方形像素（1.0）"，"场"为"无场（逐行扫描）"。执行"文件"/"导入"命令，导入全部素材。❶ 将时间线滑动到第 1 秒位置，在"项目"面板中将 1.png 素材拖动到"时间轴"面板的 V2 轨道上；❷ 将时间线滑动到起始位置，将 01.mp4 素材拖动到 V1 轨道上；❸ 将海浪音效 .mp3

素材拖动到 A1 轨道上，将 01.mp3 素材拖动到 A2 轨道上，如图 8-218 所示。

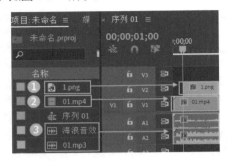

图 8-218

此时画面效果如图 8-219 所示。

图 8-219

第2步　制作模糊开头。

❶ 在"效果"面板中搜索"高斯模糊"效果；❷ 将该效果拖动到 V1 轨道的 01.mp4 素材上，如图 8-220 所示。

图 8-220

在"效果控件"面板中展开"高斯模糊"，❶ 将时间线滑动到起始位置，单击"模糊度"前方的 🔘（切换动画）按钮，设置"模糊度"为 1000.0；将时间线滑动到第 2 秒 3 帧位置，设置"模糊度"为 0.0；❷ 勾选"重复边缘像素"复选框，如图 8-221 所示。

图 8-221

此时滑动时间线，V1 轨道中的画面效果如图 8-222 所示。

图 8-222

第3步 制作不透明效果。

在"时间轴"面板中选择 V2 轨道上的 1.png 素材，在"效果控件"面板中展开"运动"，将时间线滑动到第 1 秒位置，单击"位置"和"缩放"前方的 ⏱（切换动画）按钮，设置"位置"为（958.0，540.0），设置"缩放"为 500.0，如图 8-223 所示；将时间线滑动到第 2 秒位置，设置"位置"为（1400.0，380.0），"缩放"为 55.0。

图 8-223

在"时间轴"面板中 V2 轨道前方的空白位置双击，如图 8-224 所示。

图 8-224

在"时间轴"面板中选择 V2 轨道上的 1.png 素材，右击，执行"显示剪辑关键帧"/"不透明度"/"不透明度"命令，如图 8-225 所示。

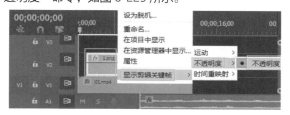

图 8-225

在"时间轴"面板中选择 V2 轨道上的 1.png 素材，在"效果控件"面板中展开"不透明度"，将时间线滑动到第 1 秒位置，单击"不透明度"前方的 ⏱（切换动画）按钮，设置"不透明度"为 0.0%；将时间线滑动到第 2 秒位置，设置"不透明度"为 100.0%；将时间线滑动到第 4 秒位置，设置"不透明度"为 100.0%；将时间线滑动到第 6 秒位置，设置"不透明度"为 0.0%，如图 8-226 所示。

图 8-226

此时滑动时间线，画面效果如图 8-227 所示。

图 8-227

第4步 制作文字与动画效果。

执行"文件"/"新建"/"旧版标题"命令，如图 8-228 所示。

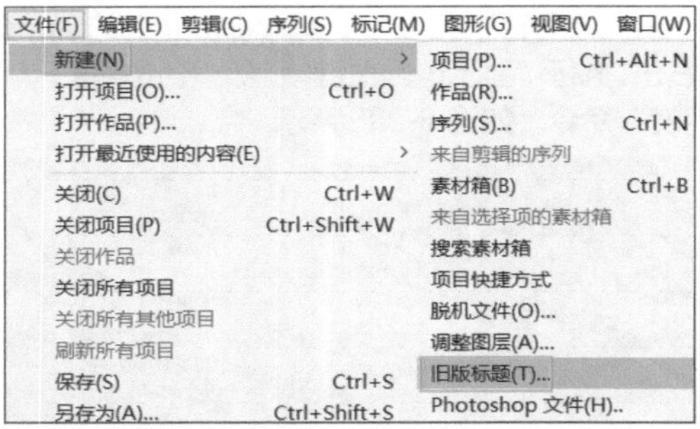

图 8-228

在弹出的"新建字幕"对话框中设置"名称"为"字幕01"。❶ 在"字幕：字幕01"面板中选择 T（文字工具）。❷ 在工作区域中画面的合适位置输入文字内容。❸ 设置"对齐方式"为 ▤（左对齐）。❹ 设置合适的"字体系列"和"字体样式"，设置"字体大小"为100.0；展开"填充"，设置"填充类型"为"实底"，"颜色"为白色；勾选"阴影"复选框，设置"颜色"为黑色，"不透明度"为20%；"角度"为100.0°，如图8-229所示。

图 8-229

设置完成后，关闭字幕面板。将时间线滑动到第1秒的位置，在"项目"面板中将字幕01拖动到"时间轴"面板的V3轨道上，如图8-230所示。

图 8-230

❶ 在"效果"面板中搜索"快速模糊出点"效果；❷ 将该效果拖动到V3轨道的字幕01上，如图8-231所示。

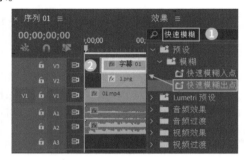

图 8-231

此时本案例制作完成，滑动时间线，效果如图8-232所示。

图 8-232

配音配乐

PART

9

第**9**章

　　声音与画面在作品中的地位同样重要。在进行叙事时，视频中的声音通过音乐、音响、语言等与画面进行结合，从而告诉观众视频中故事的发展。选择合适的声音会使作品具有更清晰的风格和更独特的气氛。

本章关键词

- 音频类效果
- 音频过渡

9.1 音频操作

本节将学习音频的基本操作，通过本节的学习，读者可以学会从"效果"面板中为音频素材添加效果。

9.1.1 认识音频

使用方法：

第1步 打开配套资源 01.prproj，如图 9-1 所示。

图 9-1

第2步 执行"文件"/"导入"命令，导入配乐素材，并将其拖动到"时间轴"面板的 A1 轨道上，如图 9-2 所示。

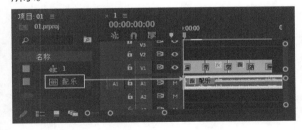

图 9-2

第3步 在"时间轴"面板中选中音频素材，将时间码设置为 12 秒，使用快捷键 Ctrl+K 切割素材，接着选中剪辑后的后半部分音频素材，按 Delete 键进行删除，如图 9-3 所示。

第4步 在"效果"面板中搜索"卷积混响"效果，并将其拖动到 A1 轨道的配乐素材上，如图 9-4 所示。

图 9-3

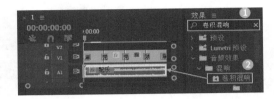

图 9-4

第5步 在"效果控件"面板中展开"卷积混响"效果，接着单击"自定义设置"后方的"编辑"按钮，如图 9-5 所示。

图 9-5

第6步 在弹出的"剪辑效果编辑器"窗口中设置"脉冲"为"客厅"，如图 9-6 所示。

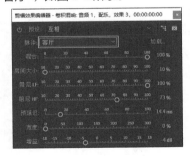

图 9-6

第7步 选中音频素材，分别在起始帧位置、第 1 秒位置、第 11 秒位置及结束帧位置，按住 Ctrl 键的同时单击以添加关键帧，如图 9-7 所示。

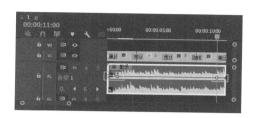

图 9-7

第8步 分别将第一个和最后一个关键帧单击选中，按住鼠标左键向下拖动，制作音频的淡入淡出效果，如图 9-8 所示。

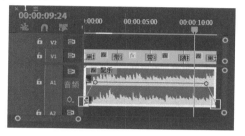

图 9-8

9.1.2 音频效果

Premiere Pro 提供了大量音频效果，通过为音频素材添加合适的音频效果，可以改变音频素材的声音质感。

1. 振幅与压限

"振幅与压限"音频效果组通过在"剪辑效果编辑器"中设置合适的预设或者手动设置合适的参数，来更改音频素材的声道平衡、音频信号、音色及音调，该效果组如图 9-9 所示。

图 9-9

2. 延迟与回声

"延迟与回声"音频效果组通过设置合适的参数为音频素材制作延迟及回声效果，该效果组如图 9-10 所示。

3. 滤波器与EQ

"滤波器与 EQ"音频效果组通过设置合适的参数为音频素材消除、增大或减少指定的频率和频段，该效果组如图 9-11 所示。

4. 调制

"调制"音频效果组通过设置合适的参数可以合成和模拟各种声音，使音频具有立体空间感，该效果组如图 9-12 所示。

图 9-10　　　　图 9-11　　　　图 9-12

5. 降杂/恢复

"降杂 / 恢复"音频效果组可以通过设置合适的参数将低音频素材及噪声，该效果组如图 9-13 所示。

6. 混响

"混响"音频效果组通过在"剪辑效果编辑器"中设置合适的预设或者手动设置合适的参数，可以使音频素材模拟在各种空间中的混响效果，该效果组如图 9-14 所示。

7. 特殊效果

"特殊效果"音频效果组可以通过设置合适的参数为音频素材模拟制作其他音频效果，该效果组如图 9-15 所示。

图 9-13　　　　**图 9-14**　　　　**图 9-15**

8. 立体声声像

"立体声声像"音频效果组只包含了"立体声扩展器"效果，该效果不仅可以通过在"剪辑效果编辑器"中设置合适的预设来重新定位并扩展音频素材立体声声像，还可以通过手动设置来改变定位并扩展音频素材立体声声像，该效果组如图 9-16 所示。

9. 时间与变调

"时间与变调"音频效果组只包括了"音高换挡器"效果，该效果不仅可以通过在"剪辑效果编辑器"中设置合适的预设来改变音频素材音调，还可以通过手动设置来改变音频素材音调，该效果组如图 9-17 所示。

10. 静音

"静音"音频效果组可以通过调整参数为音频素材的左声道、右声道及整体进行消音，该效果组如图 9-18 所示。

图 9-16　　　　**图 9-17**　　　　**图 9-18**

11. 余额

"余额"音频效果组主要用于设置音频的余额参数，该效果组如图 9-19 所示。

12. 音量

"音量"音频效果组可以通过调整参数调整音频素材的音量，该效果组如图 9-20 所示。

图 9-19　　　　**图 9-20**

9.1.3　音频过渡

在 Premiere Pro 中，音频过渡类似于视频过渡，音频过渡可以为同一轨道的两个相邻的音频素材添加过渡效果。音频过渡效果只包括一个"交叉淡化"效果组，该效果组包括"恒定功率""恒定增益""指数淡化"效果，该效果组如图 9-21 所示。

图 9-21

1. 恒定功率

"恒定功率"过渡效果组可以在剪辑之间过渡时以恒定速率更改音频进出。设置了此效果的音频有时听起来可能会有些生硬。这时，可以通过设置"对齐"方式及"持续时间"来调整过渡效果，该效果如图 9-22 所示。

2. 恒定增值

"恒定增值"过渡效果可以创建平滑渐变的过渡，与视频过渡的溶解过渡类似。此效果首先缓慢降低第一个剪辑的音频，然后快速接近过渡的末端。对于第二个剪辑的音频，此效果首先快速增加音频，然后更缓慢地接近过渡的末端。可以通过设置"对齐"方式及"持续时间"来调整过渡效果，该效果如图9-23所示。

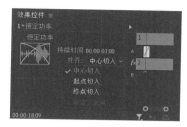

图 9-22

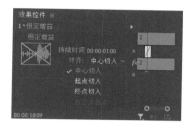

图 9-23

功能概括：

"指数淡化"过渡效果可以自上而下淡入位于平滑对数曲线上方的第一个剪辑音频，同时自下而上地淡入同样位于平滑对数曲线上方的第二个剪辑音频。可以通过设置"对齐"方式及"持续时间"来调整过渡效果，该效果如图9-24所示。

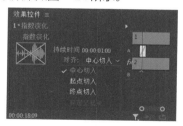

图 9-24

9.2 配乐案例应用

9.2.1 案例：配乐淡入淡出

核心技术：关键帧。

案例解析：本案例首先为音频添加关键帧，然后调整关键帧位置制作音频淡入淡出效果。

扫一扫，看视频

操作步骤：

第1步 导入文件。

新建项目。在"项目"面板中双击，在弹出的"导入"对话框中，❶ 选中 01.mp3 素材；❷ 单击"打开"按钮，导入素材，如图9-25所示。

图 9-25

在"项目"面板中将 01.mp3 素材拖动到"时间轴"面板中，如图9-26所示。

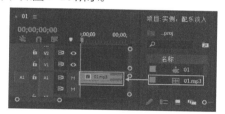

图 9-26

第2步 制作淡入淡出效果。

选中音频素材，分别在起始帧位置、第19秒位置、第6秒29位置及结束帧位置添加关键帧，如图9-27所示。

图 9-27

分别将第一个和最后一个关键帧单击选中，并按住鼠标左键向下拖动，制作音频的淡入淡出效果，如图9-28所示。

图 9-28

此时配乐淡入淡出效果制作完成，按空格键播放预览，即可听到音频淡入淡出的效果。

9.2.2 案例：声音降噪

扫一扫，看视频

核心技术：降噪。

案例解析：本案例主要是为音频素材添加降噪效果，从而为音频进行降噪。

操作步骤：

第1步 导入文件。

新建项目。在"项目"面板中双击，在弹出的"导入"对话框中，❶ 选中噪声 .mp3 素材文件；❷ 单击"打开"按钮，导入素材，如图 9-29 所示。

图 9-29

在"项目"面板中将噪声 .mp3 素材拖动到"时间轴"面板中，如图 9-30 所示。

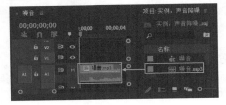

图 9-30

第2步 为音频降噪。

❶ 在"效果"面板中搜索"降噪"效果；❷ 将该效果拖动到"时间轴"面板中 A1 轨道的噪声 .mp3 素材上，如图 9-31 所示。

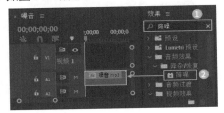

图 9-31

在"时间轴"面板中选中 A1 轨道上的噪音 .mp3 素材，❶ 在"效果控件"面板中展开"降噪"效果；❷ 单击"自定义设置"后方的"编辑"按钮，如图 9-32 所示。

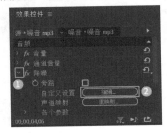

图 9-32

在弹出的"剪辑效果编辑器"对话框中，设置"预设"为"强降噪"，"数量"为"100%"，如图 9-33 所示。

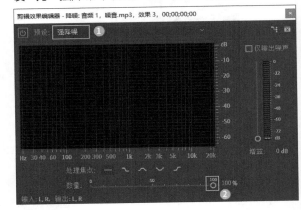

图 9-33

设置完成后，关闭"剪辑效果编辑器"对话框，按空格键播放预览，即可听到音频降噪后的效果。

9.3 配乐项目实战：统一几段音频的音量

核心技术：对话、响度。

案例解析：本案例主要是在"基本声音"面板中自动匹配响度来统一音频的音量。

扫一扫，看视频

操作步骤：

第1步 导入文件。

新建项目。在"项目"面板中双击，在弹出的"导入"对话框中，❶ 选中全部音频素材；❷ 单击"打开"按钮，导入素材，如图 9-34 所示。

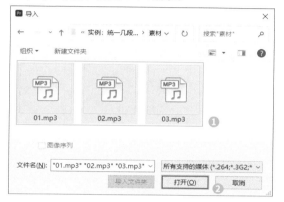

图 9-34

新建项目。在"项目"面板中将 01.mp3 素材拖动到"时间轴"面板中，接着继续将 02.mp3 素材和 03.mp3 素材拖动到"时间轴"面板中的 A1 轨道上，如图 9-35 所示。

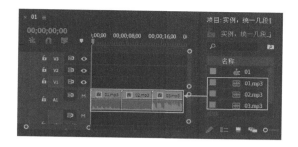

图 9-35

第2步 为音频统一音量。

选中"时间轴"面板中 A1 轨道上的所有音频素材，在"基本声音"面板中单击"对话"按钮，如图 9-36 所示。

单击"响度"下方的"自动匹配"按钮，如图 9-37 所示。

图 9-36

图 9-37

此时统一几段音频音量制作完成，按空格键播放预览，即可听到音频效果。

视频输出

第 **10** 章

视频输出是在 Premiere Pro 中制作视频的最后一个步骤。在本章中，我们将学习使用"添加到渲染队列""导出帧"、Adobe Media Encoder 三种常用方式输出视频，还将学习不同格式和要求的输出方法，如输出视频素材、输出图片素材、输出小尺寸视频等。

本章关键词

- 导出 / 媒体
- 导出帧
- Adobe Media Encoder

10.1 视频输出

在 Premiere Pro 中完成作品制作之后，可以将作品输出为需要的格式，如视频格式、音频格式、图片格式等。

10.1.1 使用"导出"/"媒体"命令输出作品

使用方法：

第1步 激活"时间轴"面板，执行菜单栏中的"文件"/"导出"/"媒体"命令（快捷键为 Ctrl+M），如图 10-1 所示。

图 10-1

第2步 此时即可打开"导出设置"对话框，如图 10-2 所示。

图 10-2

1.输出预览

"输出预览"窗口用于预览查看输出的视频文件，如图 10-3 所示。

图 10-3

参数解读：

● 源

"源"选项可以在预览窗口中对输出文件进行自定义设置或者等比例裁剪，如图 10-4 所示。

● 输出

"输出"选项可以调整输出文件在预览对话框中的缩放比例，如图 10-5 所示。

图 10-4 　　　　　　　　　图 10-5

00:00:01:00 ：可以手动或自动设置时间指示器停留位置的时间。

00:00:12:00 ：输出文件的持续时间。

：设置入点，可以自定义输出文件的开始时间。

：设置出点，可以自定义输出文件的结束时间。

适合 ：选择缩放级别，调整素材显示的比例大小。

：长宽比校正，校正视频的长宽比例。

源范围：整个序列 ：可以设置输出的时间范围。

2. 设置"导出设置"

"导出设置"选项组主要用于对导出的相关参数进行设置，如图 10-6 所示。

图 10-6

参数解读：

- 格式：设置导出素材的文件格式。
- 预设：设置视频的编码配置。
- 输出名称：设置视频输出的文件名称及路径。
- 导出视频、导出音频：勾选复选框后可以单独导出视频或音频。
- 摘要：显示当前输出文件的输出和源信息。

3. 扩展参数

"扩展参数"可以对输出文件进一步设置，其中包括"效果""视频""音频""字幕"和"发布"，如图 10-7 所示。

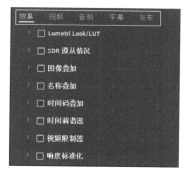

图 10-7

参数解读：

- 效果

"效果"可以设置导出文件的效果相关参数，如图 10-8 所示。

- 视频

"视频"可以设置导出视频的相关参数，如图 10-9 所示。

图 10-8

图 10-9

- 音频

"音频"可以设置导出音频的相关参数，如图 10-10 所示。

图 10-10

- 字幕

"字幕"可以设置导出文件中文字的相关参数，如图 10-11 所示。

图 10-11

● 发布

"发布"可以将输出完成的作品发布到某些平台上，如图 10-12 所示。

图 10-12

4. 其他参数

"其他参数"可以对输出文件的输出品质和输出方式进行选择，如图 10-13 所示。

图 10-13

10.1.2 导出帧

在 Premiere Pro 中，可以将素材中的某一帧导出为素材，也可以将制作好的视频中的某一帧导出为图片。

1. 在"源监视器"面板中导出帧

使用方法：

第1步 新建项目，导入任意一个素材。在"项目"面板中双击素材，此时进入"源监视器"面板中。在该面板中，① 将时间指示器滑动到合适的位置；② 单击"导出帧"按钮，如图 10-14 所示。

第2步 在弹出的"导出帧"对话框中，① 设置合适的名称、格式及路径；② 设置完成后单击"确定"按钮，如图 10-15 所示。

图 10-14

图 10-15

第3步 导出完成后，在刚才保存路径的文件夹中可以看到导出的图片，如图 10-16 所示。

图 10-16

2. 在"节目监视器"面板中导出帧

使用方法：

第1步 打开制作完成的工程文件，如图 10-17 所示。

图 10-17

第2步 在"节目监视器"面板中，❶ 将时间指示器滑动到合适位置；❷ 单击"导出帧"按钮，如图 10-18 所示。

图 10-18

第3步 在弹出的"导出帧"对话框中，❶ 设置合适的名称、格式及路径；❷ 设置完成后单击"确定"按钮，如图 10-19 所示。

图 10-19

第4步 导出完成后，在刚才保存路径的文件夹中可以看到导出的图片，如图 10-20 所示。

图 10-20

3.执行菜单命令导出帧

使用方法：

第1步 打开制作完成的工程文件，将时间线滑动到合适的位置，激活"时间轴"面板，执行"文件"/"导出"/"媒体"命令（快捷键为 Ctrl+M），如图 10-21 所示。

第2步 此时即可打开"导出设置"窗口，在"导出设置"选项组中，设置合适的格式，并输出名称和位置，设置完成后单击"导出"按钮，如图 10-22 所示。

图 10-21

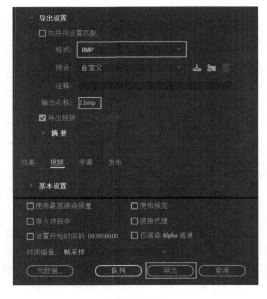

图 10-22

第3步 导出完成后，在刚才保存路径的文件夹中可以看到导出的图片，如图 10-23 所示。

图 10-23

10.1.3 使用 Adobe Media Encoder 输出作品

Adobe Media Encoder 是视频音频编码工具，可用于渲染输出不同格式的作品。需要安装与 Adobe Premiere Pro 版本一致的 Adobe Media Encoder 软件才可以使用。

Adobe Media Encoder 界面是由 5 个面板组成的，包括"媒体浏览器"面板、"队列"面板、"监视文件夹"面板、"预设浏览器"面板和"编码"面板，如图 10-24 所示。

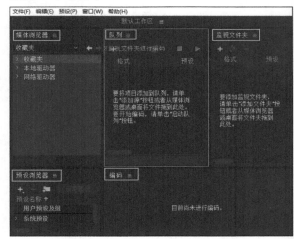

图 10-24

使用方法：

第1步 在 Premiere Pro 中完成作品制作后，激活"时间轴"面板，执行"文件"/"导出"/"媒体"命令，如图 10-25 所示。

图 10-25

第2步 在弹出的"导出设置"窗口中，单击下方的"队列"按钮，如图 10-26 所示。

图 10-26

第3步 此时会显示开启 Adobe Media Encoder 软件界面，如图 10-27 所示。

第4步 此时打开 Adobe Media Encoder 软件，如图 10-28 所示。

第5步 ① 在"队列"面板中单击■按钮，设置合适的格式；② 设置文件的保存路径及名称；③ 设置完成

后单击右上角的 ■（启动队列）按钮，如图 10-29 所示。

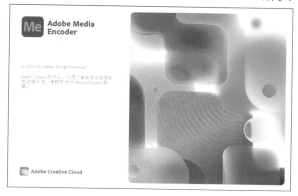

图 10-27

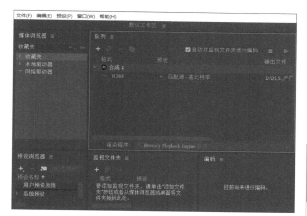

图 10-28

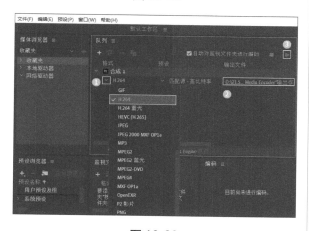

图 10-29

第6步 此时在"编码"面板中开始进行渲染，如图 10-30 所示。

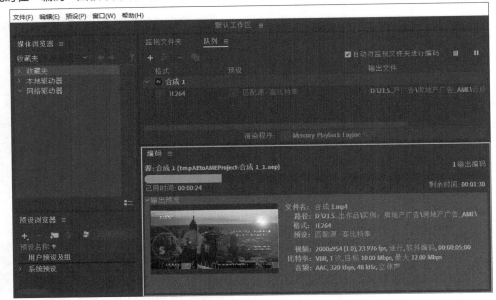

图 10-30

第7步 渲染完成后，可以在刚刚设置的保存路径的文件夹中找到渲染后的视频，如图 10-31 所示。

图 10-31

10.2 视频输出案例应用

10.2.1 案例：输出常用 .mp4 视频格式

扫一扫，看视频

核心技术：导出设置。

案例解析：本案例讲解如何输出 .mp4 视频格式，效果如图 10-32 所示。

图 10-32

操作步骤：

第1步 打开本书配套文件"输出常用 .mp4 视频格式"，如图 10-33 所示。

第2步 打开"时间轴"面板，然后执行"文件"/"导出"/"媒体"命令，或者使用快捷键 Ctrl+M 打开"导出设置"窗口，如图 10-34 所示。

第3步 在弹出的"导出设置"窗口中设置"格式"为"H.264"，然后单击"输出名称"后面的 01.mp4，如图 10-35 所示。

图 10-33

图 10-34

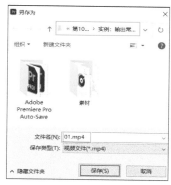

图 10-35

第4步 在弹出的对话框中设置文件的保存路径及文件名，设置完成后单击"保存"按钮，如图 10-36 所示。

图 10-36

第5步 在"导出设置"窗口中勾选"使用最高渲染质量"复选框，接着单击"导出"按钮，如图 10-37 所示。

图 10-37

第6步 此时会在弹出的对话框中显示渲染进度条，如图 10-38 所示。

图 10-38

第7步 渲染完成后，在保存路径中即可出现该视频的 .mp4 格式，如图 10-39 所示。

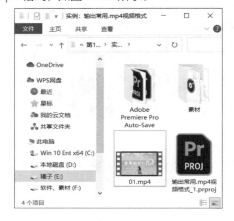

图 10-39

10.2.2 案例：输出时间轴中部分视频片段

扫一扫，看视频

核心技术：导出设置。

案例解析：本案例讲解输出时间轴中的部分视频片段，效果如图 10-40 所示。

图 10-40

操作步骤：

第1步 打开本书配套文件"输出时间轴中部分视频片段"，如图 10-41 所示。

第2步 打开"时间轴"面板，然后执行"文件"/"导出"/"媒体"命令（如图 10-42 所示），或者使用快捷键 Ctrl+M 打开"导出设置"窗口。

图 10-41

图 10-42

第3步 在弹出的"导出设置"窗口中设置"格式"
为 H.264，在"输出"面板中设置视频的起始时间为
第 2 秒，结束时间为第 8 秒，然后选择"输出名称"
后面的 01.mp4，如图 10-43 所示。

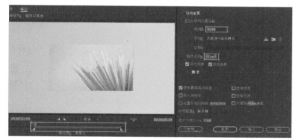

图 10-43

第4步 在弹出的对话框中设置文件的保存路径及文
件名，设置完成后单击"保存"按钮，如图 10-44 所示。

图 10-44

第5步 在"导出设置"窗口中勾选"使用最高渲染质
量"复选框，单击"导出"按钮，如图 10-45 所示。

图 10-45

第6步 此时会在弹出的对话框中显示渲染进度条，
如图 10-46 所示。

图 10-46

第7步 渲染完成后，在保存路径中即出现该视频的
播放视频，此时便可看到起始画面与结束画面，如
图 10-47 所示。

图 10-47

10.2.3 案例：输出体积较小的视频

核心技术：渲染队列。

案例解析：本案例主要使用比特率制
作小体积的视频，效果如图 10-48
所示。

扫一扫，看视频

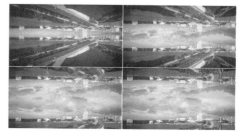

图 10-48

操作步骤：

第1步 打开本书配套文件"输出体积较小的视频"，如图 10-49 所示。

图 10-49

第2步 打开"时间轴"面板，然后执行"文件"/"导出"/"媒体"命令（如图 10-50 所示），或者使用快捷键 Ctrl+M 打开"导出设置"窗口。

图 10-50

第3步 ① 在弹出的"导出设置"对话框中设置"格式"为 H.264；② 单击"输出名称"后面的 01.mp4，设置文件的保存路径及文件名，单击"保存"按钮，如图 10-51 所示。

图 10-51

第4步 单击下方的"视频"设置，打开"比特率设置"选项组，① 设置"比特率编码"为 VBR，2 次；② 设置"目标比特率"为 4，"最大比特率"为 4，并单击"导出"按钮，如图 10-52 所示。

此时会在弹出的对话框中显示渲染进度条，如图 10-53 所示。

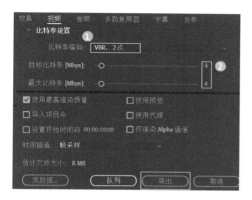

图 10-52

图 10-53

第5步 渲染完成后，在保存路径中即可出现该视频的 mp4 格式，如图 10-54 所示。

图 10-54

第6步 右击视频，在弹出的快捷菜单中执行"属性"命令，在弹出的"01.mp4 属性"对话框中打开"详细信息"选项卡，在"文件"属性栏中会看到视频的体积变得非常小，如图 10-55 所示。

图 10-55

10.2.4 案例：输出图片

核心技术：导出设置。

案例解析：本案例讲解如何输出图片，效果如图 10-56 所示。

扫一扫，看视频

图 10-56

操作步骤：

第1步 打开本书配套文件"输出图片"，如图 10-57 所示。

图 10-57

第2步 打开"时间轴"面板,然后执行"文件"/"导出"/"媒体"命令(如图 10-58 所示),或者使用快捷键 Ctrl+M 打开"导出设置"窗口。

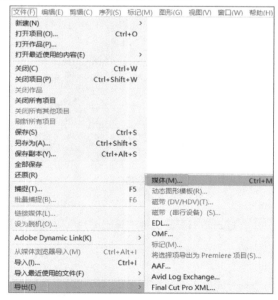

图 10-58

第3步 在"输出"面板中将时间线滑动到第 4 秒位置,如图 10-59 所示。

图 10-59

第4步 ① 在弹出的"导出设置"对话框中设置"格式"为 BMP;② 单击"输出名称"后面的 01.bmp,设置文件的保存路径及文件名,单击"保存"按钮,如图 10-60 所示。

图 10-60

第5步 在"视频"设置中,取消勾选"导出为序列"

复选框,勾选"使用最高渲染质量"复选框,并单击"导出"按钮,如图 10-61 所示。

图 10-61

第6步 渲染完成后,在保存路径中即可查看输出单帧图片文件,如图 10-62 所示。

图 10-62

10.2.5 案例:输出小尺寸视频

核心技术:渲染队列。

案例解析:本案例讲解如何输出小尺寸视频,效果如图 10-63 所示。

扫一扫,看视频

图 10-63

操作步骤:

第1步 打开本书配套文件"输出小尺寸视频",如图 10-64 所示。

图 10-64

第2步 打开"时间轴"面板，然后执行"文件"/"导出"/"媒体"命令（如图10-65所示），或者使用快捷键 Ctrl+M 打开"导出设置"窗口。

图 10-65

第3步 ❶ 在弹出的"导出设置"窗口中设置"格式"为 H.264；❷ 单击"输出名称"后面的 01.mp4；设置文件的保存路径及文件名，接着单击"保存"按钮，如图10-66所示。

图 10-66

第4步 打开"视频"/"基本视频设置"，❶ 在"宽度"与"高度"后面单击▣（选择在调整大小时保持帧长宽比不变）按钮，❷ 设置"宽度"为562，"高度"为1.000；❸ 取消勾选"将此属性和源视频相匹配（值可能受输出格式的约束）"复选框，如图10-67所示。

设置完成后单击下方的"导出"按钮，此时会在弹出的对话框中显示渲染进度条，如图10-68所示。

图 10-67

图 10-68

第5步 渲染完成后，在保存路径中即可出现该视频的 .mp4 格式，如图10-69所示。

图 10-69

第6步 右击视频，在弹出的快捷菜单中执行"属性"命令，在弹出的"01.mp4 属性"对话框中单击"详细信息"标签，在"视频"属性栏中会看到视频的尺寸变得非常小，如图10-70所示。

图 10-70

10.2.6 案例：应用 Adobe Media Encoder 输出视频

核心技术：Adobe Media Encoder。

案例解析：本案例使用 Adobe Media Encoder 输出视频。

扫一扫，看视频

操作步骤：

第1步 打开本书配套文件"应用 Adobe Media Encoder 输出视频"，如图 10-71 所示。

图 10-71

第2步 打开"时间轴"面板，然后执行"文件"/"导出"/"媒体"命令（如图 10-72 所示），或者使用快捷键 Ctrl+M 打开"导出设置"窗口。

图 10-72

第3步 在弹出的"导出设置"窗口中单击"队列"按钮，如图 10-73 所示。

图 10-73

第4步 此时正在开启 Adobe Media Encoder，如图 10-74 所示。

图 10-74

第5步 单击进入"队列"面板，❶ 单击 ✓（向下箭头）按钮，设置"格式"为 QuickTime；❷ 设置完成后，单击右上角的 ▶（启动队列）按钮，如图 10-75 所示。

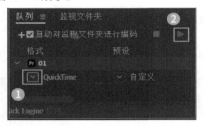

图 10-75

第6步 渲染完成后，在刚才设置的保存路径的文件夹中可以找到渲染出的视频 01.mov，如图 10-76 所示。

图 10-76

实用视频美化处理

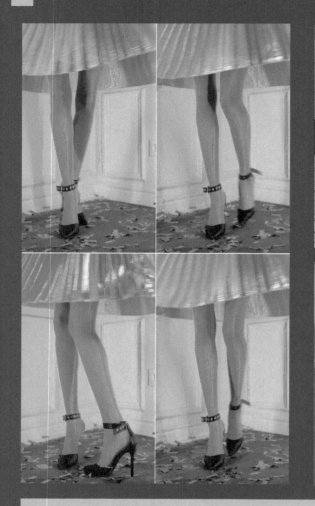

PART

11

众所周知，我们可以对照片进行修饰、美白、瘦脸、祛痘等处理，那是否也能对视频进行这些处理呢？在 Premiere Pro 中也可以对视频人像进行美化处理，包括皮肤美白、去水印、祛斑嫩肤、祛痘印等。在本章中将会对以上内容进行讲解。

本章关键词

- 人物面部修饰
- 人物身形修饰
- 去水印

11.1　案例：秒变大长腿

扫一扫，看视频

核心技术："变换"。

案例解析：本案例使用"变换"效果并添加蒙版，制作出长腿效果，如图11-1所示。

图 11-1

操作步骤：

第1步 新建项目、序列。

执行"文件"/"新建"/"项目"命令，新建一个项目。执行"文件"/"新建"/"序列"命令，在"新建序列"对话框中单击"设置"按钮，设置"编辑模式"为"自定义"，"时基"为25.00帧/秒，"帧大小"为1080、2340，"像素长宽比"为"HD变形1080（1.333）"，"场"为"无场（逐行扫描）"。

第2步 导入素材，编辑素材。

执行"文件"/"导入"命令，导入全部素材。在"项目"面板中将01.mp4素材拖动到"时间轴"面板中，如图11-2所示。在弹出的"剪辑不匹配警告"提示框中单击"保持现有设置"按钮。

此时画面效果如图11-3所示。

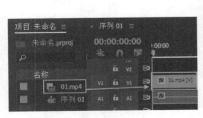

图 11-2

图 11-3

在"时间轴"面板中选择V1轨道上的01.mp4素材，接着在"效果控件"面板中展开"运动"，设置"位置"为（540.0，1000.0），设置"缩放"为67.0，如图11-4所示。

此时画面效果如图11-5所示。

图 11-4　　　　　　　　图 11-5

第3步 制作长腿效果。

❶ 在"效果"面板中搜索"变换"效果；❷ 将该效果拖动到V1轨道的01.mp4素材上，如图11-6所示。

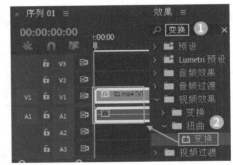

图 11-6

❶ 在"效果控件"面板中单击"变换"下方的 ■（创建4点多边形蒙版）按钮；❷ 取消勾选"等比缩放"复选框；❸ 设置"缩放高度"为115.0，如图11-7所示。

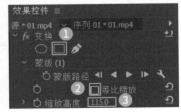

图 11-7

在"效果控件"面板中选中蒙版（1），接着在"节目监视器"面板中单击选中矩形蒙版的路径锚点，拖动锚点调整蒙版的路径形状，如图11-8所示。

图 11-8

此时本案例制作完成，滑动时间线，效果如图11-9所示。

图 11-9

11.2 案例：让暗黄皮肤变得白皙

核心技术："Lumetri 颜色"。

案例解析：本案例使用"Lumetri 颜色"效果让暗黄皮肤变得白皙。其效果如图11-10所示。

扫一扫，看视频

图 11-10

操作步骤：

第1步 新建项目、序列。

执行"文件"/"新建"/"项目"命令，新建一个项目。执行"文件"/"新建"/"序列"命令，在"新建序列"对话框中单击"设置"按钮，设置"编辑模式"为 ARRI Cinema，"时基"为 23.976 帧/秒，"帧大小"为 1920、1080，"像素长宽比"为"方形像素（1.0）"，"场"为"无场（逐行扫描）"。

第2步 导入素材，编辑素材。

执行"文件"/"导入"命令，导入全部素材。在"项目"面板中将 01.mp4 素材拖动到"时间轴"面板中，如图 11-11 所示。在弹出的"剪辑不匹配警告"提示框中单击"保持现有设置"按钮。

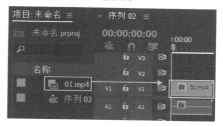

图 11-11

此时画面效果如图 11-12 所示。

图 11-12

在"时间轴"面板中选择 V1 轨道上的 01.mp4 素材，右击该素材，在弹出的快捷菜单中执行"取消链接"命令，接着选择 A1 轨道的音频文件，按 Delete 键将音频文件删除，如图 11-13 所示。

在"时间轴"面板中选择 V1 轨道的 01.mp4 素材，接着在"效果控件"面板中展开"运动"，设置"缩放"为 80.0，如图 11-14 所示。

图 11-13

图 11-14

此时画面效果如图 11-15 所示。

图 11-15

第3步 调整人物肤色颜色。

❶ 在"效果"面板中搜索"Lumetri 颜色"效果；❷ 将该效果拖动到 V1 轨道的 01.mp4 素材上，如图 11-16 所示。

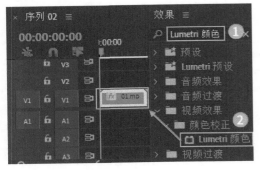

图 11-16

在"效果控件"面板中展开"Lumetri 颜色"/"HSL 辅助"/"键"，❶ 单击"设置颜色"后方的吸管吸取画面中人物鼻子周围的颜色；❷ 单击"添加颜色"后方的吸管吸取画面中人物脸颊的颜色；❸ 单击"移除颜色"后方的吸管吸取画面中人物衣服的颜色，如图 11-17 所示。

❶ 调整 H、S、L 的颜色滑块到合适的位置；❷ 勾选"显示蒙版"复选框，设置蒙版类型为"白色/黑色"，如图 11-18 所示。

图 11-17

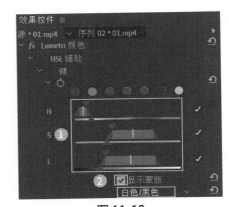

图 11-18

此时蒙版效果如图 11-19 所示。

图 11-19

在"效果/控件"面板中展开"更正"，接着单击■（整体）按钮，然后将滑块滑动到合适的位置，如图 11-20 所示。

❶ 取消勾选"显示蒙版"复选框；❷ 单击■（三项颜色）按钮，然后将"中间调"和"阴影"的滑块滑动到合适位置，如图 11-21 所示。

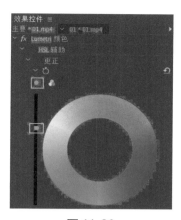

图 11-20

图 11-21

此时本案例制作完成，滑动时间线，效果如图 11-22 所示。

图 11-22

11.3　案例：使用上下黑条去除视频水印

核心技术："字幕"面板。

案例解析：本案例使用"字幕"面板的"矩形工具"绘制黑条遮挡水印。前后对比效果如图 11-23 所示。

图 11-23

操作步骤：

第1步　新建项目、序列。

执行"文件"/"新建"/"项目"命令，新建一个项目。执行"文件"/"新建"/"序列"命令，在"新建序列"对话框中单击"设置"按钮，设置"编辑模式"为 ARRI Cinema，"时基"为 24.00 帧 / 秒，"帧大小"为 1920、1080，"像素长宽比"为"方形像素（1.0）"，"场"为"无场（逐行扫描）"。执行"文件"/"导入"命令，导入全部素材。在"项目"面板中将 01.mp4 素材拖动到"时间轴"面板的 V1 轨道上，如图 11-24 所示。

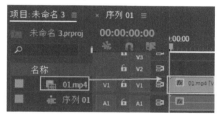

图 11-24

此时画面效果如图 11-25 所示。

图 11-25

第2步　制作形状图形去除水印。

执行"文件"/"新建"/"旧版标题"命令，如图 11-26 所示。

在弹出的"新建字幕"对话框中设置"名称"为"字幕 01"，然后单击"确定"按钮，如图 11-27 所示。

图 11-26

图 11-27

❶ 在 "字幕:字幕 01" 面板中选择 ■（矩形工具）；
❷ 在工作区域中画面的顶部和底部分别绘制一个矩形；
❸ 设置 "填充类型" 为 "实底"，"颜色" 为黑色，如图 11-28 所示。设置完成后，关闭 "字幕:字幕 01" 面板。

图 11-28

将 "项目" 面板的字幕 01 拖动到 "时间轴" 面板中的 V2 轨道上，并设置字幕 01 的结束时间为 24 秒 23 帧，如图 11-29 所示。

此时本案例制作完成，前后对比效果如图 11-30 所示。

图 11-29

图 11-30

11.4 案例：使用"中间值"效果去除视频水印

扫一扫，看视频

核心技术："中间值"。
案例解析：本案例使用 "中间值" 效果去除视频水印。前后对比效果如图 11-31 所示。

图 11-31

操作步骤：

第1步 新建项目、序列，导入素材。

执行 "文件" / "新建" / "项目" 命令，新建一个项目。执行 "文件" / "新建" / "序列" 命令，在 "新建序列" 对话框中单击 "设置" 按钮，设置 "编辑模式" 为 ARRI Cinema，"时基" 为 24.00 帧 / 秒，"帧大小" 为 1920、1080，"像素长宽比" 为 "方形像素（1.0）"，"场" 为 "无场（逐行扫描）"。执行 "文件" / "导入" 命令，导入全部素材。在 "项目" 面板中将 01.mp4 素材拖动到 "时间轴" 面板的 V1 轨道上，如图 11-32 所示。

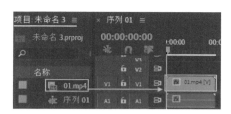

图 11-32

此时画面效果如图 11-33 所示。

图 11-33

第2步 去除视频水印。

① 在"效果"面板中搜索"中间值"效果；② 将该效果拖动到 V1 轨道的 01.mp4 素材上，如图 11-34 所示。

图 11-34

① 在"效果控件"面板中单击"中间值"下方的■（创建 4 点多边形蒙版）按钮；② 设置"蒙版羽化"为 20.0，"半径"为 30，如图 11-35 所示。

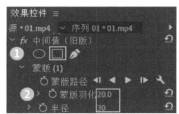

图 11-35

在"效果控件"面板中选中蒙版（1），接着在"节目监视器"面板中单击选中矩形蒙版的路径锚点，拖动锚点调整蒙版的路径形状，如图 11-36 所示。

图 11-36

此时本案例制作完成，前后对比效果如图 11-37 所示。

图 11-37

11.5 案例：使用 Beauty Box 插件祛斑嫩肤

核心技术：Beauty Box 插件。

案例解析：本案例使用 Beauty Box 插件为人物祛斑嫩肤，效果如图 11-38 所示。

扫一扫，看视频

图 11-38

操作步骤：

第1步 新建项目、序列，导入素材。

执行"文件"/"新建"/"项目"命令，新建一个项目。执行"文件"/"新建"/"序列"命令，在"新建序列"对话框中单击"设置"按钮，设置"编辑模式"

为 DNxHR 4K，"时基"为 25.00 帧/秒，"像素长宽比"为"方形像素（1.0）"。执行"文件"/"导入"命令，导入全部素材。在"项目"面板中将 01.mp4 素材拖动到"时间轴"面板的 V1 轨道上，如图 11-39 所示。

图 11-39

此时画面效果如图 11-40 所示。

图 11-40

第2步 制作祛斑嫩肤效果。

在"效果"面板中，展开"视频效果"/Digital Anarchy，将 Beauty Box 效果拖动到 V1 轨道的 01.mp4 素材上，如图 11-41 所示。

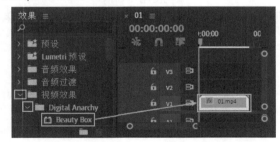

图 11-41

在"时间轴"面板中选中 01.mp4 素材，在"效果控件面板"中，❶展开 Beauty Box/"遮罩"；❷设置"暗部颜色"为灰色，"取值范围"为 70.0%，如图 11-42 所示。

此时本案例制作完成，滑动时间线，效果如图 11-43 所示。

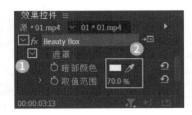

图 11-42

图 11-43

11.6 案例：祛除面部斑点

扫一扫，看视频

核心技术："高斯模糊"。

案例解析：本案例使用"高斯模糊"命令，祛除视频中人物面部的斑点，效果如图 11-44 所示。

图 11-44

操作步骤：

第1步 新建项目、序列，导入素材。

执行"文件"/"新建"/"项目"命令，新建一个项目。执行"文件"/"新建"/"序列"命令，在"新建序列"对话框中单击"设置"按钮，设置"编辑模式"为 ARRI Cinema，"时基"为 25.00 帧/秒，"帧大小"为 1920、1080，"像素长宽比"为"方形像素（1.0）"，"场"为"无场（逐行扫描）"。执行"文件"/"导入"命令，导入全部素材。在"项目"面板中将 01.mp4 素材拖动到"时间轴"面板的 V1 轨道上，如图 11-45 所示。

此时画面效果如图 11-46 所示。

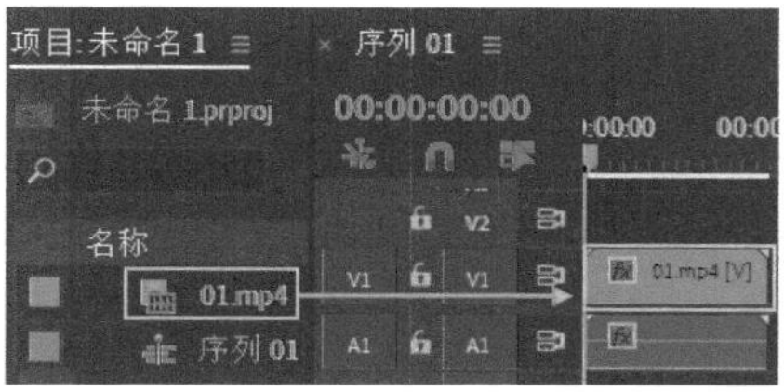

图 11-45

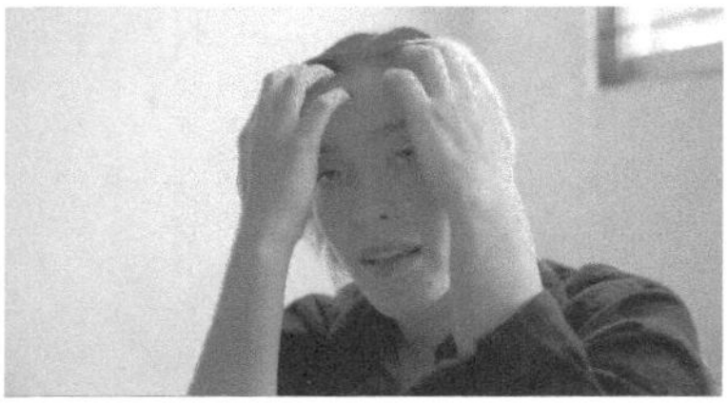

图 11-46

第2步 祛除斑点。

❶ 在“效果”面板中搜索“高斯模糊”效果；❷ 将该效果拖动到 V1 轨道的 01.mp4 素材上，如图 11-47 所示。

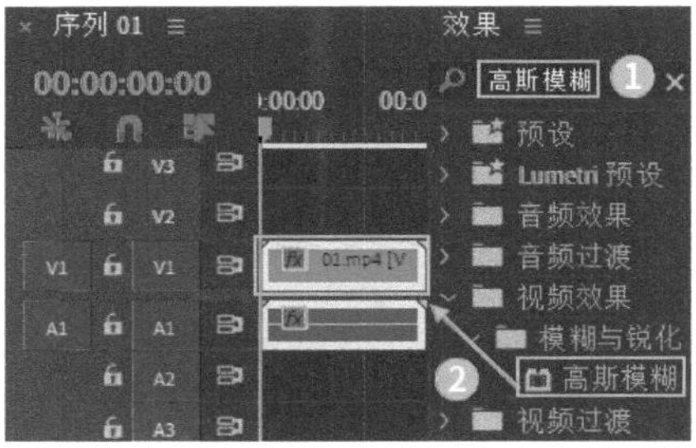

图 11-47

❶ 在“效果控件”面板中单击“高斯模糊”下方的 （创建椭圆形蒙版）按钮；❷ 设置“蒙版羽化”为 20.0，“模糊度”为 30.0，如图 11-48 所示。

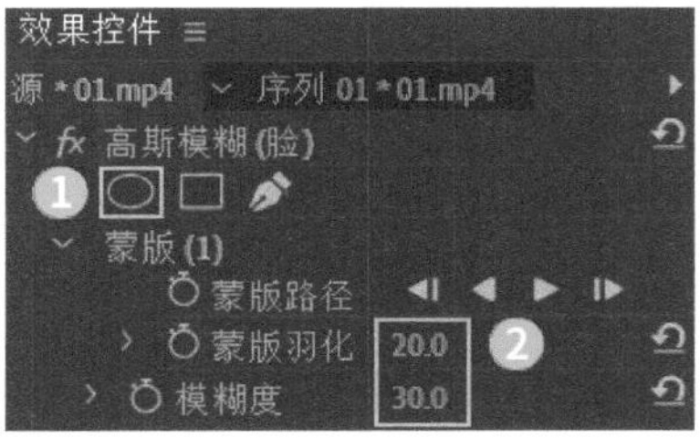

图 11-48

在“效果控件”面板中选中蒙版（1），接着在“节目监视器”面板中单击选中椭圆形蒙版的路径锚点，拖动锚点调整蒙版的路径形状，如图 11-49 所示。

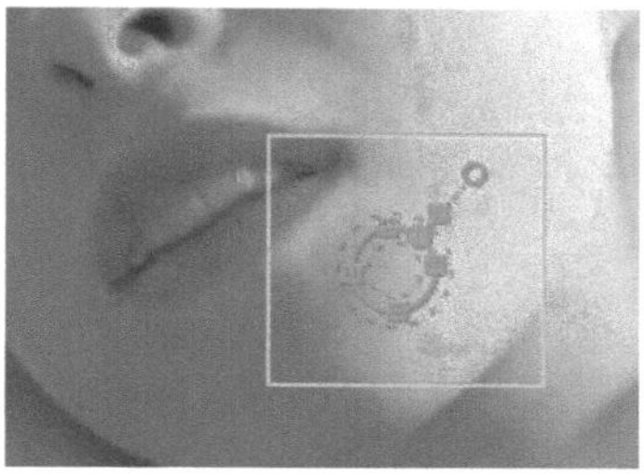

图 11-49

将时间线滑动到起始位置，接着在“效果控件”面板中单击“高斯模糊”下方的“蒙版的路径”中的 （向前跟踪所选蒙版）按钮，如图 11-50 所示。

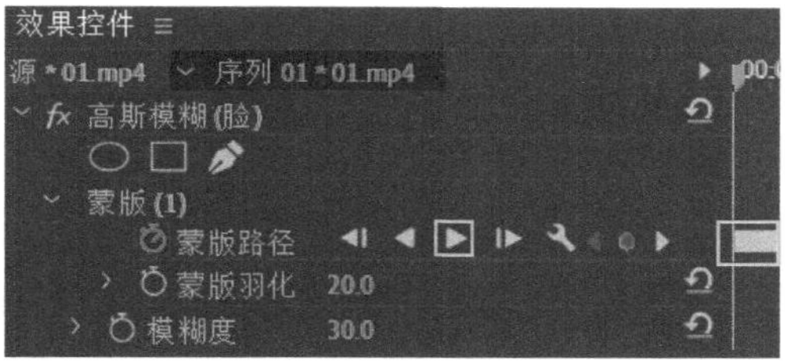

图 11-50

此时画面前后对比效果如图 11-51 所示。

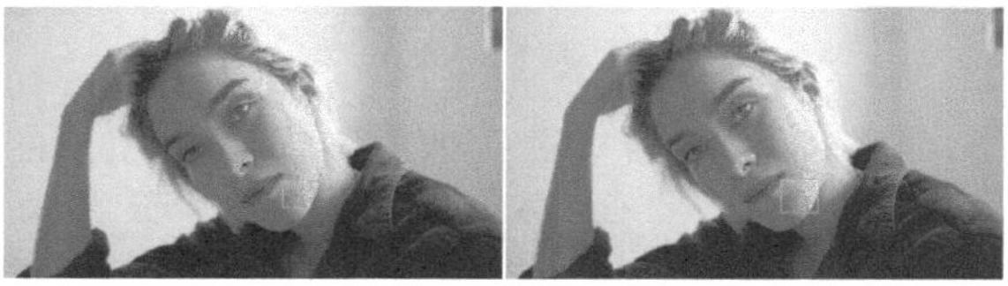

图 11-51

再次将“高斯模糊”效果拖动到 V1 轨道的 01.mp4 素材上。❶ 在“效果控件”面板中单击“高斯模糊”下方的 （创建椭圆形蒙版）按钮；❷ 设置“蒙版羽化”为 20.0；❸ 将时间线滑动到第 2 秒 19 帧位置，单击“模糊度”前方的 （时间变化秒表）按钮，设置“模糊度”为 30.0；接着将时间线滑动到第 3 秒 9 帧位置，单击添加关键帧，如图 11-52 所示。

图 11-52

在"效果控件"面板中选中蒙版（1），接着在"节目监视器"面板中单击选中椭圆形蒙版的路径锚点，拖动锚点调整蒙版的路径形状，如图 11-53 所示。

图 11-53

此时画面前后对比效果如图 11-54 所示。

图 11-54

再次将"高斯模糊"效果拖动到 V1 轨道的 01.mp4 素材上。❶ 在"效果控件"面板中单击"高斯模糊"下方的 ◯（创建椭圆形蒙版）按钮。❷ 设置"蒙版羽化"为 20.0。❸ 将时间线滑动到第 3 秒 14 帧位置，单击"模糊度"前方的 ◯（时间变化秒表）按钮，设置"模糊度"为 0.0；将时间线滑动到第 3 秒 15 帧位置，设置"模糊度"为 30.0；将时间线滑动到第 4 秒 16 帧位置，设置"模糊度"为 50.0；将时间线滑动到第 7 秒位置，设置"模糊度"为 40.0，如图 11-55 所示。

在"效果控件"面板中选中蒙版（1），接着在"节目监视器"面板中单击选中椭圆形蒙版的路径锚点，拖动锚点调整蒙版的路径形状，如图 11-56 所示。

图 11-55

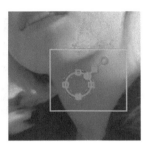

图 11-56

将时间线滑动到第 3 秒 16 帧位置，接着在"效果控件"面板中单击"高斯模糊"下方的"蒙版的路径"中的 ▶（向前跟踪所选蒙版）按钮，如图 11-57 所示。

图 11-57

此时画面前后对比效果如图 11-58 所示。

图 11-58

再次将"高斯模糊"效果拖动到 V1 轨道的 01.mp4 素材上。❶ 在"效果控件"面板中单击"高斯模糊"下方的 ◯（创建椭圆形蒙版）按钮；❷ 设置"模糊度"为 30.0，如图 11-59 所示。

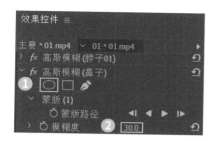

图 11-59

在"效果控件"面板中选中蒙版（1），接着在"节目监视器"面板中单击选中椭圆形蒙版的路径锚点，拖动锚点调整蒙版的路径形状，如图 11-60 所示。

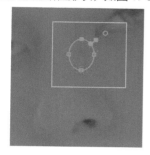

图 11-60

将时间线滑动到起始位置，接着在"效果控件"面板中单击"高斯模糊"/"蒙版的路径"中的 ▶（向前跟踪所选蒙版）按钮，如图 11-61 所示。

图 11-61

此时本案例制作完成，滑动时间线，效果如图 11-62 所示。

图 11-62

视频特效设计

PART

12

第 **12** 章

　　为视频添加效果、设置动画，使视频看起来更梦幻、更奇特、更有趣，这是视频特效的意义所在。在特效电影中经常看到特效镜头，刺激、惊险、唯美、抽象，这些都是视频特效的应用范畴，也是 Premiere Pro 中难度较大的一部分，本章将应用各种效果为视频添加特效。

本章关键词

- 宣传片特效设计
- 镜像翻转特效设计
- 炫彩炫光特效设计

12.1 案例：制作摄影课程宣传片特效

扫一扫，看视频

核心技术："添加帧定格""闪光灯""油漆桶""四色渐变""Brightness & Contrast"。

案例解析：本案例使用"添加帧定格"命令定格画面，并添加"油漆桶"效果为人物添加描边。

使用"矩形工具"与"闪光灯"效果制作摄影拍摄感。使用"四色渐变""Brightness & Contrast"效果制作图标的变化，效果如图 12-1 所示。

图 12-1

操作步骤：

第1步 新建项目、序列，导入文件。

执行"文件"/"新建"/"项目"命令，新建一个项目。执行"文件"/"新建"/"序列"命令，并执行"文件"/"导入"命令，导入全部素材。在"项目"面板中将 01.mp4 素材拖动到"时间轴"面板中，此时在"项目"面板中自动生成一个与 01.mp4 素材等大的序列，如图 12-2 所示。

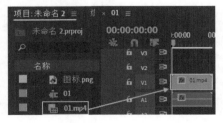

图 12-2

此时画面效果如图 12-3 所示。

图 12-3

第2步 定格动画并制作相机摄影感视频。

在"时间轴"面板中选择 V1 轨道的 01.mp4 素材，❶ 右击该素材；❷ 在弹出的快捷菜单中执行"取消链接"命令，此时视频和音频解除一体状态，可单独进行操作，如图 12-4 所示。

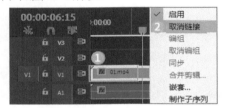

图 12-4

在"时间轴"面板中的选择 V1 轨道上的 01.mp4 素材，❶ 单击工具箱中的 ◆（剃刀工具）按钮，然后将时间线滑动到第 6 秒 15 帧位置；❷ 单击剪辑 01.mp4 素材，如图 12-5 所示。

图 12-5

选择 V1 轨道的 01.mp4 素材的后半部分，❶ 右击 01.mp4 素材的后半部分文件；❷ 在弹出的快捷菜单中执行"添加帧定格"命令，如图 12-6 所示。

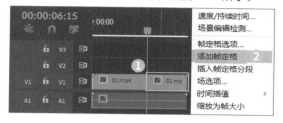

图 12-6

执行"文件"/"新建"/"旧版标题"命令（如图 12-7 所示），即可打开"字幕"面板。

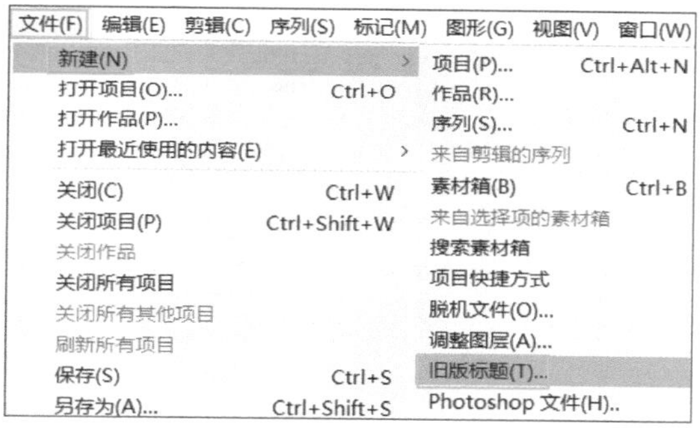

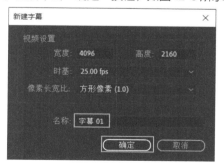

图 12-7

在弹出的"新建字幕"对话框中设置"名称"为"字幕 01"，然后单击"确定"按钮，如图 12-8 所示。

图 12-8

❶ 在"字幕:字幕 01"面板中选择■（矩形工具）；❷ 在工作区域中的左上角绘制一个矩形；❸ 设置"图形类型"为"矩形"，"填充类型"为"实底"，"颜色"为黄色，如图 12-9 所示。

图 12-9

继续使用同样的方法，在工作区域的其他位置绘制其他矩形，效果如图 12-10 所示。

图 12-10

设置完成后，关闭"字幕:字幕 01"面板。❶ 在"项目"面板中将字幕 01 拖动到"时间轴"面板的 V3 轨道上；❷ 设置结束时间为第 6 秒 15 帧，如图 12-11 所示。

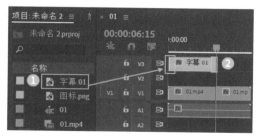

图 12-11

❶ 在"效果"面板中搜索"闪光灯"效果；❷ 将该效果拖动到 V3 轨道的字幕 01 上，如图 12-12 所示。

此时滑动时间线，画面效果如图 12-13 所示。

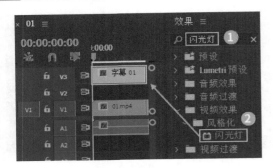

图 12-12

图 12-13

第3步 制作人物描边效果。

在"时间轴"面板中选择 V1 轨道上的 01.mp4 素材的后半部分，按 Alt 键复制并按住鼠标左键将其拖动到 V3 轨道上，如图 12-14 所示。

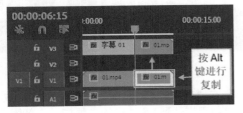

图 12-14

单击选中 V3 轨道上的 01.mp4 素材，在"效果控件"面板中单击"不透明度"下方的 （自由绘制

贝塞尔曲线）按钮，如图 12-15 所示。

图 12-15

将时间线滑动到第 6 秒 15 帧位置，在"效果控件"面板中选中蒙版（1），接着在"节目监视器"面板中使用"自由绘制贝塞尔曲线"在人物边缘单击添加锚点，接着继续单击添加锚点，最后回到起点绘制一个闭合路径，效果如图 12-16 所示。

图 12-16

在"时间轴"面板中选择 V3 轨道上的 01.mp4 素材，❶ 右击该素材；❷ 在弹出的快捷菜单中执行"嵌套"命令，如图 12-17 所示。

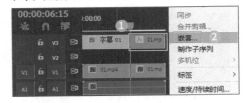

图 12-17

在弹出的"嵌套序列名称"对话框中，单击"确定"按钮，如图 12-18 所示。

图 12-18

选中 V3 轨道上的嵌套序列 01，接着在"效果"面板中搜索"油漆桶"效果，将该效果拖动到 V3 轨道的嵌套序列 01 上，在"效果控件"面板中展开"油漆桶"，设置"填充选择器"为"Alpha 通道"，"描边"为"描边"，"描边宽度"为 15.0，设置"颜色"为白色，如图 12-19 所示。

此时画面效果如图 12-20 所示。

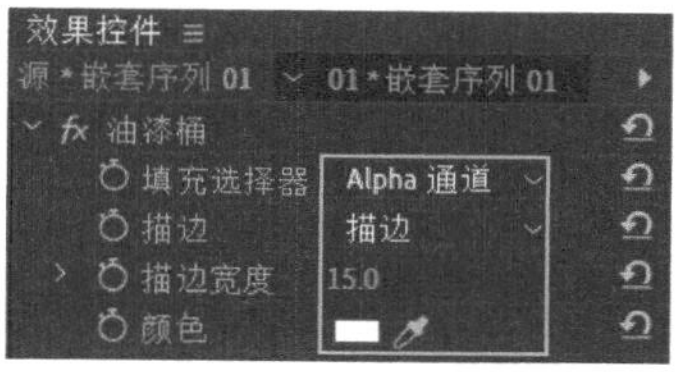

图 12-19　　　　图 12-20

第4步　制作元素与文字。

执行"文件"/"新建"/"旧版标题"命令，如图 12-21 所示。

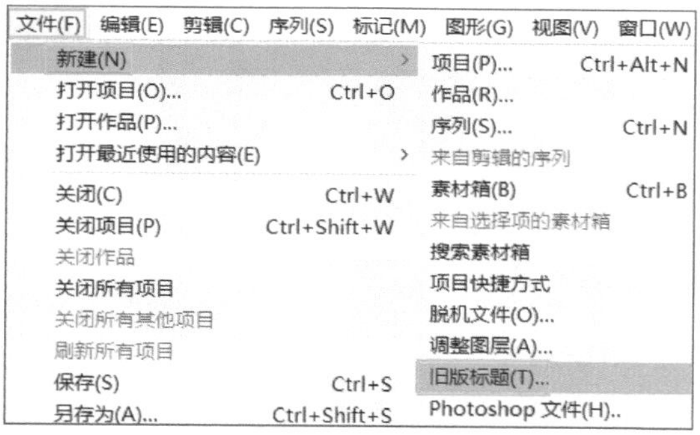

图 12-21

在弹出的"新建字幕"对话框中设置"名称"为"字幕 02"。❶ 在"字幕：字幕 02"面板中选择■（矩形工具）。❷ 在工作区域中画面的底部绘制 1 个矩形。❸ 展开"变换"，设置"旋转"为 330.0°；展开"属性"，设置"图形类型"为"矩形"，展开"填充"，设置"填充类型"为"实底"，"颜色"为黄色，如图 12-22 所示。

❶ 继续使用"矩形工具"在工作区域画面中黄色矩形的上方绘制 1 个矩形；❷ 设置"旋转"为 330.0°，"图

形类型"为"矩形"，"填充类型"为"实底"，"颜色"为橘黄色；❸ 勾选"阴影"复选框，如图 12-23 所示。

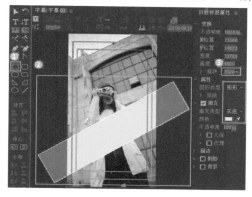

图 12-22

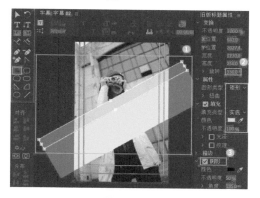

图 12-23

再次使用"矩形工具"在工作区域画面中橘黄色矩形的上方绘制 1 个矩形，并设置"旋转"为 330.0°，"图形类型"为"矩形"，"填充类型"为"实底"，"颜色"为橘色，勾选"阴影"复选框，如图 12-24 所示。

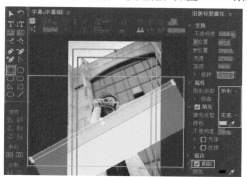

图 12-24

❶ 在"字幕:字幕 02"面板中选择 T（文字工具）。
❷ 在工作区域中画面的合适位置输入文字内容。❸ 设置"对齐方式"为 ▤（左对齐）。❹ 展开"变换"，设置"旋转"为 330.0°；展开"属性"，设置合适的"字体系列"和"字体样式"，设置"字体大小"为 400.0，"颜色"为白色，勾选"阴影"复选框，如图 12-25 所示。

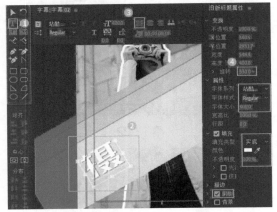

图 12-25

继续使用"文字工具"在工作区域中画面的合适位置输入其他文字内容，效果如图 12-26 所示。设置完成后关闭"字幕：字幕 02"面板。

图 12-26

将时间线滑动到第 7 秒 3 帧位置，在"项目"面板中将字幕 02 拖动到"时间轴"面板的 V2 轨道上，如图 12-27 所示。

图 12-27

在"效果控件"面板中展开"运动"选项，将时间线滑动到第 7 秒 3 帧位置，单击"位置"前方的 ⏱（切换动画）按钮，设置"位置"为（1080.0，5000.0）；接着将时间线滑动到第 7 秒 13 帧位置，设置"位置"为（1080.0，1920.0），如图 12-28 所示。

图 12-28

此时滑动时间线，V2 轨道上字幕 01 的画面效果如图 12-29 所示。

图 12-29

第5步 新建文字并制作图标动画。

执行"文件"/"新建"/"旧版标题"命令，如图 12-30 所示。

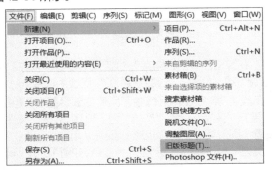

图 12-30

在弹出的"新建字幕"对话框中设置"名称"为"字幕 03"。❶ 在"字幕:字幕 03"面板中选择 ▣（文字工具）。❷ 在工作区域中画面的合适位置输入文字内容。❸ 设置"对齐方式"为 ▤（左对齐）。❹ 展开"变换",设置"高度"为 80.0,"旋转"为 330.0°;展开"属性",设置合适的"字体系列"和"字体样式",设置"字体大小"为 80.0,"宽高比"为 100.0%,"倾斜"为 30.0°;展开"填充",设置"填充类型"为"线性渐变",如图 12-31 所示。设置完成后关闭"字幕:字幕 03"面板。

图 12-31

将时间线滑动到第 8 秒位置,在"项目"面板中将字幕 03 拖动到"时间轴"面板的 V4 轨道上,如图 12-32 所示。

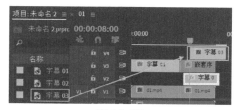

图 12-32

此时画面效果如图 12-33 所示。

图 12-33

将时间线滑动到第 8 秒位置,在"项目"面板中将图标 .png 素材拖动到"时间轴"面板的 V5 轨道上,如图 12-34 所示。

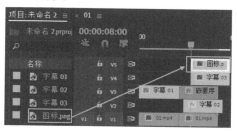

图 12-34

在"效果控件"面板中展开"运动",设置"位置"为（1250.0,1300.0）;"缩放"为 130.0,如图 12-35 所示。

此时画面图标效果如图 12-36 所示。

图 12-35　　　　　图 12-36

❶ 在"效果"面板中搜索"四色渐变"效果;❷ 将该效果拖动到 V5 轨道的图标 .png 素材上,如图 12-37 所示。

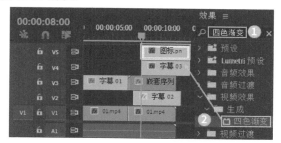

图 12-37

在"效果"面板中搜索"Brightness & Contrast"效果,将该效果拖动到 V5 轨道的图标 .png 素材上。在"效果控件"面板中展开"Brightness & Contrast",设置"对比度"为 50.0,如图 12-38 所示。

此时画面图标效果,如图 12-39 所示。

图 12-38　　　　　　图 12-39

此时本案例制作完成，滑动时间线，效果如图 12-40 所示。

图 12-40

12.2　案例：使用"垂直翻转"效果制作镜像画面

扫一扫，看视频

核心技术："垂直翻转""Lumetri 颜色"。

案例解析：本案例使用蒙版与"垂直翻转"制作镜像画面效果，使用"Lumetri 颜色"调整画面颜色，最终效果如图 12-41 所示。

图 12-41

操作步骤：

（第1步）新建项目、序列，导入素材。

执行"文件"/"新建"/"项目"命令，新建一个项目。执行"文件"/"新建"/"序列"命令，在"新建序列"对话框中单击"设置"按钮，设置"编辑模式"为 HDV 1080P，"时基"为 23.976 帧／秒，"像素长宽比"为"HD 变形 1080（1.333）"。执行"文件"/"导入"命令，导入全部素材。❶ 在"项目"面板中将 01.mp4 素材拖动到"时间轴"面板的 V1、V2 轨道上，在弹出的"剪辑不匹配警告"提示框中，单击"保持现有设置"按钮；❷ 将时间线滑动到第 5 秒 16 帧位置，将 02.mov 素材拖动到 V3 轨道上；❸ 将配乐 .mp3 素材拖动到 A1 轨道上，如图 12-42 所示。

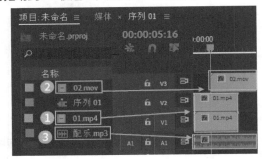

图 12-42

此时滑动时间线，画面效果如图 12-43 所示。

图 12-43

（第2步）制作镜像画面效果。

在"时间轴"面板中选择 V1 轨道上的 01.mp4 素材，在"效果控件"面板中展开"运动"，将时间线滑动到起始位置，单击"位置"前方的🔘（切换动画）按钮，设置"位置"为（720.0，550.0）；接着将时间线滑动到第 9 秒 12 帧位置，设置"位置"为（720.0，856.0），如图 12-44 所示。

图 12-44

在"时间轴"面板中选择 V2 轨道上的 01.mp4 素材,在"效果控件"面板中展开"运动",将时间线滑动到起始位置,单击"位置"前方的⏱(切换动画)按钮,设置"位置"为(720.0,440.0);接着将时间线滑动到第 9 秒 12 帧位置,设置"位置"为(720.0,270.0),如图 12-45 所示。

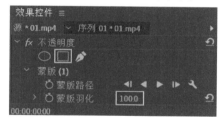

图 12-45

单击"不透明度"下方的▢(创建 4 点多边形蒙版)按钮,设置"蒙版羽化"为"100.0",如图 12-46 所示。

图 12-46

在"效果控件"面板中选中蒙版(1),接着在"节目监视器"面板中单击选中矩形蒙版的路径锚点,拖动锚点调整蒙版的路径形状,如图 12-47 所示。

图 12-47

在"效果控件"面板中展开"不透明度"/"蒙版",将时间线滑动到起始位置,单击"蒙版的路径"前方的⏱(切换动画)按钮;接着将时间线滑动到第 9 秒 12 帧位置,在"效果控件"面板中选中蒙版(1);接着在"节目监视器"面板中单击选中矩形蒙版的路径锚点,拖动锚点调整蒙版的路径形状,如图 12-48 所示。

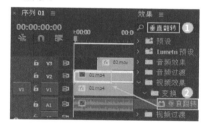

图 12-48

❶ 在"效果"面板中搜索"垂直翻转"效果;❷ 将该效果拖动到 V2 轨道的 01.mp4 素材文件上,如图 12-49 所示。

图 12-49

此时滑动时间线,V1、V2 轨道上的画面效果如图 12-50 所示。

图 12-50

在"时间轴"面板中选择 V3 轨道上的 02.mov 素材,在"效果控件"面板中展开"运动",设置"位置"为(600.0,540.0),设置"缩放"为 30.0,如图 12-51 所示。

图 12-51

此时画面效果如图 12-52 所示。

图 12-52

第3步 调整画面颜色。

在"项目"面板的空白位置右击，在弹出的快捷菜单中执行"新建项目"/"调整图层"命令，此时会弹出一个"新建颜色遮罩"对话框。❶ 在"项目"面板中将调整图层拖动到"时间轴"面板的 V4 轨道上；❷ 将结束时间设置为第 15 秒，如图 12-53 所示。

图 12-53

在"效果"面板中搜索"Lumetri 颜色"效果；将该效果拖动到 V4 轨道的调整图层上。在"效果控件"面板中展开"Lumetri 颜色"/"基本校正"/"色调"，设置"对比度"为 49.2，"高光"为 -25.4，"阴影"为 41.6，"黑色"为 45.9，如图 12-54 所示。

图 12-54

展开"创意"/"调整"，设置"自然饱和度"为24.3，"饱和度"为 84.3，如图 12-55 所示。

此时画面效果如图 12-56 所示。

图 12-55

图 12-56

展开"色轮和匹配"，将"阴影"的控制点向右上方拖动，如图 12-57 所示。

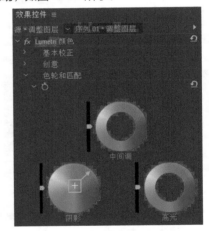

图 12-57

展开"晕影"，设置"数量"为 -1.2，"羽化"为71.4，如图 12-58 所示。

图 12-58

此时本案例制作完成，滑动时间线，效果如图 12-59 所示。

图 12-59

12.3 案例：制作炫彩炫光特效

核心技术："Lumetri 颜色""混合模式"。

案例解析：本案例使用"Lumetri 颜色"效果调整画面颜色，调整素材的"混合模式"制作炫彩炫光特效。前后对比效果如图 12-60 所示。

图 12-60

操作步骤：

第1步 新建项目、序列，导入素材。

执行"文件"/"新建"/"项目"命令，新建一个项目。执行"文件"/"新建"/"序列"命令，在"新建序列"对话框中单击"设置"按钮，设置"编辑模式"为"AVCHD 1080p"，"时基"为 59.94 帧 / 秒；"像素长宽比"为"方形像素（1.0）"。执行"文件"/"导入"命令，导入全部素材。在"项目"面板中分别将全部素材拖动到"时间轴"面板的 V1、V2、V3 轨道上，如图 12-61 所示。在弹出的"剪辑不匹配警告"提示框中，单击"保持现有设置"按钮。

图 12-61

此时 01.mp4 素材的画面效果如图 12-62 所示。

图 12-62

第2步 调整画面颜色。

在"时间轴"面板中选择 V1 轨道上的 01.mp4 素材，右击该素材，在弹出的快捷菜单中执行"取消链接"命令。选择 A1 轨道上的音频文件，按 Delete 键将音频文件删除，如图 12-63 所示。

在"效果"面板中搜索"Lumetri 颜色"效果；将该效果拖动到 V1 轨道的 01.mp4 素材上。

在"效果控件"面板中展开"Lumetri 颜色"/"基本校正"/"色调"，设置"曝光"为 1.0，"对比度"为 25.9，"高光"为 -55.6，"阴影"为 -8.6，"白色"为 -21.0，"黑色"为 -13.6，如图 12-64 所示。

图 12-63

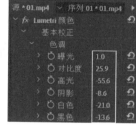

图 12-64

展开"曲线"/"RGB 曲线"，❶ 将"通道"设置为 RGB 通道，添加一个控制点并向左上方拖动；❷ 将"通道"设置为红色，添加一个控制点并向左上方拖动，如图 12-65 所示。

展开"色相饱和度曲线"/"色相与饱和度"，在曲线上单击添加控制点，调整曲线形状，如图 12-66 所示。

此时 V1 轨道上的画面效果如图 12-67 所示。

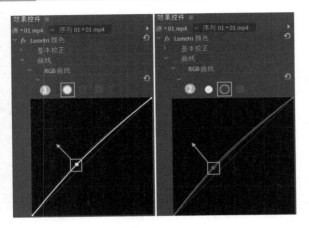

图 12-65

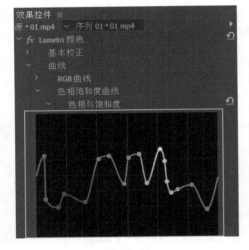

图 12-66

图 12-67

展开"色轮和匹配"，❶ 将"中间调"控制点向上拖动；❷ 将"阴影"控制点向上拖动，接着将控制点向右上方进行适当拖动，如图 12-68 所示。

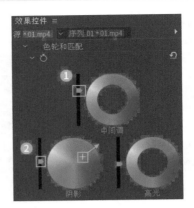

图 12-68

此时画面效果如图 12-69 所示。

图 12-69

第3步 制作炫彩炫光效果。

在"时间轴"面板中选择 V2 轨道上的 02.mp4 素材，在"效果控件"面板中展开"不透明度"，设置"混合模式"为"滤色"，如图 12-70 所示。

图 12-70

此时画面效果如图 12-71 所示。

图 12-71

在"时间轴"面板中选择 V3 轨道上的 03.mp4 素材，在"效果控件"面板中展开"不透明度"，设置"混合模式"为"滤色"，如图 12-72 所示。

图 12-72

此时本案例制作完成，滑动时间线，效果如图 12-73 所示。

图 12-73

广告设计

PART

13

第13章

　　广告是广告主为了达成经济目的通过不同传播媒介介绍有关商品的功能、质量、价格、品牌、服务、企业理念等一系列信息而进行的广告传播活动。商品经由不同的方式出现在大众的视野中，在大街小巷，人们眼前、耳边都存在着广告的痕迹。根据传播媒介的形式可大致分为报纸、杂志、海报招贴、包装、挂历、户外广告、橱窗、实物、电视、电动广告牌、互联网等。

本章关键词

- 电商广告设计
- 朋友圈广告设计
- 产品广告设计

13.1 案例：电商促销海报

扫一扫，看视频

核心技术："四色渐变""渐变""高斯模糊"。

案例解析：本案例使用"旧版标题"绘制图形，并使用"四色渐变""渐变""高斯模糊"效果制作背景，使用"关键帧"制作动画，完成电商促销海报动画，效果如图13-1所示。

图 13-1

操作步骤：

第1步 新建项目、序列。

执行"文件"/"新建"/"项目"命令，新建一个项目。执行"文件"/"新建"/"序列"命令，在"新建序列"对话框中单击"设置"按钮，设置"编辑模式"为"自定义"；"时基"为25.00帧/秒，帧大小为"842，526"；"像素长宽比"为"方形像素（1.0）"。

第2步 制作红色渐变背景。

在"项目"面板中的空白位置右击，在弹出的快捷菜单中执行"新建项目"/"颜色遮罩"命令，打开"新建颜色遮罩"对话框，如图13-2所示。

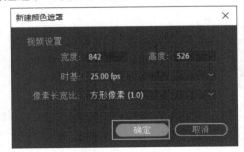

图 13-2

❶ 单击"确定"按钮，在弹出的"拾色器"对

话框中选择洋红色；❷ 单击"确定"按钮；❸ 在弹出的"选择名称"对话框中单击"确定"按钮，如图13-3所示。

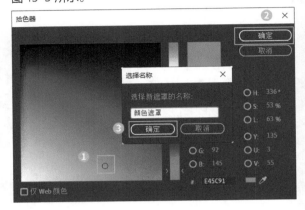

图 13-3

在"项目"面板中将颜色遮罩拖动到"时间轴"面板的V1轨道上，如图13-4所示。

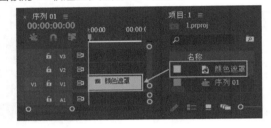

图 13-4

此时画面效果如图13-5所示。

图 13-5

❶ 在"效果"面板中搜索"四色渐变"效果；❷ 将该效果拖动到V1轨道的颜色遮罩素材上，如图13-6所示。

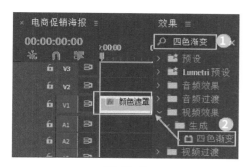

图 13-6

在"效果控件"面板中展开"四色渐变"/"位置和颜色",设置"颜色 1"为洋红色,"颜色 2"为红色,"颜色 3"为淡红色,"颜色 4"为洋红色,如图 13-7 所示。

此时颜色遮罩效果如图 13-8 所示。

图 13-7　　　　　　　　图 13-8

（第3步）制作多层次渐变背景。

执行"文件"/"新建"/"旧版标题"命令,在弹出的"新建字幕"对话框中设置"名称"为"字幕 01"。❶ 在"字幕:字幕 01"面板中选择 ✍（钢笔工具）;❷ 在工作区域中合适的位置绘制一个图形;❸ 展开"属性",设置"图形类型"为"填充贝塞尔曲线";❹ 展开"填充",设置"填充类型"为"实底","颜色"为粉红色,如图 13-9 所示。设置完成后,关闭"字幕:字幕 01"面板。

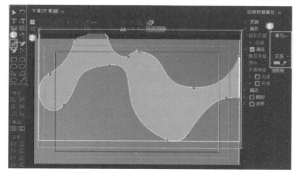

图 13-9

在"项目"面板中将字幕 01 拖动到"时间轴"面板的 V2 轨道上。在"效果"面板中搜索"四色渐变"效果,将该效果拖动到 V2 轨道的字幕 01 上。在"效果控件"面板中展开"四色渐变"/"位置和颜色",设置"颜色 1"为紫红色,"点 2"为（593.8 52.6）,"颜色 2"为淡粉色,"点 3"为（407.2 755.4）,"颜色 3"为粉色,"点 4"为（802.8 197.4）,"颜色 4"为洋红色,如图 13-10 所示。

此时画面效果如图 13-11 所示。

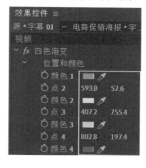
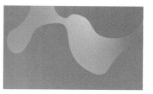

图 13-10　　　　　　图 13-11

执行"文件"/"新建"/"旧版标题"命令,在弹出的"新建字幕"对话框中设置"名称"为"字幕 02"。❶ 在"字幕:字幕 02"面板中选择 ◯（椭圆形工具）。❷ 在工作区域中画面底部位置绘制一个图形。❸ 展开"属性",设置"图形类型"为"椭圆";展开"填充",设置"填充类型"为"实底","颜色"为洋红色,如图 13-12 所示。设置完成后,关闭"字幕:字幕 02"面板。

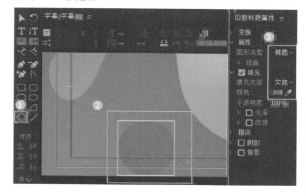

图 13-12

在"项目"面板中将字幕 02 拖动到"时间轴"面板的 V3 轨道上。此时画面效果如图 13-13 所示。

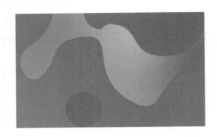

图 13-13

在"效果"面板中搜索"高斯模糊"效果，将该效果拖动到 V3 轨道的字幕 02 上。在"效果控件"面板中展开"高斯模糊"，设置"模糊度"为 15.0，如图 13-14 所示。

此时字幕 02 的画面效果如图 13-15 所示。

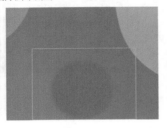

图 13-14　　　　　图 13-15

新建字幕 03，❶ 在"字幕：字幕 03"面板中选择 ▨（钢笔工具）。❷ 在工作区域中合适的位置绘制一个图形。❸ 展开"属性"，设置"图形类型"为"填充贝塞尔曲线"，展开"填充"，设置"填充类型"为"实底"，"颜色"为紫红色，如图 13-16 所示。设置完成后，关闭"字幕：字幕 03"面板。

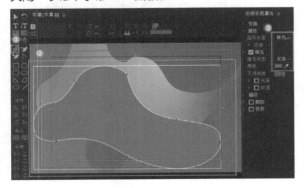

图 13-16

在"项目"面板中将字幕 03 拖动到"时间轴"

面板的 V4 轨道上。在"效果"面板中搜索"四色渐变"效果，将该效果拖动到 V4 轨道的字幕 03 上。在"效果控件"面板中展开"四色渐变"/"位置和颜色"，设置"点 1"为（277.7, 79.7），"颜色 1"为淡紫色，"点 2"为（32.7, 363.9），"颜色 2"为紫红色，"点 3"为（490.7，394.8），"颜色 3"为红色，"点 4"为（798.3，363.2），"颜色 4"为洋红色，"混合"为 68.0，如图 13-17 所示。

此时画面效果如图 13-18 所示。

图 13-17　　　　　　　图 13-18

使用同样的方法制作其他图形，并摆放至同样的位置。此时画面效果如图 13-19 所示。

图 13-19

第4步 制作背景元素。

执行"文件"/"新建"/"旧版标题"命令，❶ 在"字幕：字幕 07"面板中选择 ▨（钢笔工具）；❷ 在工作区域中顶部的位置绘制一个图形；❸ 展开"属性"，设置"图形类型"为"填充贝塞尔曲线"；❹ 展开"填充"，设置"填充类型"为"实底"，"颜色"为黄绿色。设置完成后，关闭"字幕：字幕 07"面板，如图 13-20 所示。

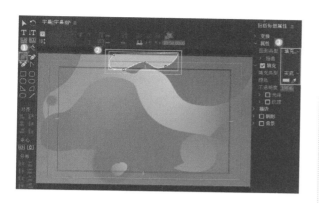

图 13-20

在"项目"面板中将字幕 07 拖动到"时间轴"面板的 V8 轨道上。在"效果"面板中搜索"渐变"效果，将该效果拖动到 V8 轨道的字幕 07 上。在"效果控件"面板中展开"渐变"，设置"渐变起点"为（173.1,77.1），"起始颜色"为黄色，"渐变终点"为（650.2,2.3），"结束颜色"为蓝绿色，如图 13-21 示。

此时画面效果如图 13-22 所示。

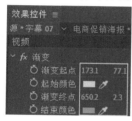
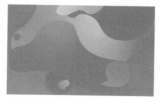

图 13-21　　　　　　图 13-22

执行"文件"/"新建"/"旧版标题"命令，❶ 在"字幕：字幕 08"面板中选择 ✐（钢笔工具）；❷ 在工作区域中顶部的位置绘制一个图形；❸ 展开"属性"，设置"图形类型"为"填充贝塞尔曲线"；❹ 展开"填充"，设置"填充类型"为"实底"，"颜色"为绿色。设置完成后，关闭"字幕：字幕 08"面板。在"项目"面板将字幕 08 拖动到"时间轴"面板的 V9 轨道上，如图 13-23 所示。

执行"文件"/"新建"/"旧版标题"命令，在弹出的"新建字幕"对话框中单击"确定"按钮。❶ 在"字幕：字幕 09"面板中选择 ✐（钢笔工具）；❷ 在工作区域中顶部的位置绘制一个图形；❸ 展开"属性"，设置"图形类型"为"填充贝塞尔曲线"；展开"填充"，设置"填充类型"为"实底"，"颜色"为蓝绿色。设置

完成后，关闭"字幕：字幕 09"面板，如图 13-24 所示。

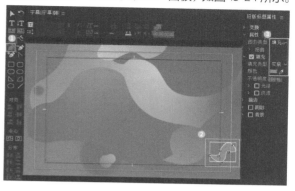

图 13-23

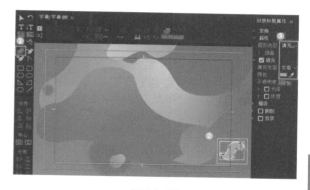

图 13-24

在"项目"面板中将字幕 09 拖动到"时间轴"面板的 V10 轨道上。在"效果"面板中搜索"渐变"效果，将该效果拖动到 V10 轨道的字幕 09 上。在"效果控件"面板中展开"渐变"，设置"渐变起点"为（810.0,401.0），"起始颜色"为淡绿色，"渐变终点"为（708.0,441.0），"结束颜色"为蓝色，如图 13-25 所示。

此时画面效果如图 13-26 所示。

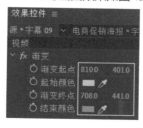

图 13-25　　　　　　图 13-26

执行"文件"/"新建"/"旧版标题"命令，❶ 在"字幕：

字幕 10" 面板中选择 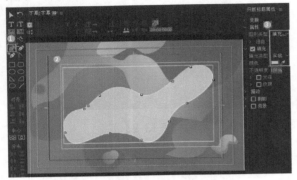（钢笔工具）；❷ 在工作区域中合适位置绘制一个图形；❸ 展开"属性"，设置"图形类型"为"填充贝塞尔曲线"；❹ 展开"填充"，设置"填充类型"为"实底"，"颜色"为黄色。设置完成后，关闭"字幕：字幕 10"面板，如图 13-27 所示。

图 13-27

在"项目"面板中将字幕 10 拖动到"时间轴"面板的 V11 轨道上。在"效果"面板中搜索"渐变"效果，将该效果拖动到 V11 轨道的字幕 10 上。在"效果控件"面板中展开"渐变"，设置"渐变起点"为（118.3，363.2），"起始颜色"为橘黄色，"渐变终点"为（730.7，101.6），"结束颜色"为黄色，如图 13-28 所示。

使用同样的方法制作其他图形并摆放到合适的位置，如图 13-29 所示。

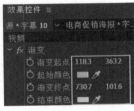

图 13-28

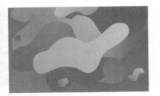

图 13-29

执行"文件" / "新建" / "旧版标题"命令，❶ 在"字幕：字幕 12"面板中选择 （钢笔工具），❷ 在工作区域中合适位置绘制一个"大"字。❸ 展开"属性"，设置"图形类型"为"填充贝塞尔曲线"；展开"填充"，设置"填充类型"为"实底"，"颜色"为黄色。❹ 展开"描边" / "外描边" / "外描边"，设置"类型"为"深度"，"大小"为 10.0，"角度"为 9.0°，"填充类型"为"实底"，"颜色"为橘红色，"不透明度"为 22%。设置完成后，关闭"字幕：字幕 12"面板。在"项目"

面板中将字幕 12 拖动到"时间轴"面板的 V13 轨道上，如图 13-30 所示。

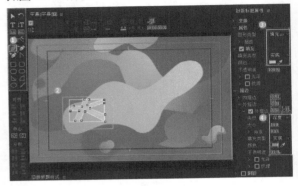

图 13-30

执行"文件" / "新建" / "旧版标题"命令，❶ 在"字幕：字幕 13"面板中选择 （文字工具）。❷ 在工作区域中画面的合适位置输入文字内容。❸ 展开"变换"，设置"旋转"为 333.0°；展开"属性"，设置合适的"字体系列"和"字体样式"，设置"字体大小"为 100.0；展开"填充"，设置"填充类型"为"线性渐变"，"颜色"为黄色到橘黄色的渐变。❹ 展开"描边" / "外描边" / "外描边"，设置"类型"为"边缘"，"大小"为 28.0，"填充类型"为"实底"，"颜色"为橘红色，"不透明度"为 27%。设置完成后，关闭"字幕：字幕 13"面板。在"项目"面板中将字幕 13 拖动到"时间轴"面板的 V14 轨道上，如图 13-31 所示。

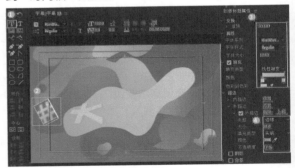

图 13-31

使用同样的方法制作其他图形并摆放到合适的位置，如图 13-32 所示。

执行"文件" / "新建" / "旧版标题"命令，❶ 在"字幕：字幕 17"面板中选择 （椭圆形工具）；❷ 在工作区域中合适的位置绘制一个图形；❸ 展开

"属性"，设置"图形类型"为"椭圆"；❶ 展开"填充"，设置"填充类型"为"实底"，"颜色"为白色，如图 13-33 所示。

图 13-32

图 13-33

使用同样的方法制作其他椭圆形并摆放到合适的位置。在"项目"面板中将字幕 17 拖动到"时间轴"面板的 V18 轨道上，此时画面效果如图 13-34 所示。

图 13-34

执行"文件"/"导入"命令，导入全部素材。在"项目"面板中将 7.png 素材拖动到"时间轴"面板的 V19 轨道上并选中，在"效果控件"面板中展开"运动"，设置"缩放"为 102.0，如图 13-35 所示。

在"时间轴"面板中框选所有轨道，右击鼠标，在弹出的快捷菜单中执行"嵌套"命令，在弹出的"嵌套序列名称"对话框中，设置"名称"为"嵌套序列 01"，如图 13-36 所示。

图 13-35   图 13-36

此时画面效果如图 13-37 所示。

图 13-37

第5步 制作电商促销海报及动画。

在"项目"面板中将 2.png 素材拖动到"时间轴"面板的 V2 轨道上。❶ 在"时间轴"面板中选择 V2 轨道上的 2.png 素材，在"效果控件"面板中展开"运动"，将时间线滑动到起始位置，单击"位置"前方的 ⏱（切换动画）按钮，设置"位置"为（-82.4，564.5）；将时间线滑动到第 15 帧位置，设置"位置"为（295.0，345.0）；❷ 设置"缩放"为 45.0；❸ 展开"不透明度"，将时间线滑动到起始位置，单击"不透明度"前方的 ⏱（切换动画）按钮，设置"不透明度"为 0.0%；将时间线滑动到第 15 帧位置，设置"不透明度"为 100.0%，如图 13-38 所示。

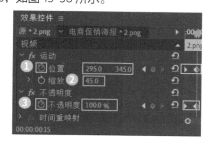

图 13-38

小技巧

按 Home 键可以快速回到序列的起始位置；按 End 键可以快速回到序列的结束位置。

在"项目"面板中将 3.png 素材拖动到"时间轴"面板的 V3 轨道上并选中。❶ 在"效果控件"面板中展开"运动"，将时间线滑动到起始位置，单击"位置"前方的 ⏱（切换动画）按钮，设置"位置"为（-153.5，186.4）；将时间线滑动到第 15 帧位置，设置"位置"为（187.0，288.0）；❷ 设置"缩放"为 17.0，"旋转"为 -26.0°；❸ 展开"不透明度"，将时间线滑动到起始位置，单击"不透明度"前方的 ⏱（切换动画）按钮，设置"不透明度"为 0.0%；将时间线滑动到第 15 帧位置，设置"不透明度"为 100.0%，如图 13-39 所示。

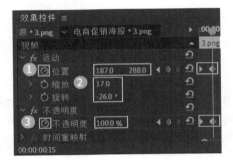

图 13-39

滑动时间线，画面效果如图 13-40 所示。

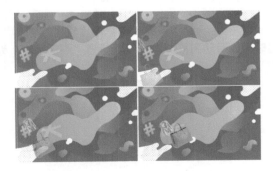

图 13-40

在"项目"面板中将 6.png 素材拖动到"时间轴"面板的 V4 轨道上并选中，❶ 在"效果控件"面板中

展开"运动"，将时间线滑动到起始位置，单击"位置"前方的 ⏱（切换动画）按钮，设置"位置"为（1019.1，198.8）；将时间线滑动到第 15 帧位置，设置"位置"为（699.0，314.0）；❷ 设置"缩放"为 30.0；❸ 展开"不透明度"，将时间线滑动到起始位置，单击"不透明度"前方的 ⏱（切换动画）按钮，设置"不透明度"为 0.0%，将时间线滑动到第 15 帧位置，设置"不透明度"为 100.0%，如图 13-41 所示。

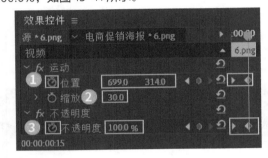

图 13-41

在"项目"面板中将 4.png 素材拖动到"时间轴"面板的 V5 轨道上并选中，❶ 在"效果控件"面板中展开"运动"，将时间线滑动到起始位置，单击"位置"前方的 ⏱（切换动画）按钮，设置"位置"为（603.9，-77.6），接着将时间线滑动到第 15 帧位置，设置"位置"为（613.0，306.0）；❷ 设置"缩放"为 15.0，"旋转"为 -11.0°；❸ 展开"不透明度"，将时间线滑动到起始位置，单击"不透明度"前方的 ⏱（切换动画）按钮，设置"不透明度"为 0.0%，将时间线滑动到第 15 帧位置，设置"不透明度"为 100.0%，如图 13-42 所示。

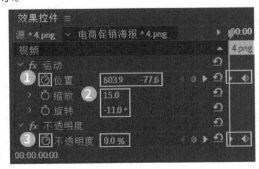

图 13-42

滑动时间线，画面效果如图 13-43 所示。

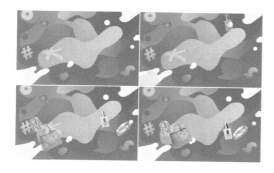

图 13-43

在"项目"面板中将 5.png 素材拖动到"时间轴"面板的 V6 轨道上并选中，① 在"效果控件"面板中展开"运动"，将时间线滑动到起始位置，单击"位置"前方的⏱（切换动画）按钮，设置"位置"为（655.0，-97.2）；将时间线滑动到第 15 帧位置，设置"位置"为（655.0，296.0）；② 设置"缩放"为 23.0；③ 展开"不透明度"，将时间线滑动到起始位置，单击"不透明度"前方的⏱（切换动画）按钮，设置"不透明度"为 0.0%，将时间线滑动到第 15 帧位置，设置"不透明度"为 100.0%，如图 13-44 所示。

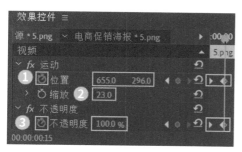

图 13-44

第6步 创建文字并制作动画。

执行"文件"/"新建"/"旧版标题"命令，① 在"字幕：字幕 18"面板中选择 T（文字工具）；② 在工作区域中画面的合适位置输入文字内容；③ 设置合适的"字体系列"和"字体样式"，设置"字体大小"为 84.5，"宽高比"为 82.8%；④ 展开"填充"，设置"填充类型"为"实底"，"颜色"为白色，如图 13-45 所示。

① 在"字幕：字幕 18"面板中选择 T（文字工具）；② 在工作区域中画面的合适位置输入文字内容；③ 设置合适的"字体系列"和"字体样式"，设置"字体大小"

为 84.5，"宽高比"为 82.8%；④ 展开"填充"，设置"填充类型"为"实底"，"颜色"为白色，如图 13-46 所示。

图 13-45

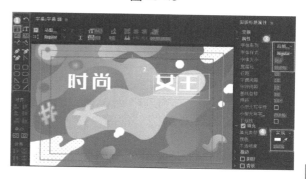

图 13-46

① 在"字幕：字幕 18"面板中选择 T（文字工具）；② 在工作区域中画面的合适位置输入文字内容；③ 设置合适的"字体系列"和"字体样式"，设置"字体大小"为 50.0，"宽高比"为 82.8%；④ 展开"填充"，设置"填充类型"为"实底"，"颜色"为黄色。设置完成后，关闭"字幕：字幕 18"面板，如图 13-47 所示。

图 13-47

在"项目"面板中将字幕 18 拖动到"时间轴"面

板的 V7 轨道上并选中,在"效果控件"面板中展开"不透明度",将时间线滑动到第 12 帧位置,单击"不透明度"前方的 ⏱ (切换动画)按钮,设置"不透明度"为 0.0%,如图 13-48 所示;将时间线滑动到第 22 帧位置,设置"不透明度"为 100.0%。

图 13-48

在"项目"面板中将 1.png 素材拖动到"时间轴"面板的 V8 轨道上并选中,❶ 在"效果控件"面板中展开"运动",设置"位置"为(422.0,300.0),设置"缩放"为 30.0;❷ 展开"不透明度",将时间线滑动到起始位置,单击"不透明度"前方的 ⏱ (切换动画)按钮,设置"不透明度"为 0.0%;将时间线滑动到第 15 帧位置,设置"不透明度"为 100.0%,如图 13-49 所示。

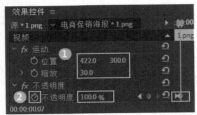

图 13-49

滑动时间线,画面效果如图 13-50 所示。

图 13-50

执行"文件"/"新建"/"旧版标题"命令,❶ 在"字幕:字幕 19"面板中选择 ▭(圆角矩形工具)。❷ 在工作区域中的合适位置绘制一个圆角矩形。❸ 展开"属性",设置"图形类型"为"圆矩形";展开"填充",设置"填充类型"为"实底","颜色"为黄色。❹ 展开"描边"/"外描边"/"外描边",设置"类型"为"深度","大小"为 7.0,"角度"为 80.0°,"填充类型"为"实底","颜色"为橘红色。设置完成后,关闭"字幕:字幕 19"面板,如图 13-51 所示。

图 13-51

在"项目"面板中将字幕 19 拖动到"时间轴"面板的 V9 轨道上并选中,在"效果控件"面板中展开"运动"/"不透明度",将时间线滑动到第 18 帧的位置,单击"不透明度"前方的 ⏱ (切换动画)按钮,设置"不透明度"为 0.0%;将时间线滑动到第 22 帧位置,设置"不透明度"为 100.0%,如图 13-52 所示。

图 13-52

执行"文件"/"新建"/"旧版标题"命令,❶ 在"字幕:字幕 20"面板中选择 🄣(文字工具),❷ 在工作区域中画面的合适位置输入文字内容,❸ 展开"属性",设置合适的"字体系列"和"字体样式",设置"字体大小"为 19.5,"宽高比"为 82.8%,"字符间距"为 -3.0;❹ 展开"填充",设置"填充类型"为"实底";"颜色"为橘红色,如图 13-53 所示。设置完成后,关闭"字幕:

字幕 20"面板。

图 13-53

在"项目"面板中，将字幕 20 拖动到"时间轴"面板的 V10 轨道上并选中，在"效果控件"面板中展开"运动"／"不透明度"，将时间线滑动到第 22 帧位置，单击"不透明度"前方的 ◎（切换动画）按钮，设置"不透明度"为 0.0%，如图 13-54 所示；将时间线滑动到第 1 秒 1 帧位置，设置"不透明度"为 100.0%。

图 13-54

此时本案例制作完成，滑动时间线，效果如图 13-55 所示。

图 13-55

13.2 案例：朋友圈广告视频

核心技术："百叶窗""线性擦除"。

案例解析：本案例使用"颜色遮罩"制作背景，使用"旧版标题"绘制画面元素，并使用"百叶窗"制作效果，然后创建文字并使用"线性擦除"制作朋友圈广告视频，效果如图 13-56 所示。

扫一扫，看视频

图 13-56

操作步骤：

第1步 新建项目、序列。

执行"文件"／"新建"／"项目"命令，新建一个项目。执行"文件"／"新建"／"序列"命令，在"新建序列"对话框中单击"设置"按钮，设置"编辑模式"为 ARRI Cinema，"时基"为 24.00 帧／秒，"帧大小"为 1080、1920，"像素长宽比"为"方形像素（1.0）"，"场"为"无场（逐行扫描）"。

第2步 制作背景。

在"项目"面板中的空白位置右击鼠标，在弹出的快捷菜单中执行"新建项目"／"颜色遮罩"命令，然后在弹出的"新建颜色遮罩"对话框中单击"确定"按钮，如图 13-57 所示。

❶ 在弹出的"拾色器"对话框中选择"深蓝色"；
❷ 单击"确定"按钮，在弹出的"选择名称"对话框中，
❸ 单击"确定"按钮，如图 13-58 所示。

图 13-57

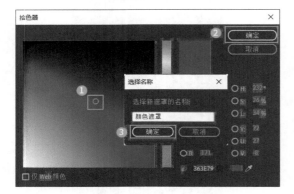

图 13-58

在"项目"面板中将颜色遮罩拖动到"时间轴"面板的 V1 轨道上，如图 13-59 所示。

图 13-59

此时画面效果如图 13-60 所示。

图 13-60

执行"文件"/"新建"/"旧版标题"命令，在弹出的"新建字幕"对话框中，设置"名称"为"字幕 01"，❶ 在"字幕：字幕 01"面板中选择 ■（矩形工具），❷ 在工作区域中心位置绘制一个矩形，❸ 展开"属性"，设置"图形类型"为"矩形"；展开"填充"，设置"填充类型"为"实底"，"颜色"为深蓝色，"不透明度"为 69%。❹ 勾选并展开"阴影"复选框，设置"颜色"为黑色，"不透明度"为 50%，"角度"为 -255.0°，"扩展"为 50.0，如图 13-61 所示。设置完成后，关闭"字幕：字幕 01"面板。

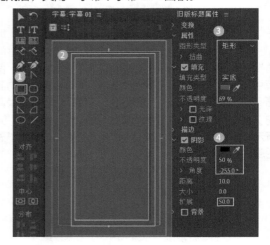

图 13-61

在"项目"面板中将字幕 01 拖动到"时间轴"面板的 V2 轨道上并选中，在"效果控件"面板中展开"不透明度"，将时间线滑动到第 13 帧位置，单击"不透明度"前方的 ☒（切换动画）按钮，设置"不透明度"为 0.0%，如图 13-62 所示；将时间线滑动到第 1秒 03 帧位置，设置"不透明度"为 100.0%。

图 13-62

滑动时间线，画面效果如图 13-63 所示。

图 13-63

执行"文件"/"新建"/"旧版标题"命令，在弹出的"新建字幕"对话框中，设置"名称"为"字幕 02"，❶ 在"字幕：字幕 02"面板中选择 ▨（矩形工具），❷ 在工作区域中心位置绘制一个矩形，❸ 展开"属性"，设置"图形类型"为"闭合贝塞尔曲线"，"线宽"为 5.0，"连接类型"为"圆形"，"斜接限制"为 5.0；❹ 展开"填充"，设置"填充类型"为"实底"，"颜色"为白色，如图 13-64 所示。设置完成后，关闭"字幕：字幕 02"面板。

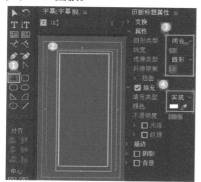

图 13-64

在"项目"面板中，将字幕 02 拖动到"时间轴"面板的 V3 轨道上，此时画面效果如图 13-65 所示。

图 13-65

在"时间轴"面板中选择 V3 轨道上的字幕 02，❶ 在"效果控件"面板中展开"不透明度"，将时间线滑动到第 13 帧位置，单击"不透明度"前方的 ◎（切换动画）按钮，设置"不透明度"为 0.0%；将时间线滑动到第 1 秒 06 帧位置，设置"不透明度"为 100.0%，"混合模式"为"叠加"，如图 13-66 所示。

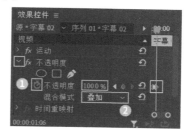

图 13-66

滑动时间线，画面效果如图 13-67 所示。

图 13-67

第3步 制作元素与动画效果。

新建"字幕 03"，❶ 在"字幕：字幕 03"面板中选择 ◯（椭圆形工具）；❷ 在工作区域画面的左上角位置绘制一个图形；❸ 展开"属性"，设置"图形类型"为"椭圆"；❹ 展开"填充"，设置"填充类型"为"线性渐变"，设置一个"颜色"为洋红色到黄色的渐变，设置"角度"为 219.0°，如图 13-68 所示。

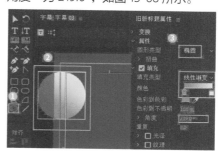

图 13-68

再次 ❶ 在"字幕：字幕 03"面板中选择 ◯（椭圆形工具）；❷ 在工作区域中画面的右上角位置绘制一个图形，在画面左下方绘制椭圆；❸ 展开"属性"，设置"图形类型"为"椭圆"；❹ 展开"填充"，设置"填充类型"为"实底"，"颜色"为深蓝色，如图 13-69 所示。

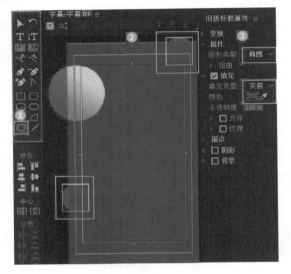

图 13-69

继续 ◯（椭圆形工具）在"字幕：字幕 03"面板中使用工作区域的下半部分绘制图形，并设置合适的参数，效果如图 13-70 所示。设置完成后，关闭"字幕：字幕 03"面板。

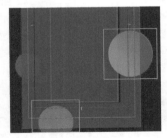

图 13-70

在"项目"面板中将字幕 03 拖动到"时间轴"面板的 V4 轨道上，在"效果控件"面板中展开"不透明度"，将时间线滑动到第 13 帧位置，单击"不透明度"前方的 ◯（切换动画）按钮，设置"不透明度"为 0.0%；将时间线滑动到第 1 秒 10 帧位置，设置"不

透明度"为 100.0%，如图 13-71 所示。

图 13-71

在"效果"面板中搜索"百叶窗"效果，将该效果拖动到 V4 轨道的字幕 03 上。在"效果控件"面板中展开"百叶窗"，设置"过渡完成"为 25%，"方向"为 35.0°，"宽度"为 30，如图 13-72 所示。

滑动时间线，画面效果如图 13-73 所示。

图 13-72　　　　　图 13-73

新建"字幕 04"，❶ 在"字幕：字幕 04"面板选择 ◯（椭圆形工具）；❷ 在工作区域中画面的左上角位置绘制一个图形；❸ 展开"属性"，设置"图形类型"为"椭圆"；❹ 展开"填充"，设置"填充类型"为"实底"，设置"颜色"为黄色，如图 13-74 所示。

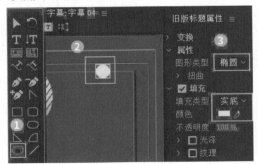

图 13-74

使用同样的方法在字幕 04 上合适的位置绘制椭圆形，并设置合适的参数。绘制完成后，在"项目"面板中将字幕 04 拖动到"时间轴"面板的 V5 轨道上，

此时画面效果如图 13-75 所示。

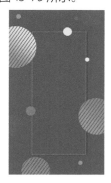

图 13-75

在"时间轴"面板中选择 V5 轨道上的字幕 04。在"效果控件"面板中展开"不透明度",将时间线滑动到第 1 秒 10 帧位置,单击"不透明度"前方的 （切换动画）按钮,设置"不透明度"为 0.0%,如图 13-76 所示;将时间线滑动到第 2 秒 07 帧位置,设置"不透明度"为 100.0%。

图 13-76

新建"字幕 05",❶ 在"字幕：字幕 05"面板中选择 （钢笔工具）;❷ 在工作区域中画面的左上角位置绘制一个图形;❸ 展开"属性",设置"图形类型"为"填充贝塞尔曲线";❹ 展开"填充",设置"填充类型"为"实底","颜色"为洋红色,如图 13-77 所示。

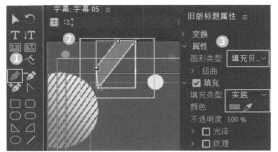

图 13-77

❶ 在"字幕：字幕 05"面板中选择 （钢笔工具）;❷ 在工作区域中画面的左上角多边形的左侧绘制一条线段;❸ 展开"属性",设置"图形类型"为"开放贝塞尔曲线","线宽"为 14.0,"大写字母类型"为"正方形";❹ 展开"填充",设置"填充类型"为"实底","颜色"为洋红色,如图 13-78 所示。设置完成后,关闭"字幕：字幕 05"面板。

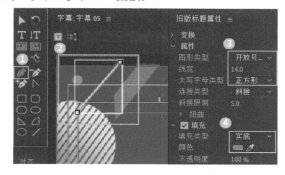

图 13-78

此时画面效果如图 13-79 所示。

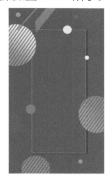

图 13-79

在"项目"面板中将字幕 05 拖动到"时间轴"面板的 V6 轨道上并选中,在"效果控件"面板中展开"运动",将时间线滑动到起始位置,单击"位置"前方的 （切换动画）按钮,设置"位置"为（540.0, 960.0）;将时间线滑动到第 15 帧位置,设置"位置"为（540.0, 960.0）,如图 13-80 所示。

使用同样的方法绘制形状和线段,在合适的线段上添加不同的渐变,并设置合适的"位置"参数。滑动时间线,画面效果如图 13-81 所示。

图 13-80

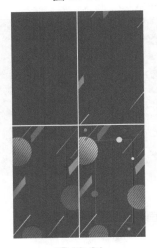

图 13-81

第4步 创建文字并制作文字动画。

新建"字幕 08"，① 在"字幕：字幕 08"面板中选择 T（文字工具），② 在工作区域中画面的合适位置输入文字内容，③ 设置为"仿粗体"，④ 展开"属性"，设置合适的"字体系列"和"字体样式"，"字体大小"为 100.0，"行距"为 15.0，展开"填充"，设置"填充类型"为"实底"，"颜色"为白色，如图 13-82 所示。

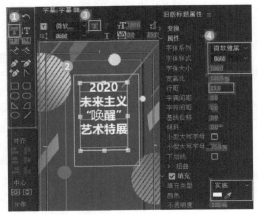

图 13-82

① 在"字幕：字幕 08"面板中选择 T（文字工具），② 在工作区域中画面的下半部分合适位置输入文字内容，③ 设置为"仿粗体"，④ 展开"属性"，设置合适的"字体系列"和"字体样式"，设置"字体大小"为 30.0，"行距"为 10.0，展开"填充"，设置"填充类型"为"实底"，"颜色"为白色，如图 13-83 所示。

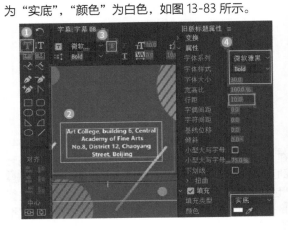

图 13-83

在"文字工具"选中状态下，框选 building 6，展开"填充"，设置"颜色"为黄色，如图 13-84 所示。

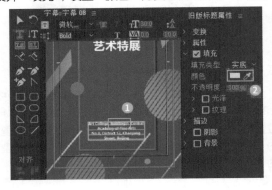

图 13-84

使用同样的方法创建文字，并在工作区域中画面的合适位置输入文字内容，设置合适的"字体系列""字体样式""字体大小"和"颜色"。

设置完成后，关闭"字幕：字幕 08"面板。在"项目"面板中将字幕 08 拖动到"时间轴"面板的 V9 轨道上，此时画面效果如图 13-85 所示。

在"效果"面板中搜索"线性擦除"效果，将该效果拖动到 V9 轨道的字幕 08 上。在"效果控件"面板中展开"线性擦除"，❶ 将时间线滑动到第 20 帧位置，单击"过渡完成"前方的 ⬡（切换动画）按钮，设置"过渡完成"为 100%；将时间线滑动到第 1 秒 17 帧位置，设置"过渡完成"为 0%；❷ 设置"擦除角度"为 0.0，"羽化"为 30.0，如图 13-86 所示。

图 13-85

图 13-86

此时本案例制作完成，滑动时间线，效果如图 13-87 所示。

图 13-87

13.3 案例：购物狂欢节动态广告

核心技术："线性擦除""Alpha 发光"。

案例解析：本案例使用"线性擦除"效果制作过渡效果，使用"旧版标题"创建文字与滤镜文字，使用"Alpha 发光"效果制作文字效果，从而制作出购物狂欢节动态广告

扫一扫，看视频

效果，如图 13-88 所示。

图 13-88

操作步骤：

第1步 新建项目，导入素材。

执行"文件"/"新建"/"项目"命令，新建一个项目。执行"文件"/"导入"命令，导入全部素材。在"项目"面板中将 1.png 素材拖动到"时间轴"面板中，此时在"项目"面板中自动生成一个与 1.png 素材等大的序列，如图 13-89 所示。

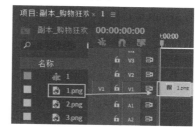

图 13-89

此时画面效果如图 13-90 所示。

图 13-90

第2步 制作画面元素动画。

在"项目"面板中,将 2.png 素材拖动到"时间轴"面板的 V2 轨道上,此时画面效果如图 13-91 所示。

图 13-91

在"时间轴"面板中选择 V2 轨道上的 2.png 素材,在"效果控件"面板中展开"运动",❶ 设置"位置"为(1000.0 , 1650.9);❷ 将时间线滑动到起始位置,单击"旋转"前方的 ◎ (切换动画) 按钮,设置"旋转"为 0.0°;将时间线滑动到第 1 秒 13 帧位置,设置"旋转"为 (2x4.0°);❸ 将时间线滑动到起始位置,单击"不透明度"前方的 ◎ (切换动画) 按钮,设置"不透明度"为 0.0%;将时间线滑动到第 16 帧位置,设置"不透明度"为 100.0%, 如图 13-92 所示。

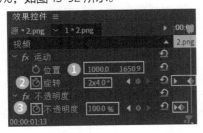

图 13-92

滑动时间线,画面效果如图 13-93 所示。

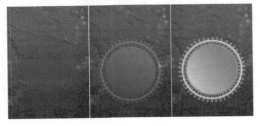

图 13-93

执行"文件"/"新建"/"旧版标题"命令,在弹出的"新建字幕"对话框中,设置"名称"为"字幕 01",❶ 在"字幕:字幕 01"面板中选择 ◢ (钢笔工具);❷ 在工作区域中合适的位置绘制一个弧形线段;❸ 展开"属性",设置"图形类型"为"开放贝塞尔曲线","线宽"为 400.0,"大写字母类型"为"正方形";❹ 展开"填充",设置"填充类型"为"线性渐变",设置"颜色"为橘色到橙色的渐变,如图 13-94 所示。设置完成后,关闭"字幕:字幕 01"面板。

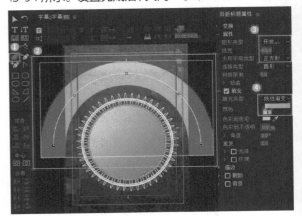

图 13-94

在"项目"面板中将字幕 01 拖动到"时间轴"面板的 V2 轨道上,此时画面效果如图 13-95 所示。

图 13-95

❶ 在"效果"面板中搜索"投影"效果;❷ 将该效果拖动到 V3 轨道的字幕 01 上,如图 13-96 所示。

选中 V3 轨道的字幕 01,在"效果控件"面板中展开"投影",设置"方向"为 180.0°,"距离"为 120.0,"柔和度"为 100.0,如图 13-97 所示。

此时画面效果如图 13-98 所示。

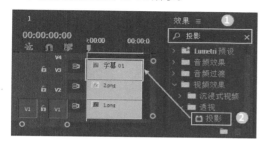

图 13-96

图 13-97　　　　图 13-98

在"效果"面板中搜索"线性擦除"效果，将该效果拖动到 V3 轨道的字幕 01 上。❶ 在"效果控件"面板中展开"线性擦除"，将时间线滑动到起始位置，单击"线性擦除"前方的◎（切换动画）按钮，设置"过渡完成"为 100%，将时间线滑动到第 1 秒 15 帧位置，设置"过渡完成"为 0%；❷ 设置"羽化"为 138.0，如图 13-99 所示。

图 13-99

滑动时间线，画面效果如图 13-100 所示。

在"项目"面板中将 3.png 素材拖动到"时间轴"面板的 V4 轨道上并选中，在"效果控件"面板中展开"运动"，❶ 设置"位置"为（1000.0，1649.0）；

❷ 将时间线滑动到起始位置，单击"不透明度"前方的◎（切换动画）按钮，设置"不透明度"为 0.0%，将时间线滑动到第 1 秒 07 帧位置，设置"不透明度"为 100.0%，如图 13-101 所示。

此时画面效果如图 13-102 所示。

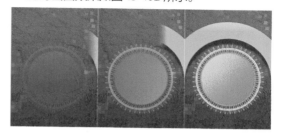

图 13-100

图 13-101　　　　图 13-102

第3步　创建文字并制作文字动画。

执行"文件"/"新建"/"旧版标题"命令，在弹出的"新建字幕"对话框中，设置"名称"为"字幕 02"，❶ 在"字幕：字幕 02"面板中选择（路径文字工具），❷ 在工作区域中橘色线段上方绘制一个路径，输入合适的文字，❸ 展开"属性"，设置合适的"字体系列"和"字体样式"，设置"字体大小"为90.0，展开"填充"，"填充类型"为"实底"，"颜色"为白色。❹ 展开"描边"/"外描边"/"外描边"，设置"类型"为"边缘"，"大小"为 10.0，"填充类型"为"实底"，"颜色"为红色，如图 13-103 所示。

❶ 在"字幕：字幕 02"面板中选择（路径文字工具），❷ 在工作区域中的橘色线段下方绘制一个路径，并输入合适的文字。❸ 展开"属性"，设置合适的"字体系列"和"字体样式"，设置"字体大小"为 90.0，展开"填充"，"填充类型"为"实底"，"颜色"为白色；

① 展开"描边"/"外描边"/"外描边"，设置"类型"为"边缘"，"大小"为10.0，"填充类型"为"实底"，"颜色"为深蓝色，如图13-104所示。设置完成后，关闭"字幕：字幕02"面板。

图 13-103

图 13-104

在"项目"面板中将字幕02拖动到"时间轴"面板的V5轨道上，效果如图13-105所示。

在"效果"面板中搜索"Alpha发光"效果，将该效果拖动到V5轨道的字幕02上。在"效果控件"面板中展开"Alpha发光"，设置"发光"为5，"起始颜色"为玫粉色，"结束颜色"为粉色，如图13-106所示。

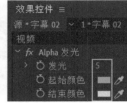

图 13-105   图 13-106

在"效果"面板中搜索"线性擦除"效果，将该效果拖动到V5轨道的字幕02上。① 在"效果控件"面板中展开"线性擦除"，将时间线滑动到第1秒19帧位置，单击"过渡完成"前方的 ⟲（切换动画）按钮，设置"过渡完成"为100%；将时间线滑动到第2秒21帧位置，设置"过渡完成"为0.0%；② 设置"擦除角度"为270.0°，"羽化"为21.0，如图13-107所示。

图 13-107

滑动时间线，画面效果如图13-108所示。

图 13-108

新建"字幕03"，① 在"字幕：字幕03"面板中选择 ⬚（路径文字工具），② 在工作区域中的橘色线段上绘制一个扇形，输入合适的文字。③ 展开"属性"，设置合适的"字体系列"和"字体样式"，设置"字体大小"为153.0，展开"填充"；"填充类型"为"实底"；"颜色"为黄色。④ 展开"描边"/"外描边"/"外描边"，设置"类型"为"边缘"，"大小"为20.0，"填充类型"为"实底"，"颜色"为橘色；展开"阴影"，设置"颜色"为橘色，"不透明度"为50%，"角度"为135.0°，"距离"为 49.0，"大小"为 50.0，"扩展"为 20.0，如图 13-109 所示。设置完成后，关闭"字幕：字幕 03"面板。

图 13-109

在"项目"面板中将字幕 03 拖动到"时间轴"面板的 V6 轨道上。在"效果"面板中搜索"线性擦除"效果，将该效果拖动到 V6 轨道的字幕 03 上。在"效果控件"面板中展开"线性擦除"，将时间线滑动到起始位置，单击"过渡完成"前方的 ⓞ（切换动画）按钮，设置"过渡完成"为 100%；将时间线滑动到第 1 秒 19 帧位置，设置"过渡完成"为 0.0%，如图 13-110 所示。

图 13-110

使用同样的方法制作路径文字，设置合适的"字体系列""字体样式""字体大小"等，并在画面中摆放到合适的位置，拖动到"时间轴"中的 V7 轨道上，设置"不透明度"的变化。滑动时间线，画面效果如图 13-111 所示。

新建"字幕 05"，① 在"字幕：字幕 05"面板中选择 Ⓣ（文字工具），② 在工作区域左下角的合适位置输入文字，③ 展开"变换"，设置"旋转"为 37.0°；展开"属性"，设置合适的"字体系列"和"字

体样式"，设置"字体大小"为 50.0。④ 展开"填充"，设置"填充类型"为"实底"，"颜色"为白色，如图 13-112 所示。

图 13-111

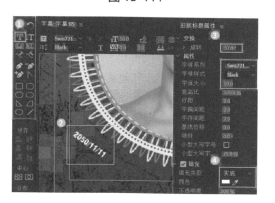

图 13-112

① 选择 ◯（椭圆形工具）；② 在工作区域中画面的文字左上角位置绘制一个图形；③ 展开"属性"，设置"图形类型"为"椭圆"；④ 展开"填充"，设置"填充类型"为"实底"，"颜色"为白色，如图 13-113 所示。

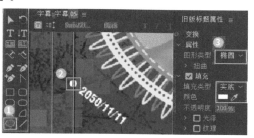

图 13-113

使用同样的方法创建文字与绘制椭圆形，并摆放到合适位置。设置完成后，关闭"字幕：字幕05"面板，并拖动到"时间轴"面板的V8轨道上，制作合适的"不透明度"变化。滑动时间线，画面效果如图13-114所示。

图 13-114

使用同样的方法制作其他文字，设置合适的参数，制作"不透明度"变化效果。至此，本案例制作完成，滑动时间线，效果如图13-115所示。

图 13-115

13.4 案例：多种口味冰激凌广告

扫一扫，看视频

核心技术："线性擦除""径向擦除"。
案例解析：本案例使用"线性擦除""径向擦除"效果制作多种口味冰激凌广告，效果如图13-116所示。

图 13-116

操作步骤：

第1步 新建项目、序列。

执行"文件"/"新建"/"项目"命令，新建一个项目。执行"文件"/"新建"/"序列"命令，在"新建序列"对话框中单击"设置"按钮，设置"编辑模式"为"自定义"，"时基"为23.976帧/秒，"帧大小"为1500、759，"像素长宽比"为"方形像素（1.0）"。"场"为"无场（逐行扫描）"。

第2步 制作背景与快闪动画。

在"项目"面板中的空白位置右击鼠标，在弹出的快捷菜单中执行"新建项目"/"颜色遮罩"命令，在弹出的"新建颜色遮罩"对话框中单击"确定"按钮，如图13-117所示。

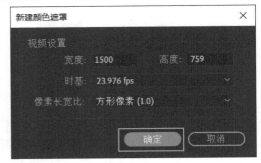

图 13-117

❶ 在弹出的"拾色器"对话框中选择藕粉色；❷ 单击"确定"按钮；❸ 在弹出的"选择名称"对话框中设置"名称"为"草莓"；❹ 单击"确定"按钮，如图13-118所示。

图 13-118

将"项目"面板中的颜色遮罩拖动到"时间轴"面板的 V1 轨道上,并设置 V1 轨道上"草莓"素材的结束时间为 3 秒 23 帧,如图 13-119 所示。

此时画面背景如图 13-120 所示。

图 13-119

图 13-120

执行"文件"/"导入"命令,导入全部素材。① 再次将"项目"面板的草莓与草莓 - 冰激凌 .png 素材分别拖动到"时间轴"面板的 V2、V3 轨道上;② 设置结束时间为 04 帧,如图 13-121 所示。

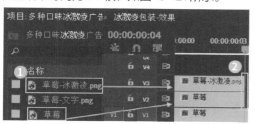

图 13-121

此时画面效果如图 13-122 所示。

在"项目"面板中的空白位置右击鼠标,在弹出的快捷菜单中执行"新建项目"/"颜色遮罩"命令,在弹出的"新建颜色遮罩"对话框中,单击"确定"

按钮。① 在弹出的"拾色器"对话框中选择"淡紫色";② 单击"确定"按钮;③ 在弹出的"选择名称"对话框中;③ 设置"名称"为"蓝莓";④ 单击"确定"按钮,如图 13-123 所示。

图 13-122

图 13-123

① 将"项目"面板的蓝莓与蓝莓 - 冰激凌 .png 素材分别拖动到"时间轴"面板的 V4、V5 轨道上;② 设置起始时间为 04 帧,结束时间为 08 帧,如图 13-124 所示。

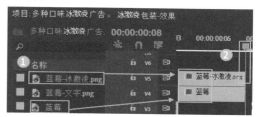

图 13-124

滑动时间线,画面效果如图 13-125 所示。

继续新建黄绿色"颜色遮罩",并命名为猕猴桃,接着将"项目"面板的猕猴桃与猕猴桃 - 冰激凌 .png 素材分别拖动到"时间轴"面板的 V6、V7 轨道上,并设置起始时间为 08 帧，结束时间为 12 帧，此时画面效果如图 13-126 所示。

图 13-125

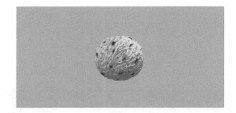

图 13-126

将时间线滑动到第 12 帧位置，选中 V2 至 V13 轨道，按住 Alt 键的同时向上拖动进行复制，如图 13-127 所示。

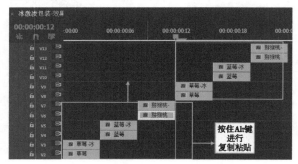

图 13-127

在"时间轴"面板中框选 V2 至 V13 轨道，右击鼠标，在弹出的快捷菜单执行"嵌套"命令，在弹出的"嵌套序列名称"对话框中，设置"名称"为"快闪动画"，单击"确定"按钮，如图 13-128 所示。

图 13-128

滑动时间线，画面效果如图 13-129 所示。

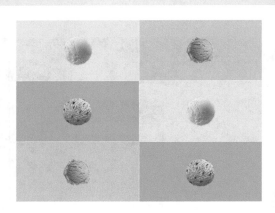

图 13-129

第3步 制作冰激凌动画效果。

❶ 将"项目"面板的草莓、草莓 - 冰激凌 .png、草莓 - 文字 .png、草莓 .png 素材分别拖动到"时间轴"面板的 V3 至 V6 轨道上；❷ 设置起始时间为 1 秒，结束时间为 1 秒 17 帧，如图 13-130 所示。

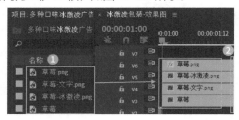

图 13-130

此时画面效果如图 13-131 所示。

图 13-131

在"时间轴"面板中选择 V6 轨道的草莓 .png 素材，在"效果控件"面板中展开"运动"，将时间线滑动到第 1 秒位置，单击"缩放""旋转"前方的 🕐（切换动画）按钮，设置"缩放"为 200.0，"旋转"为 180.0°；将时间线滑动到第 1 秒 11 帧位置，设置"缩放"为 100.0，"旋转"为 0.0°，如图 13-132 所示。

图 13-132

在"时间轴"面板中，设置 V4 轨道上的草莓 - 文字 .png 素材的起始时间为 1 秒 04 帧，如图 13-133 所示。

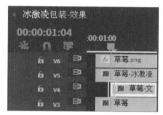

图 13-133

在"时间轴"面板中，框选 V3 至 V6 轨道上的素材，右击鼠标，在弹出的快捷菜单中执行"嵌套序列"命令，在弹出的"嵌套序列名称"对话框中，设置"名称"为"草莓"，单击"确定"按钮，如图 13-134 所示。

图 13-134

滑动时间线，画面效果如图 13-135 所示。

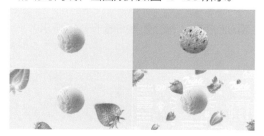

图 13-135

使用同样的方法在合适的时间制作蓝莓和猕猴桃动画效果，并设置合适的起始时间与结束时间。滑动时间线，查看制作效果，如图 13-136 所示。

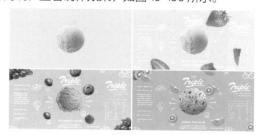

图 13-136

第4步 制作三色动画效果。

① 将"项目"面板的草莓、蓝莓、猕猴桃、草莓 - 冰激凌 .png、蓝莓 - 冰激凌 .png、猕猴桃 - 冰激凌 .png 素材分别拖动到"时间轴"面板的 V6 至 V11 轨道上；② 设置起始时间为 3 秒 02 帧，结束时间为 4 秒 20 帧，如图 13-137 所示。

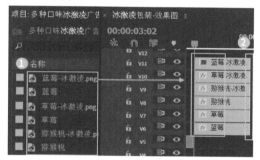

图 13-137

此时画面效果如图 13-138 所示。

图 13-138

在"时间轴"面板中选择 V6 轨道上的蓝莓素材，在"效果控件"面板中展开"运动"，① 设置"位置"为（752.0, 379.5）；② 将时间线滑动到第 3 秒 02 帧位置，取消勾选"等比缩放"复选框，单击"缩放宽度"前方的 ⬛（切换动画）按钮，设置"缩放宽度"为 0.0，如图 13-139 所示；将时间线滑动到第 3 秒 12 帧位置，设置"缩放宽度"为 34.0。

图 13-139

此时隐藏其他轨道，V6 轨道上的蓝莓画面效果如图 13-140 所示。

图 13-140

在"时间轴"面板中选择 V7 轨道上的草莓素材，在"效果控件"面板中展开"运动"，❶ 设置"位置"为（252.0，379.5）；❷ 将时间线滑动到第 3 秒 02 帧位置，取消勾选"等比缩放"复选框，单击"缩放宽度"前方的 🔴（切换动画）按钮，设置"缩放宽度"为 0.0；将时间线滑动到第 3 秒 12 帧位置，设置"缩放宽度"为 34.0，如图 13-141 所示。

图 13-141

在"时间轴"面板中选择 V8 轨道上的猕猴桃素材，在"效果控件"面板中展开"运动"，❶ 设置"位置"为（1243.0，379.5）；❷ 将时间线滑动到第 3 秒 02 帧位置，取消勾选"等比缩放"复选框，单击"缩放宽度"前方的 🔴（切换动画）按钮，设置"缩放宽度"为 0.0；将时间线滑动到第 3 秒 12 帧位置，设置"缩放宽度"为 34.0，如图 13-142 所示。

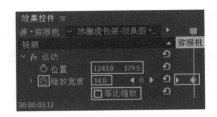

图 13-142

滑动时间线，画面效果如图 13-143 所示。

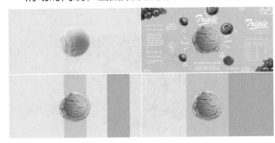

图 13-143

在"时间轴"面板中选择 V9 轨道上的猕猴桃 - 冰激凌 .png 素材，在"效果控件"面板中展开"运动"，设置"位置"为（1243.0，379.5），如图 13-144 所示。

在"时间轴"面板中选择 V10 轨道上的草莓 - 冰激凌 .png 素材，在"效果控件"面板中展开"运动"，设置"位置"为（237.0，379.5），如图 13-145 所示。

图 13-144　　　　图 13-145

滑动时间线，画面效果如图 13-146 所示。

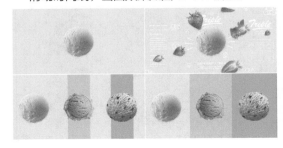

图 13-146

在工具箱中的单击 **T**（文字工具），接着在"节目监视器"面板中底部的位置输入合适的文字，如图13-147所示。

图 13-147

在"效果控件"面板中展开"文本"，① 设置合适的"字体系列"和"字体样式"，设置"字体大小"为 80；② 设置"对齐方式"为 ▤（左对齐），设置为 **T**（仿粗体）；③ 设置"填充"为白色；④ 展开"变换"，设置"位置"为（222.7，677.8），如图 13-148 所示。

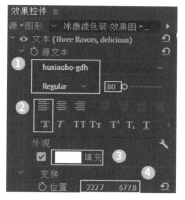

图 13-148

此时文本效果如图 13-149 所示。

图 13-149

在"效果"面板中搜索"线性擦除"效果，将该效果拖动到 V13 轨道的文本上。在"效果控件"面板中展开"线性擦除"，将时间线滑动到第 3 秒 02 帧位置，单击"过渡完成"前方的 ◐（切换动画）按钮，设置"过渡完成"为 100%，如图 13-150 所示；将时间线滑

动到第 3 秒 12 帧位置，设置"过渡完成"为 0%。

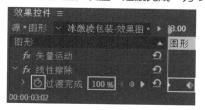

图 13-150

在"时间轴"面板中框选 V6 至 V13 轨道上的素材，右击鼠标，在弹出的快捷菜单中执行"嵌套序列"命令，在弹出的"嵌套序列名称"对话框中设置"名称"为"三色动画"，单击"确定"按钮，如图 13-151 所示。

图 13-151

在"时间轴"面板中设置 V6 轨道上的三色动画的结束时间为 4 秒 23 帧，如图 13-152 所示。

图 13-152

在"效果"面板中搜索"径向擦除"效果，将该效果拖动到 V6 轨道的文本上。在"效果控件"面板中展开"径向擦除"，将时间线滑动到第 4 秒位置，单击"过渡完成"前方的 ◐（切换动画）按钮，设置"过渡完成"为 0%，如图 13-153 所示；将时间线滑动到第 4 秒 23 帧位置，设置"过渡完成"为 100%。

图 13-153

滑动时间线，画面效果如图 13-154 所示。

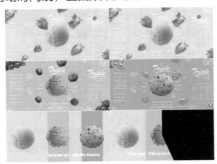

图 13-154

在"项目"面板中，将冰激凌包装 - 效果图 .jpg 素材拖动到"时间轴"面板中 V1 轨道上的草莓素材后方，如图 13-155 所示。

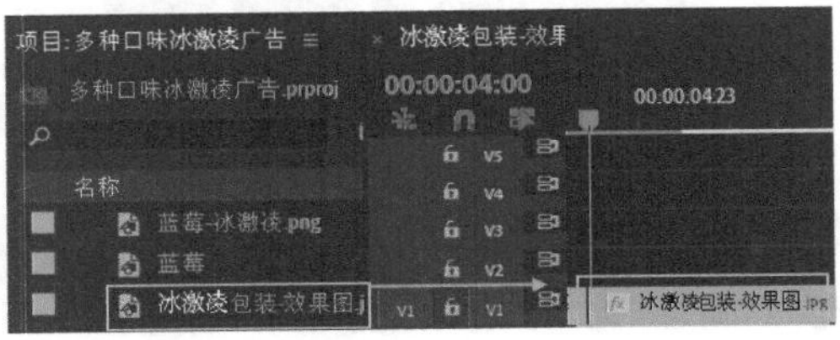

图 13-155

此时本案例制作完成，滑动时间线，效果如图 13-156 所示。

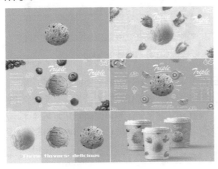

图 13-156

13.5 案例：牛排展示视频

扫一扫，看视频

核心技术："基本 3D"。

案例解析：本案例使用"关键帧"与"基本 3D"效果制作牛排展示视频，效果如图 13-157 所示。

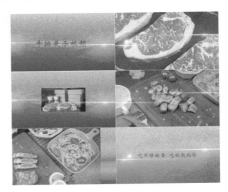

图 13-157

操作步骤：

第1步 新建项目、序列。

执行"文件"/"新建"/"项目"命令，新建一个项目。执行"文件"/"新建"/"序列"命令，在"新建序列"对话框中单击"设置"按钮，设置"编辑模式"为 Sony XDCAM HD422 1080i/p，"时基"为 25.00 帧 / 秒，"像素长宽比"为"方形像素（ 1.0 ）"。"场"为"无场（逐行扫描）"。

第2步 制作背景。

在"项目"面板中的空白位置右击鼠标，在弹出的快捷菜单中执行"新建项目"/"颜色遮罩"命令，在弹出的"新建颜色遮罩"对话框中单击"确定"按钮，❶ 在弹出的"拾色器"对话框中选择"灰色"；❷ 单击"确定"按钮；❸ 在弹出的"选择名称"对话框中设置"名称"为"灰色"；❹ 单击"确定"按钮，如图 13-158 所示。

图 13-158

在"项目"面板中将颜色遮罩拖动到"时间轴"面板的 V1 轨道上，接着在"时间轴"面板中设置 V1

轨道上灰色的结束时间为 18 秒 02 帧，如图 13-159 所示。

此时画面效果如图 13-160 所示。

图 13-159　　　　　图 13-160

在"效果"面板中搜索"渐变"效果，将该效果拖动到 V1 轨道的灰色上。在"时间轴"面板中选中 V1 轨道的灰色，在"效果控件"面板中展开"渐变"，设置"起始颜色"为浅灰色，"结束颜色"为深灰色，如图 13-161 所示。

此时画面效果如图 13-162 所示。

图 13-161　　　　　图 13-162

(第3步) 制作快闪动画。

执行"文件"/"导入"命令，导入全部素材。❶ 在"项目"面板中将音乐文件夹中的背景音乐拖动到"时间轴"面板的 A1 轨道上；❷ 设置结束时间为 18 秒 02 帧，如图 13-163 所示。

图 13-163

❶ 在"项目"面板中将图片文件夹中的 1.jpg 素材拖动到"时间轴"面板的 V2 轨道上；❷ 设置起始时间为 20 帧，结束时间为 2 秒 05 帧，如图 13-164 所示。

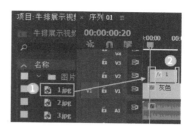

图 13-164

此时画面效果如图 13-165 所示。

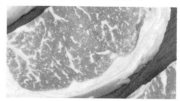

图 13-165

在"时间轴"面板中选择 V2 轨道上的 1.jpg 素材，在"效果控件"面板中展开"运动"，将时间线滑动到第 20 帧位置，单击"缩放"前方的 ⓞ（切换动画）按钮，设置"缩放"为 35.0；将时间线滑动到第 1 秒 11 帧位置，设置"缩放"为 40.0；将时间线滑动到第 1 秒 19 帧位置，设置"缩放"为 60.0，如图 13-166 所示。

图 13-166

❶ 在"项目"面板中，将图片文件夹中的 2.jpg 素材拖动到"时间轴"面板中 V2 轨道上 1.jpg 的素材的后方；❷ 设置结束时间为 3 秒 09 帧，如图 13-167 所示。

图 13-167

在"时间轴"面板中选择 V2 轨道上的 2.jpg 素材，在"效果控件"面板中展开"运动"，❶ 将时间线滑动到第 3 秒 02 帧位置，单击"位置"前方的 ◎（切换动画）按钮，设置"位置"为（960.0，540.0），将时间线滑动到第 3 秒 08 帧位置，设置"位置"为（2487.0，540.0）；❷ 将时间线滑动到第 2 秒 05 帧位置，单击"缩放"前方的 ◎（切换动画）按钮，设置"缩放"为 35.0；将时间线滑动到第 3 秒 02 帧位置，设置"缩放"为 40.0，如图 13-168 所示。

图 13-168

滑动时间线，画面效果如图 13-169 所示。

图 13-169

❶ 在"项目"面板中，将图片文件夹中的 3.jpg 素材拖动到"时间轴"面板中 V2 轨道上 2.jpg 素材的后方；❷ 设置结束时间为 5 秒 01 帧，如图 13-170 所示。

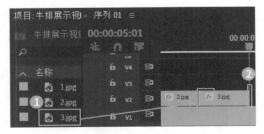

图 13-170

在"时间轴"面板中选择 V2 轨道上的 3.jpg 素材，

在"效果控件"面板中展开"运动"，将时间线滑动到第 3 秒 09 帧位置，单击"缩放"前方的 ◎（切换动画）按钮，设置"缩放"为 45.0，如图 13-171 所示；将时间线滑动到第 4 秒 13 帧位置，设置"缩放"为 36.0；将时间线滑动到第 4 秒 19 帧位置，设置"缩放"为 12.0。

图 13-171

❶ 在"项目"面板中将图片文件夹中的 4.jpg 素材拖动到"时间轴"面板中 V2 轨道上 3.jpg 素材的后方；❷ 设置结束时间为 6 秒 05 帧，如图 13-172 所示。

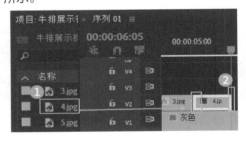

图 13-172

在"时间轴"面板中选择 V2 轨道上的 4.jpg 素材，在"效果控件"面板中展开"运动"，将时间线滑动到第 5 秒 01 帧位置，单击"缩放"前方的 ◎（切换动画）按钮，设置"缩放"为 45.0；将时间线滑动到第 5 秒 21 帧位置，设置"缩放"为 36.0，如图 13-173 所示。

图 13-173

在"效果"面板中搜索"基本 3D"效果，将该效果拖动到 V2 轨道的 4.jpg 素材上。在"效果控件"

面板中展开"基本 3D",将时间线滑动到第 5 秒 21 帧位置,单击"旋转"前方的 🕐(切换动画)按钮,设置"旋转"为 0.0;将时间线滑动到第 6 秒 02 帧位置,设置"旋转"为 -180.0°,如图 13-174 所示。

图 13-174

滑动时间线,画面效果如图 13-175 所示。

图 13-175

❶ 在"项目"面板中将图片文件夹中的 5.jpg 素材拖动到"时间轴"面板中 V2 轨道上 4.jpg 素材的后方;❷ 设置结束时间为 8 秒 01 帧,如图 13-176 所示。

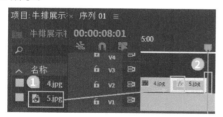

图 13-176

在"时间轴"面板中选择 V2 轨道上的 5.jpg 素材,在"效果控件"面板中展开"运动",将时间线滑动到第 6 秒 05 帧位置,单击"缩放"前方的 🕐(切换动画)按钮,设置"缩放"为 36.0;将时间线滑动到第 7 秒 05 帧位置,设置"缩放"为 27.0;将时间线滑动到第 7 秒 14 帧位置,设置"缩放"为 57.0,如图 13-177 所示。

图 13-177

滑动时间线,画面效果如图 13-178 所示。

图 13-178

使用同样的方法在合适的时间设置 6.jpg 至 10.jpg 素材的"缩放"与"位置"变化。滑动时间线,6.jpg 至 10.jpg 素材的画面效果如图 13-179 所示。

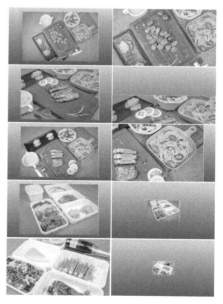

图 13-179

第4步 创建文字并制作动画。

执行"文件"/"新建"/"旧版标题"命令,在弹出的"新建字幕"对话框中设置"名称"为"文字1"。❶在"字幕：文字1"面板中选择**T**（文字工具），❷在工作区域中画面的合适位置输入文字内容，❸展开"属性"，设置合适的"字体系列"和"字体样式"，"字体大小"为160.0。❹展开"填充"，设置"填充类型"为"实底"，"颜色"为黑色，如图13-180所示。设置完成后，关闭"字幕：文字1"面板。

图 13-180

❶在"项目"面板中将文字1拖动到"时间轴"面板的V3轨道上；❷设置结束时间为20帧，如图13-181所示。

图 13-181

在"时间轴"面板中选择V3轨道上的文字1，在"效果控件"面板中展开"运动"，❶将时间线滑动到第起始位置，单击"缩放"前方的 ○（切换动画）按钮，设置"缩放"为90.0；将时间线滑动到第18帧位置，设置"缩放"为100.0。❷展开"不透明度"，将时间线滑动到起始位置，单击"不透明度"前方的 ○（切换动画）按钮，设置"不透明度"为0.0%，如图13-182所示；将时间线滑动到第02帧位置，设置"不透明度"为100.0%。

新建"文字2"，❶在"字幕：文字2"面板中选择**T**（文字工具）；❷在工作区域中画面的合适位置输入文字内容；❸展开"属性"，设置合适的"字体系列"和"字体样式"，设置"字体大小"为110.0；❹展开

"填充"，设置"填充类型"为"实底"，"颜色"为黑色。设置完成后，关闭"文字1"面板，如图13-183所示。

图 13-182

图 13-183

将时间线滑动到第16秒10帧位置。❶在"项目"面板中将文字2拖动到"时间轴"面板中V3轨道上的时间线后面；❷设置结束时间为18秒05帧，如图13-184所示。

图 13-184

滑动时间线，画面效果如图13-185所示。

图 13-185

第5步 添加光效效果。

在"项目"面板中将视频文件夹中的光彩炫彩（1）.mov 素材拖动到 V4 轨道上，选中"时间轴"面板的光彩炫彩（1）.mov 素材，❶ 在"效果控件"面板中展开"运动"，设置"缩放"为 150.6；❷ 展开"不透明度"，设置"混合模式"为"滤色"，如图 13-186 所示。

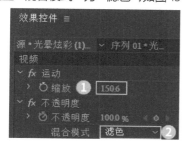

图 13-186

❶ 再次在"项目"面板中将视频文件夹中的光彩炫彩（1）.mov 素材拖动到 V4 轨道上光彩炫彩(1).mov 素材的后方；❷ 设置结束时间为 18 秒 02 帧，如图 13-187 所示。

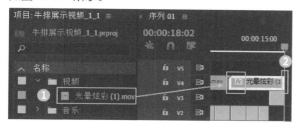

图 13-187

单击"时间轴"面板的光彩炫彩（1）.mov 素材，❶ 在"效果控件"面板中展开"运动"，设置"缩放"为 150.6；❷ 展开"不透明度"，设置"混合模式"为"滤色"，如图 13-188 所示。

图 13-188

此时本案例制作完成，滑动时间线，效果如图 13-189 所示。

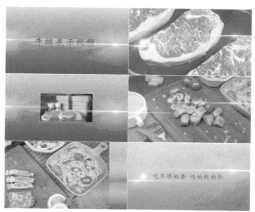

图 13-189

自媒体短视频设计

第14章

现如今，视频类用户生成的内容通过短视频应用不断出现在生活中，且影响力不断增强。自媒体短视频虽然在清晰度、叙事剧本、内容等许多方面都无法与专业视频相比，但自媒体短视频的短、便、快使其获得了急速的发展以及迭代空间。

本章关键词

- 教学片头设计
- 搞笑视频设计

14.1 案例：时尚美妆 Vlog 教学片头

扫一扫，看视频

核心技术："交叉溶解"。

案例解析：本案例首先修剪视频并使用"交叉溶解"效果制作视频，然后使用"旧版标题"绘制图形，最后创建文字并制作动画效果，从而制作出时尚美妆 Vlog 教学片头，效果如图 14-1 所示。

图 14-1

操作步骤：

第1步 新建项目、序列。

执行"文件"/"新建"/"项目"命令，新建一个项目。执行"文件"/"新建"/"序列"命令，在"新建序列"对话框中单击"设置"按钮，设置"编辑模式"为"自定义"，"时基"为 25.00 帧 / 秒，"帧大小"为 2732、1440，"像素长宽比"为"方形像素（1.0）"。执行"文件"/"导入"命令，导入全部素材。❶ 在"项目"面板中将配乐 .mp3 素材拖动到"时间轴"面板的 A1 轨道上；❷ 设置结束时间为 31 秒，如图 14-2 所示。

图 14-2

第2步 修剪视频并制作过渡效果。

在"时间轴"面板中双击 A1 轨道上配乐 .mp3 素材的空白位置，此时该素材的时间滑块画面效果如图 14-3 所示。

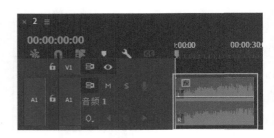

图 14-3

将时间线滑动到起始位置，按住 Ctrl 键的同时，在 A1 轨道的配乐 .mp3 素材的中间线位置上单击添加关键帧。接着分别将时间线滑动到第 1 秒、第 30 秒和第 32 秒位置，按住 Ctrl 键的同时单击添加关键帧，如图 14-4 所示。

图 14-4

将第 1 个关键帧与第 4 个关键帧向下拖动至底部，如图 14-5 所示。

图 14-5

在"项目"面板中将 1.mp4 素材拖动到"时间轴"面板的 V1 轨道上。在"时间轴"面板中选择 V1 轨道上的 1.mp4 素材，❶ 单击工具箱中的 ◥（剃刀工具）按钮，然后将时间线滑动到第 5 秒位置；❷ 单击剪辑 1.mp4 素材，接着选择工具箱中的 ▶（选择工具）按钮，在"时间轴"面板中选中剪辑后的 1.mp4 素材的后半部分，按 Delete 键进行删除，如图 14-6 所示。

图 14-6

在"时间轴"面板中选择 V1 轨道上的 1.mp4 素材，接着在"效果控件"面板中展开"运动"，设置"缩放"为 108.0，如图 14-7 所示。

此时画面效果如图 14-8 所示。

 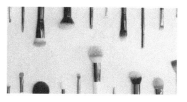

图 14-7 图 14-8

在"项目"面板中将 2.mp4 素材拖动到"时间轴"面板中 V1 轨道上的 1.mp4 素材的后方，在"时间轴"面板中选择 V1 轨道上的 2.mp4 素材，❶ 单击工具箱中的 ◆（剃刀工具）按钮，然后将时间线滑动到第 12 秒位置；❷ 单击剪辑 2.mp4 素材，然后单击工具箱中的 ▶（选择工具）按钮，在"时间轴"面板中选中剪辑后的 2.mp4 素材的后半部分，按 Delete 键进行删除，如图 14-9 所示。

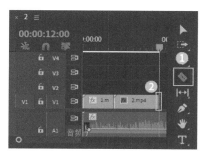

图 14-9

此时 2.mp4 素材的画面效果如图 14-10 所示。

图 14-10

❶ 在"效果"面板中搜索"交叉溶解"效果；❷ 将该效果拖动到 V1 轨道上 2.mp4 素材的起始位置，如图 14-11 所示。

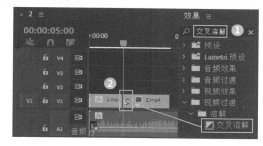

图 14-11

滑动时间线，画面效果如图 14-12 所示。

图 14-12

在"项目"面板中将 3.mp4 素材拖动到"时间轴"面板中 V1 轨道上 2.mp4 素材的后方，在"时间轴"面板中选择 V1 轨道上的 3.mp4 素材，❶ 单击工具箱中的 ◆（剃刀工具）按钮，将时间线滑动到第 16 秒与第 19 秒位置；❷ 分别单击剪辑 3.mp4 素材，如图 14-13 所示。

❶ 单击工具箱中的 ▶（选择工具）按钮；❷ 在"时间轴"面板中选中 12 秒至 16 秒和 19 秒后的 3.mp4

素材的前后部分，按 Delete 键进行删除，并向前拖动 3.mp4 素材的时间位置滑块，滑动至 2.mp4 素材的后方位置，如图 14-14 所示。

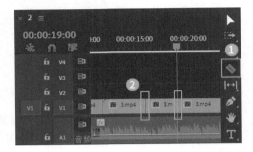

图 14-13

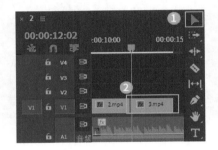

图 14-14

❶ 在"效果"面板中搜索"交叉溶解"效果；
❷ 将该效果拖动到 V1 轨道上 2.mp4 素材的结束时间与 3.mp4 素材的起始时间之间，如图 14-15 所示。

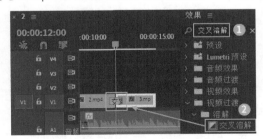

图 14-15

在"项目"面板中，将 4.mp4 素材拖动到"时间轴"面板中 V1 轨道上 3.mp4 素材的后方，在"时间轴"面板中选择 V1 轨道上的 4.mp4 素材，❶ 单击工具箱中的 ◆（剃刀工具）按钮，然后将时间线滑动到第 18 秒位置；❷ 单击剪辑 4.mp4 素材，并删除 4.mp4 素

材剪辑后的后半部分，如图 14-16 所示。

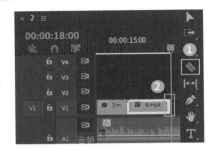

图 14-16

滑动时间线，画面效果如图 14-17 所示。

图 14-17

以同样的方法将 5.mp4~10.mp4 剪辑并保留 5.mp4 的第 36 ~ 39 秒、6.mp4 的第 23 ~ 25 秒、7.mp4 的第 25 ~ 26 秒，分别拖动到前一个素材的后方。设置 8.mp4 的起始时间为 26 秒、9.mp4 的起始时间到为 28 秒；10.mp4 的起始时间为 32 秒，"时间轴"面板如图 14-18 所示。

图 14-18

滑动时间线，5.mp4~10.mp4 的画面效果如图 14-19 所示。

❶ 在"效果"面板中搜索"交叉溶解"效果；
❷ 将该效果拖动到 V1 轨道上 4.mp4 素材的结束时间与 5.mp4 素材的起始时间之间，如图 14-20 所示。
❶ 在"效果"面板中搜索"交叉溶解"效果；
❷ 将该效果拖动到 V1 轨道上 9.mp4 素材的起始位置，

如图 14-21 所示。

图 14-19

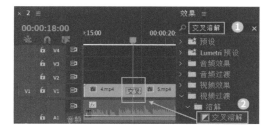

图 14-20

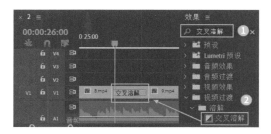

图 14-21

🎬 小技巧

　　在"效果"面板中搜索"交叉溶解"效果，选中过渡效果并右击鼠标，在弹出的快捷菜单中执行"将所选过渡设置为默认过渡"命令，如图 14-22 所示。

　　使用快捷键 Shift+D 可以快速添加音频和视频的转场。如果想单独为视频添加转场，可以使用快捷键 Ctrl+D；如果想单独为音频添加转场，可以使用快捷键 Ctrl+Shift+D。

图 14-22

　　滑动时间线，"交叉溶解"过渡画面效果如图 14-23 所示。

图 14-23

　　在"项目"面板中将设计元素 .png 素材拖动到"时间轴"面板的 V2 轨道上并选中，在"效果控件"面板中展开"运动"，❶ 设置"位置"为（1451.0，726.1）；❷ 将时间线滑动到第 1 秒位置，单击"缩放"前方的 🕙（切换动画）按钮，设置"缩放"为 0.0；将时间线滑动到第 1 秒 12 帧位置，设置"缩放"为 500.0，如图 14-24 所示。

图 14-24

　　滑动时间线，设计元素画面效果如图 14-25 所示。

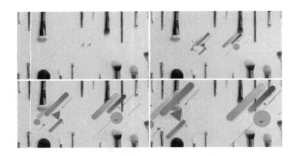

图 14-25

第3步 创建文字并制作文字效果。

执行"文件"/"新建"/"旧版标题"命令，在弹出的"新建字幕"对话框中，设置"名称"为"字幕 01"，❶ 在"字幕：字幕 01"面板中选择▥（矩形工具），❷ 在工作区域的中心位置绘制一个矩形，❸ 展开"属性"，设置"图形类型"为"矩形"；展开"填充"，设置"填充类型"为"实底"，"颜色"为洋红色。❹ 展开"描边"/"外描边"/"外描边"，设置"类型"为"深度"，"大小"为 40.0，"角度"为 48.0°，"填充类型"为"实底"，"颜色"为紫色，如图 14-26 所示。

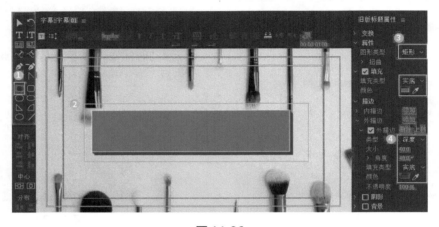

图 14-26

❶ 选择 ▥（文字工具），❷ 在工作区域中画面的合适位置输入文字内容。❸ 展开"属性"，设置合适的"字体系列"和"字体样式"，设置"字体大小"为 200.0，展开"填充"，设置"填充类型"为"实底"，"颜色"为白色，如图 14-27 所示。设置完成后，关闭"字幕：字幕 01"面板。

图 14-27

在"项目"面板中将字幕01拖动到"时间轴"面板的V3轨道上。❶在"时间轴"面板中选择V3轨道上的字幕01，在"效果控件"面板中展开"运动"，设置"位置"为（1372.1, 710.9）；❷展开"不透明度"，将时间线滑动到起始位置，单击"不透明度"前方的 ⏱（切换动画）按钮，设置"不透明度"为0.0%，将时间线滑动到第1秒位置，设置"不透明度"为100.0%，如图14-28所示。

图 14-28

滑动时间线，画面效果如图14-29所示。

图 14-29

在"时间轴"面板中选择V3轨道上的字幕01，按住Alt键的同时，按住鼠标左键并向右拖动，拖动到第7秒2帧的位置进行复制，如图14-30所示。

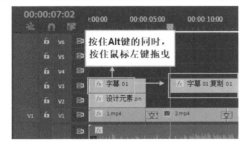

图 14-30

在"时间轴"面板中选择V3轨道上的"字幕01复制01"，设置结束时间为32秒，如图14-31所示。

图 14-31

双击"字幕01复制01"，并在弹出的"字幕：字幕01复制01"面板中选择 T（文字工具），选中文字并修改文字为"1. 眼妆"，如图14-32所示。

图 14-32

在"时间轴"面板中选择V3轨道上的"字幕01复制01"，在"效果控件"面板中展开"运动"与"不透明度"，将时间线滑动到第7秒02帧位置，单击"位置""缩放""不透明度"前方的 ⏱（切换动画）按钮，设置"位置"为（1372.1, 710.9），"缩放"为100.0，"不透明度"为0.0%；将时间线滑动到第8秒位置，设置"位置"为（367.0, 180.0），"缩放"为27.0；将时间线滑动到第8秒02帧位置，设置"不透明度"为100.0%，如图14-33所示。

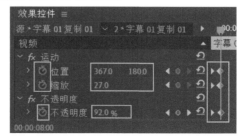

图 14-33

滑动时间线查看画面效果如图14-34所示。

图 14-34

在"时间轴"面板中选择 V3 轨道上的字幕 01，按住 Alt 键的同时按住鼠标左键向上拖动，拖动到 V4 轨道上的第 15 秒位置，接着设置结束时间为第 32 秒，如图 14-35 所示。

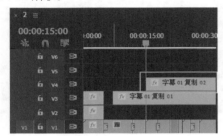

图 14-35

双击"字幕 01 复制 02"，在弹出的"字幕：字幕 01 复制 02"面板中选择 T（文字工具），选中文字并修改文字为"2. 腮红"，如图 14-36 所示。

图 14-36

在"时间轴"面板中选择 V4 轨道上的"字幕 01 复制 02"，在"效果控件"面板中展开"运动"与"不透明度"，将时间线滑动到第 15 秒位置，单击"位置""缩放""不透明度"前方的 ◎（切换动画）按钮，设置"位置"为（1372.1，710.9），"缩放"为 100.0，"不透明度"为 0.0%；将时间线滑动到第 15 秒 23 帧位置，设置"位置"为（367.0，328.0），"缩放"为 27.0；将时间

线滑动到第 16 秒位置，设置"不透明度"为 100.0%，如图 14-37 所示。

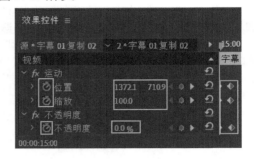

图 14-37

在"时间轴"面板中选择 V3 轨道上的字幕 01，按住 Alt 键的同时按住鼠标左键向上拖动，拖动到 V5 轨道上的第 21 秒的位置，接着设置结束时间为第 32 秒，如图 14-38 所示。

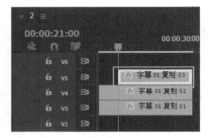

图 14-38

双击 V5 轨道上的"字幕 01 复制 03"，并在弹出的"字幕：字幕 01 复制 03"面板中选择 T（文字工具），选中文字并修改文字为"3. 口红"，如图 14-39 所示。

图 14-39

在"时间轴"面板中选择 V5 轨道上的"字幕 01 复制 03"，在"效果控件"面板中展开"运动"与"不透明度"，将时间线滑动到第 21 秒位置，单击"位置""缩放""不透明度"前方的 ◎（切换动画）按钮，设置"位

置"为（1372.1，710.9），"缩放"为100.0，"不透明度"为0.0%；将时间线滑动到第21秒23帧位置，设置"位置"为（367.0，470.0），"缩放"为27.0；将时间线滑动到第22秒位置，设置"不透明度"为100.0%，如图14-40所示。

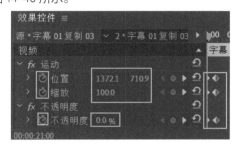

图 14-40

滑动时间线，画面效果如图14-41所示。

图 14-41

在"时间轴"面板中选择V3轨道上的字幕01，按住Alt键的同时按住鼠标左键向上拖动，并拖动到V6轨道上的第27秒24帧位置，设置结束时间为32秒，如图14-42所示。

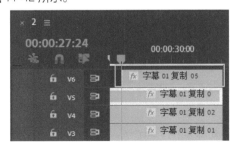

图 14-42

双击"字幕01复制05"，并在弹出的"字幕：字幕01复制05"面板中选择▮（文字工具），选中并修改文字为"4.完成"，如图14-43所示。

图 14-43

在"时间轴"面板中选择V6轨道上的"字幕01复制04"，在"效果控件"面板中展开"运动"与"不透明度"，将时间线滑动到第27秒24帧位置，单击"位置""缩放""不透明度"前方的 ◎（切换动画）按钮，设置"位置"为（1372.1，710.9），"缩放"为100.0，"不透明度"为0.0%；将时间线滑动到第28秒22帧位置，设置"位置"为（367.0，610.0），"缩放"为27.0；将时间线滑动到第28秒24帧位置，设置"不透明度"为100.0%，如图14-44所示。

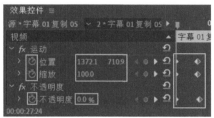

图 14-44

此时本案例制作完成，滑动时间线，效果如图14-45所示。

图 14-45

14.2 案例：抖音搞笑视频

核心技术："高斯模糊"。

案例解析：本案例使用"高斯模糊"效果制作背景，使用"旧版标题"绘制画面元素与文字，制作抖音搞笑视频。效果

扫一扫，看视频

如图 14-46 所示。

图 14-46

操作步骤：

第1步 新建项目、序列，导入素材。

执行"文件"/"新建"/"项目"命令，新建一个项目。执行"文件"/"新建"/"序列"命令，在"新建序列"对话框中单击"设置"按钮，设置"编辑模式"为"自定义"，"时基"为 30.00 帧 / 秒，"帧大小"为 720、1280，"像素长宽比"为"方形像素（1.0）"。执行"文件"/"导入"命令，导入全部素材。❶ 在"项目"面板中分别将 01.mp4 素材与配乐 .wav 素材拖动到"时间轴"面板的 V1 轨道与 A1 轨道上；❷ 设置 V1 轨道上 01.mp4 素材的结束时间为 10 秒 02 帧，如图 14-47 所示。

此时画面效果如图 14-48 所示。

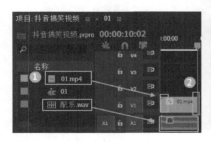 

图 14-47   图 14-48

第2步 制作抖音搞笑视频。

在"时间轴"面板中选择 V1 轨道上的 01.mp4 素材，在"效果控件"面板中展开"运动"，将时间线滑动到第 5 秒 12 帧位置，单击"位置""缩放"前方的 ⏱（切换动画）按钮，设置"位置"为（360 0，640.0），"缩放"为 50.0；将时间线滑动到第 5 秒 18 帧位置，设置"位置"为（-37.0，640.0），"缩放"为 80.0，如图 14-49 所示。

此时画面效果如图 14-50 所示。

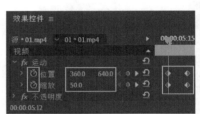 

图 14-49   图 14-50

再次在"项目"面板中将 01.mp4 素材拖动到"时间轴"面板的 V2 轨道上，并设置结束时间为第 10 秒 02 帧。在"时间轴"面板中选择 V2 轨道上的 01.mp4 素材，在"效果控件"面板中展开"运动"，设置"缩放"为 118.0，如图 14-51 所示。

此时画面效果如图 14-52 所示。

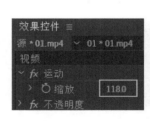 

图 14-51   图 14-52

选中 V2 轨道上的 01.mp4 素材，❶ 在"效果控件"面板中单击"不透明度"下方的 ▨（创建 4 点多边形蒙版）按钮；❷ 勾选"已反转"复选框，如图 14-53 所示。

在"效果控件"面板中选中蒙版（1），接着在"节目监视器"面板中单击选中创建 4 点多边形蒙版的路径锚点，拖动锚点调整蒙版的路径形状，如图 14-54 所示。

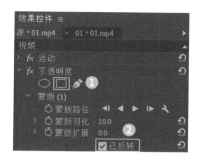

图 14-53　　　　　图 14-54

在"效果"面板中搜索"高斯模糊"效果，将该效果拖动到 V2 轨道的 01.mp4 素材上。在"效果控件"面板中展开"高斯模糊"，设置"模糊度"为 97.0，勾选"重复边缘像素"复选框，如图 14-55 所示。

此时画面效果如图 14-56 所示。

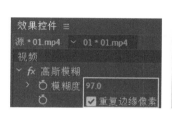

图 14-55　　　　　图 14-56

第3步 创建文字并制作文字动画。

执行"文件"/"新建"/"旧版标题"命令，在弹出的"新建字幕"对话框中，设置"名称"为"字幕01"，❶ 在"字幕:字幕 01"面板中选择 **T**（文字工具），❷ 在工作区域中画面的顶部位置输入文字内容。❸ 展开"属性"，设置合适的"字体系列"和"字体样式"，设置"字体大小"为 60.0，"宽高比"为 100.0%，"行距"为 20.0；展开"填充"，设置"填充类型"为"实底"，"颜色"为白色。❹ 设置"外描边"的"类型"为"边缘"；"大小"为 50.0；"填充"为"实底"，"颜色"为蓝色，如图 14-57 所示。设置完成后，关闭"字幕:字幕 01"面板。

继续新建"字幕 02"，❶ 在"字幕:字幕 02"面板中选择 **T**（文字工具），❷ 在工作区域中画面的顶部位置输入文字内容。❸ 展开"属性"，设置合适的"字体系列"和"字体样式"，设置"字体大小"为 46.0，"宽高比"为 100.0%，"行距"为 20.0；展开"填充"，设

置"填充类型"为"实底"，"颜色"为白色。❹ 设置"外描边"的"类型"为"边缘"，"大小"为 50.0，"填充"为"实底"，"颜色"为蓝色，如图 14-58 所示。设置完成后，关闭"字幕:字幕 02"面板。

图 14-57

图 14-58

在"项目"面板中将"字幕 01"和"字幕 02"拖动到"时间轴"面板中的 V3 和 V4 轨道上，并设置结束时间为第 10 秒 02 帧。此时画面效果如图 14-59 所示。

再次在"项目"面板中将狗狗 .png 素材拖动到"时间轴"面板的 V5 轨道上，并设置结束时间为第 10 秒 02 帧。在"时间轴"面板中选择 V5 轨道上的狗狗 .png 素材，在"效果控件"面板中展开"运动"，

设置"位置"为（85.0，1505.0），"缩放"为30.0，如图14-60所示。

此时画面效果如图14-61所示。

图 14-59   图 14-60   图 14-61

新建"字幕03"，❶ 在"字幕：字幕03"面板中选择 ▢（矩形工具）。❷ 在工作区域中的合适位置绘制一个矩形。❸ 展开"属性"，设置"图形类型"为"矩形"；展开"填充"，设置"填充类型"为"实底"，"颜色"为绿色，"不透明度"为90%，如图14-62所示。

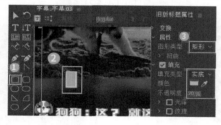

图 14-62

❶ 选择 ▢（矩形工具），❷ 在工作区域中合适的位置绘制一个矩形，❸ 展开"属性"，设置"图形类型"为"矩形"；展开"填充"，设置"填充类型"为"实底"，"颜色"为白色，"不透明度"为40%，如图14-63所示。

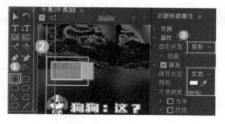

图 14-63

❶ 在"字幕：字幕03"面板中选择 ▣（文字工具），❷ 在工作区域中画面的顶部位置输入文字内容。❸ 展

开"属性"，设置合适的"字体系列"和"字体样式"，设置"字体大小"为26.0，"宽高比"为100.0%，"行距"为8.0；展开"填充"，设置"填充类型"为"实底"，"颜色"为白色。❹ 展开"描边"／"外描边"／"外描边"，设置"类型"为"边缘"，"大小"为30.0，"填充"为"实底"，"颜色"为黑色，如图14-64所示。设置完成后，关闭"字幕：字幕03"面板，并在"项目"面板中将字幕03拖动到"时间轴"面板中的V6轨道上，设置结束时间为2秒。

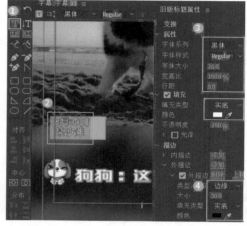

图 14-64

此时本案例制作完成，滑动时间线，效果如图14-65所示。

图 14-65